全国烹饪专业系列教材

创新菜点开发与设计

（第 3 版）

邵万宽　编著

北京·旅游教育出版社

责任编辑：郭珍宏

图书在版编目（CIP）数据

创新菜点开发与设计/邵万宽编著.—北京：旅游教育出版社，2004. 10（2023.6）
（全国烹饪专业系列教材）
ISBN 978-7-5637-1213-7

Ⅰ.创…　Ⅱ.邵…　Ⅲ.菜谱—教材　Ⅳ.TS972.11

中国版本图书馆 CIP 数据核字（2004）第 083728 号

全国烹饪专业系列教材
创新菜点开发与设计
（第 3 版）
邵万宽　编著

出版单位	旅游教育出版社
地　　址	北京市朝阳区定福庄南里 1 号
邮　　编	100024
发行电话	（010）65778403 65728372 65767462（传真）
本社网址	www.tepcb.com
E-mail	tepfx@ 163.com
印刷单位	三河市灵山芝兰印刷有限公司
经销单位	新华书店
开　　本	720 毫米×960 毫米　1/16
印　　张	16.375
字　　数	260 千字
版　　次	2018 年 8 月第 3 版
印　　次	2023 年 6 月第 6 次印刷
定　　价	35.00 元

（图书如有装订差错请与发行部联系）

出版说明

　　改革开放以来，我国的烹饪教育得到了快速发展，烹饪专业教材建设也取得了丰硕的成果。但是，随着人民生活水平的不断提高，不仅对烹饪教学提出了许多新要求，餐饮业自身也发生了许多新变化。因此，编写一套符合我国烹饪职业教育发展要求，满足烹饪教学需要，规范、实用的烹饪专业教材就显得尤为必要。

　　该烹饪专业系列教材就是为了配合国家职业教育体制改革，服务于培养旅游、餐饮等服务行业烹饪岗位的应用型人才，由我社聘请众多业内专家，结合餐饮旅游行业的特点精心编写的国家骨干教材。

　　在教材编写中，我们征求了有关专家及餐饮行业权威人士的意见，对众多烹饪学校及开设烹饪专业的相关学校和企业进行了调研，并在充分听取广大读者意见的基础上，确定了本套教材的编写原则和模式：针对行业需要，以能力为本位、以就业为导向、以学生为中心，重点培养学生的综合职业能力和创新精神。

　　该系列教材在编写中，始终立足于职业教育的课程设置和餐饮业对各类人才的实际需要，充分注意体现以下特点。

　　第一，以市场为导向，以行业适用为基础，紧紧把握职业教育所特有的基础性、可操作性和实用性等特点。根据职业教育以技能为基础而非以知识为基础的特点，尽可能以实践操作来阐述理论。理论知识立足于基本概念、基础理论的介绍，以够用为主，加大操作标准、操作技巧、模拟训练等操作性内容的比重。做到以技能定目标，以目标定内容，学以致用，以用促学。另外，考虑到烹饪专业学生毕业时实行"双证制"的现实要求，编者在编写过程中注意参考劳动部职业技能鉴定的相关标准，并适当借鉴国际职业标准，将职业教育与职业资格认证紧密相连，避免学历教育与职业资格鉴定脱节。

　　第二，充分体现本套教材的先进性和科学性。尽量反映现代科技、餐饮业中广泛运用的新原料、新工艺、新技术、新设备、新理念等内容，适当介绍本学科最新研究成果和国内外先进经验，以体现出本教材的时代特色和前瞻性。

　　第三，以体现规范为原则。根据教育部制订的有关职业学校重点建设专业教学指导方案和劳动部颁布的相关工种职业技能鉴定标准，对每本教材的课程性质、适用范围、教学目标等进行规范,使其更具有教学指导性和行业规范性。

第四,确保权威。本系列教材的作者均是既有丰富的教学经验又有丰富的餐饮工作实践经验的业内专家,对当前职教情况、烹饪教学改革和发展情况以及教学中的重难点非常熟悉,对本课程的教学和发展具有较新的理念和独到的见解,能将教材中的"学"与"用"这两个矛盾很好地统一起来。

第五,体列编排与版式设计新颖独特。对有关制作过程、原料等的讲述,多辅以图示和图片,直观形象,图文并茂。在思考与练习的题型设计上,本套书的大部分教材均设置了职业能力应知题和职业能力应用题两大类,强化教材的职业技能要求,充分体现职业教育教材的特点,既方便教师的教学,又有利于学生的练习与测评。

作为全国唯一的旅游教育专业出版社,我们有责任把最专业权威的教材奉献给广大读者。在我们将这套精心打造的烹饪专业教材奉献给广大读者之际,我们深切地希望所有的教材使用者能一如既往地支持我们,及时反馈你们的意见和建议,我们将不断完善我们的工作,回报广大读者的信任与厚爱!

旅游教育出版社

前　言

近 10 多年来,菜点设计与创新已成为全国餐饮界同仁比较关注的热点。企业的生存和发展离不开产品的创新。企业要想有好的收益,必须要有新作为,新作为也离不开创新这个引领发展的第一动力。这就需要鼓励员工开展关键技术和特色产品的攻关。

2004 年问世的《创新菜点开发与设计》(第 1 版)具有初创性质,为广大从业人员开发创新菜点提供了广阔的思路。10 多年来,已经得到全国高等职业院校烹饪专业师生和全国饭店企业厨房员工的普遍认同,其使用量在逐年提升。在"大众创业,万众创新"的旗帜指引下,烹饪专业学生学习的劲头也更加高涨,对菜点创新的需求比以往任何时期都更加迫切。为了迎合广大在校学生的学习和在职厨师的愿望,我们进行了第三版修订,以满足人们对菜点创新钻研的需求。

2015 年,根据教育部职成函文件,职业教育"民族文化传承与创新子库——烹饪工艺与营养传承与创新"教学资源库获得教育部立项(编号为 2015—10),其中《菜点设计与创新》作为教学资源库中的一个子项目,由南京旅游职业学院主持,邵万宽承担这个子项目的建设任务,该项目以《创新菜点开发与设计》教材为蓝本,会同学校和企业 20 多位烹饪大师和专业教师共同制作完成。该课程的资源库,实现"在校学生专业学习的园地、在职员工技能培训的基地、学校教师专业教学的宝库"这一目标,提高教与学的效率和效果,满足从业人员职前、职后学习需求,为我国餐饮行业的健康发展提供支持。使用该教材的院校和企业可以通过教育部"智慧职教"平台,在"烹饪工艺与营养传承与创新"教学资源子库中进入《菜点设计与创新》课程。该课程项目的内容主要包括课程标准、电子教案、多媒体教学课件、以课程知识点和技能点为建设基础单元的教学素材库(教案、PPT、视频、实训指导书、习题、图片等）以及依托教学素材库建设而成的微课和慕课，并展示了100道创新菜点的设计与制作，已于2017年12月验收后上线并投入使用。

以《创新菜点开发与设计》教材为范本的《菜点设计与创新》教学资源库子项目通过菜点开发概述、地方风味的继承与发展、食物原料的采集与利用、调味技艺的组合与变化、乡土菜的引进与提炼、菜点合一的创作风格、中外烹饪技艺的融合、热菜造型工艺的变换、面点工艺的开发与革新、器具与装饰手法的变化、菜点创新思路探寻这11个方面，全方位讲解关于创新菜点开发与设计的知识与技巧，条理清晰、内容丰富、好学易懂，帮助了许多烹饪爱好者快速学习和掌握创新菜开发的知识和技能；也为大量从业人员提供入职前后的学习素材、迅速提升菜点创新的制作能力提供帮助。

本教材配套国家资源库学习，是一举多得的学习用书。此次第三版的修订，在原有的基础上进行了部分的调整，并增加了部分创新菜点的照片，让学习者更加直观明了。由于编著者的学识和见识的局限，祈盼志士同仁不吝赐教、多加指点。

邵万宽

2018 年 3 月 12 日

目 录

第一章　中式菜点的开发思路 …………………………………… 1
　　引　言 ………………………………………………………… 1
　　学习目标 ……………………………………………………… 1
　　第一节　餐饮发展与菜点创新 ……………………………… 1
　　第二节　菜品创新与思维突破 ……………………………… 10
　　第三节　菜品创新的基本原则 ……………………………… 14
　　第四节　新菜点开发的基本程序 …………………………… 18
　　本章小结 ……………………………………………………… 24
　　思考与练习 …………………………………………………… 24

第二章　地方风味的继承与发展 ………………………………… 26
　　引　言 ………………………………………………………… 26
　　学习目标 ……………………………………………………… 26
　　第一节　继承传统与开拓创新 ……………………………… 26
　　第二节　挖掘地方特色文化内涵 …………………………… 31
　　第三节　地方风味菜品创新特色 …………………………… 38
　　第四节　地方菜品的开发与制作 …………………………… 41
　　本章小结 ……………………………………………………… 49
　　思考与练习 …………………………………………………… 49

第三章　食物原料的采集与利用 ………………………………… 51
　　引　言 ………………………………………………………… 51
　　学习目标 ……………………………………………………… 51

第一节　烹饪原料的引用与开发 …………………………………… 52

第二节　改变原料出新菜 …………………………………………… 58

本章小结 …………………………………………………………… 66

思考与练习 ………………………………………………………… 66

第四章　调味技艺的组合与变化 …………………………………… 68

引　言 ……………………………………………………………… 68

学习目标 …………………………………………………………… 68

第一节　调味品及其配制 …………………………………………… 68

第二节　味的变化与组合 …………………………………………… 73

第三节　味型的传承与创意 ………………………………………… 80

本章小结 …………………………………………………………… 86

思考与练习 ………………………………………………………… 86

第五章　乡土菜的引进与提炼 ……………………………………… 88

引　言 ……………………………………………………………… 88

学习目标 …………………………………………………………… 88

第一节　乡土菜品的地位与风格 …………………………………… 89

第二节　取之不尽的乡土美食之源 ………………………………… 94

第三节　乡土菜的引用与开发 ……………………………………… 99

本章小结 …………………………………………………………… 105

思考与练习 ………………………………………………………… 106

第六章　菜点合一的创作风格 ……………………………………… 107

引　言 ……………………………………………………………… 107

学习目标 …………………………………………………………… 107

第一节　菜点互鉴拓展新品种 ……………………………………… 108

第二节　菜点交融开创新风味 ……………………………………… 114

第三节　菜点结合的制作特色 ……………………………………… 120

本章小结 …………………………………………………………… 125

思考与练习 ………………………………………………………… 125

第七章　中外烹调技艺的结合 ……………………………………… 127

引　言 ……………………………………………………………… 127

学习目标 …………………………………………………… 127

第一节 中外饮食文化的交流 ……………………………… 127

第二节 中西合璧菜的制作特色 …………………………… 133

第三节 中西结合肴馔的运用 ……………………………… 140

本章小结 …………………………………………………… 150

思考与练习 ………………………………………………… 150

第八章 热菜造型工艺的变换 ……………………………… 152

引 言 ……………………………………………………… 152

学习目标 …………………………………………………… 152

第一节 热菜造型的制作原则 ……………………………… 153

第二节 包制工艺的出新 …………………………………… 156

第三节 卷菜工艺的制作技巧 ……………………………… 163

第四节 蓉塑工艺的变化 …………………………………… 173

第五节 夹、酿、沾工艺的变化 …………………………… 178

本章小结 …………………………………………………… 185

思考与练习 ………………………………………………… 185

第九章 面点工艺的开发与革新 …………………………… 187

引 言 ……………………………………………………… 187

学习目标 …………………………………………………… 187

第一节 现代面点开发的方向 ……………………………… 187

第二节 皮坯料的开发利用 ………………………………… 191

第三节 馅心调制的推陈出新 ……………………………… 197

第四节 宴席面点的创新特色 ……………………………… 201

本章小结 …………………………………………………… 207

思考与练习 ………………………………………………… 207

第十章 器具与装饰手法的变化 …………………………… 209

引 言 ……………………………………………………… 209

学习目标 …………………………………………………… 209

第一节 美食与美器的匹配 ………………………………… 209

第二节 器具的变化与出新 ………………………………… 212

第三节 选器与装饰 ………………………………………… 216

第四节　盘饰巧包装 ……………………………………………… 220

本章小结 …………………………………………………………… 225

思考与练习 ………………………………………………………… 226

第十一章　创新菜点思路探寻……………………………………… 227

引　言 ……………………………………………………………… 227

学习目标 …………………………………………………………… 227

第一节　一招"先"，吃遍天 ……………………………………… 228

第二节　从模仿到创新 …………………………………………… 233

第三节　善于变化与出新 ………………………………………… 238

第四节　用心求索出奇效 ………………………………………… 244

本章小结 …………………………………………………………… 249

思考与练习 ………………………………………………………… 249

主要参考书目……………………………………………………… 251

第一章
中式菜点的开发思路

引 言

　　菜品创新已是餐饮企业关注的一个热点。在餐饮业竞争日益激烈的今天，创新是企业竞争的一个得力筹码，也是大师身价的一种标志。但创新也绝非易事。本章将系统阐述创新菜肴的类型、发展方向和设计思路，并对创新思维的突破、菜品创新的基本原则、创新菜制作程序等进行剖析，让学生对菜品创新的基本理念有一个总体的了解。

学习目标

● 熟悉菜品创新及其基本类型
● 了解新菜品开发的主要方向
● 把握菜品开发的关键思路
● 了解新菜点开发的基本程序
● 掌握菜品创新的基本原则

　　菜点创新是餐饮业永恒的主题。在社会飞速发展和餐饮业激烈竞争的今天，菜点创新已经成为行业和餐饮企业一个重要的课题。对于广大的烹调师来说，菜点创新需要具备一定的基本功，并具有一定的烹饪经验以及善于思考，这样才能在烹饪技术上创作出独特的菜品来。

第一节　餐饮发展与菜点创新

　　餐饮业的发展一日千里。当代餐饮业在 20 世纪 80 年代后良好发展的基础上出现了前所未有的辉煌，社会餐馆迅猛发展，星级饭店不断诞生，并开始注重文化品位,饭店餐饮风格特色也出现了多姿多彩的喜人景象,餐饮信息、广告、网站更是异彩纷呈,展现出 21 世纪国民餐饮生活发展的新水平和新面貌。

一、创新菜点及其类型

(一)创新菜点的概念

1.跳出传统的框框

"创新"这个词,是 20 世纪末使用频率最高的词,也是 21 世纪各个行业不断追求和探索的关键词。然而,口头上的"创新"距离实践上的创新还是有相当长的路要走,因为,任何创新都需要一个良好的环境和一定的知识、技能。从某种意义上讲,"创新"也不是轻而易举的,因为我们头脑中充斥着各式各样的传统的守旧观念。比如,在厨房生产中,我们常常会有这样的想法:习惯于按老规矩、老习惯办事;只愿跟着别人干,不愿自己创新;无创新欲望,得过且过,当一天和尚撞一天钟;认为现有菜品和技术已完善,不需再创新;迷信大师和传统,不敢提出挑战;怕失败,视失败为耻,怕别人嘲笑;办一切事都按书本或规定的方法进行,等等。

在市场经济中,企业之间的竞争尤为激烈。于是,智慧型人才在市场上成为竞争热点。一个人利用创新思维的次数,与运用后受到奖励的次数成正比。在当今社会条件下,人们习惯鼓励和奖赏创新思维者。从实际的操作过程来看,有些创新菜品需要一定的物质条件才能实施或取得成效,如需要购买多种食品原材料经过多次的试制才能获得成功,投入的精力、财力较大。但是也有很多创新菜品只是一个纯而又纯的创新,完全是智慧头脑的思维杰作,你只要知道了就能实施,只要实施了就能收获,不需要额外投入资金、技术或人力。如突发奇想的灵感产生的效应,把某一个菜品进行改良后大获成功。这样的创新是企业最感兴趣的。

我们来看个实例:

据湖北《云梦县志》记载,清朝道光年间,云梦城里有个生意十分兴隆的许传发布行,由于与布行做生意的外地客商很多,布行就开办了一家客栈,专门接待外地客商。客栈的厨师姓黄,有一天他在和面的时候,不小心碰翻了准备氽鱼丸子的鱼肉泥,黄厨师就顺手把肉泥和到面里,擀成面条。客商吃了,个个称赞,都夸此面味道鲜美,以后黄厨师就如法炮制,反倒成了客栈的知名特色面点。后来有一天,黄厨师做的面太多了,剩下了很多,就把它晒干,客商要吃时,就把干面煮熟献上,不想味道反而更加好吃,就这样,在不断地摸索之中,风味独特的"云梦鱼面"终于成为一方名点。由于"云梦鱼面"的味道十分鲜美,早在 1911 年,就在巴拿马万国博览会获得银质奖章。

不要误以为创新菜点是大师级人物的专利，也不要误以为只有大饭店的人才能创新出好菜品；在社会的任何一个角落，在我们日常生活的每时每刻，创新思维都能够施展手脚，并且都能够获得应得的报偿。

什么是创新菜点？具体地说，是指菜品整体中任何一个层次的更新和变革所带来的菜品结构、原料、技法、口味、造型、品质的变化与提高，从而能使客人在不同层面上感觉新意的菜品，都可以称作创新菜。

如"灯笼鸡片"是在原有"什锦炒鸡片"的基础上，用玻璃纸包裹，扎上红绸子放入油锅中炸制，玻璃纸鼓起像个灯笼，这是老酒装新瓶的"新"；在传统的红烧鸭掌、水晶鸭掌的基础上，变换一下调料，制作成芥末鸭掌、泡椒鸭掌、卤水鸭掌等，这是调味变化的"新"；在以虾仁、虾肉为主料中，可制成虾球、虾饼、虾面、虾线、虾松等，这是技法变化的"新"……这些菜品的出现都可称为新菜品。

就创新菜点而言，需要有一定的卖点，能激起客人的购买欲望，刺激顾客的消费，并最终能够创造商业价值的才是好菜品。许多让别人不屑一顾或者昙花一现的菜品，因其没有市场价值，不算是一个成功的新菜品。

2.创新菜品的分析

客观事物本身无所谓"新"或"旧"，然而我们的思维在给菜品分类的时候，把一直存在的、十分常见的事物称为"旧"，而把前所未见的、十分罕见的事物称为"新"。因而，新与旧具有明显的相对性。这种相对性值得我们重视，它主要表现在三个方面。

第一，在不同的时间里，同一种菜品也许会从"新"变"旧"（比如，几年前流行的"黄油焗蜗牛"等"西菜中吃"的菜品），也许会从"旧"变"新"（比如，古典菜的开发反而成了新菜）。

第二，在不同的地点，菜品的"新"和"旧"也会有差异。比如，日本传统的"三文鱼刺身"，十多年前到了我国反而成了"新菜"；即便同一款菜肴是否"新潮"，农村饭店和城市的饭店也可能有不同的看法。

第三，对不同的主体来说，某种菜品是"新"还是"旧"也很难一概而论。如几年前流行的"石板烧"，在某些人看来是新点子、新方法，而在另一些人看来则是"古已有之"的事，一点都不新鲜。

新与旧的相对性要求我们，在面对一种具体的菜品、制作方法或观念的时候，必须把它放在一定条件下，才能判定它究竟是创新还是传统。当然，从实践价值上来考察，所谓"创新"并不一定非要亘古未见、举世无双，只要在此时、此地、此店、此事上算是"新"的就足够了。就像四川的水煮菜，过去大多是水煮肉片、水煮鳝片，现在人们不断地扩展原料，制成了水煮海螺片、水煮鸭片等。这些尽管都是一些经营常识，但是我们仍然感到挺新鲜，这就够了。

创新菜点是在继承传统烹饪技艺的基础上,通过精心探索和研究而成的具有某一方面的突破,并能在一定的地域,一定的时间内被广大消费者所认可的,且具有较强的生命力和市场价值的菜肴。菜点创新强调的是一个"新"字,可以突出新的原料、新的工艺、新的技法、新的造型,抑或是新的品质、新的口感等,只要从这些方面入手是较容易产生新的效果的。

但是,菜肴创新不是依样画葫芦地照搬,也不是随心所欲地乱配乱烹,而是要遵循烹饪的基本规律。不是"鱼香肉丝"添两片青菜就叫创新,也不是"佛跳墙"加一点豆芽就叫开发,这完全是违背烹饪规律的,也是对名菜的糟蹋。菜品创新,它有一定的规律和要求,在不损坏菜品原有价值的同时,更要体现它的特色和新意。这才是菜品设计创新的真正价值所在。

(二)创新菜点的基本类型

选择适当的菜品开发方式是提高自身专业技术创新能力的重要方面。按技术来源,可将菜品开发方式归纳为自创方式和非自创方式两种。其中自创方式又进一步分为独创方式和模仿方式。非自创方式可以分为联合开发、技术引进等方式。每种方式又可以根据需要和其他方式相结合。新菜品的开发就是指对新菜品的研究、构思、设计、生产和推广,以此扩大饭店产品品种和质量,进一步满足市场的需要或引导市场的需要。而对于新菜品来说,主要有三种类型:完全的新菜品、改良的新菜品和仿制的新菜品。

1.完全的新菜品

完全的新菜品是指采用新技术、新原料、新设备等开发出来的崭新菜品,在市场上还没有可以与之比较的菜品。这样的菜品虽然具有极强的竞争优势,但开发成本较高,耗费时间较长,而且由于菜品无专利保护、易于模仿,全新型菜品的优势难以长久维持。如从无到有发明一种新菜:传统菜"松鼠鳜鱼""佛跳墙"最初的产生。

2.改良的新菜品

改良的新菜品是指在原有的菜品的基础上,部分采用新原理、新技术、新原料、新结构,使菜品的色、香、味、形等特色有重大突破的菜品。改良的新菜品具有投入少、收效快等特点,且方便制作并能快速生产。如新派苏菜、现代海派菜、新派鲁菜等;各类菜点结合菜、中西结合菜、地方菜融合菜品等都属此类。

3.仿制的新菜品

仿制的新菜品是指根据外来菜品等模仿制作的菜品,有时在模仿时也会进行局部的改进或创新,如各地纷纷推出当地原来没有的法国大菜、日本料理、韩国烧烤等;川菜风行全国,对四川省以外的地区来说就属于引进川菜的一些品种进行模仿,向当地顾客提供模仿菜品,同时也会根据当地口味调整仿制菜品的麻、辣程度。

特别提示

你会不会创新

创新有规律可循,创新有方法可依。创新思维则是创新成功的关键。经过学习和训练,你一定会很快踏进创新之门。然而,最高明的创新方法是自己创造的方法。只要有心,只要坚持,只要不断地优化自己的综合素质,你终究能无师自通,在创新的王国里自由驰骋。

二、菜品开发的必然性

几千年来,中国菜品的制作一直都是在变化发展的运作之中的,否则就没有今天的繁花似锦。驱动新菜品开发的动力是多方面的。消费者往往偏好于选择新的菜品,广大的烹饪人员也常常建立在自己专业技能的基础上会不时地开发新的款式去适应消费者,餐饮企业也从经营的角度为了获得更多的消费者而做出努力,从现实情况来看,确实也存在着某些必然性。

(一)新原料、新技术的发展推动着新菜品的出现

科学技术和食品加工业的迅速发展导致了许多新原料和新技术的出现,并加快了菜品更新换代的速度。中外之间的交往,国外许多食品原料源源不断地引进到我国的餐饮市场中。如荷兰豆、微型西红柿、夏威夷果、皇帝蟹、鳕鱼、象拔蚌等进口原材料,丰富了我国的餐饮市场。微波技术、多功能设备、自动化设备等为烹饪技术的发展变化起到了巨大的推动作用。科技的进步有利于企业淘汰旧有的顾客不感兴趣的菜品,带来新颖健康的菜品。企业只有不断运用新的原材料、新的设备改造原有的菜品,通过开发新菜品,才不至于被顾客遗忘而挤出市场的大门。

(二)餐饮市场竞争的加剧迫使人们不断开发新菜品

随着餐饮对市场依赖程度的不断加深,传统的菜品生产模式已不足以应付市场竞争的局面。为了取得竞争优势或至少保持在竞争中不被淘汰,越来越多的烹调师将新菜品开发作为一项极为重要的战略问题来考虑。对于饭店企业来说,能否在这样的激烈竞争中占有一席之地并不断发展取得竞争的优势,关键之一就是有没有适应顾客的新菜品。一个企业要想在市场上保持竞争优势,只有不断创新,开发新产品,才能在市场上占据领先地位,增强企业的活力。另外,饭店企业定期推出新菜品,可以提高企业在市场上的信誉、知名度和地位,并促进新菜品的市场销售。

（三）消费需求的变化需要不断地开发新菜品

随着生产的发展和人们生活水平的提高，消费需求也发生了很大的变化，健康、味美、方便、快捷的菜品越来越受到消费者的欢迎。

厨房菜品无专利保护、易于竞争对手模仿，由此造成菜品生命周期越来越短。在此环境下，如果烹调师不积极开发新的菜品，没有适销对路的菜品推向市场，饭店将会逐渐被竞争对手取代直至被淘汰出局。另外，社会的发展和变革，顾客对于饭店菜品的要求也将产生相应的变化，菜品若不能推陈出新来满足或适应这种动态的变化，势必也将被顾客所抛弃，从而退出市场竞争的行列。

（四）菜品生命周期缩短要求人们不断开发新菜品

产品生命周期理论认为，产品经历其生命周期的导入期、成长期、成熟期和衰退期四个阶段。而对于菜品的生命周期来说，在现代高速发展的时期，消费结构的变化加快，消费选择更加多样化，其生命周期将日益缩短。当自己的新菜品获得成功后，竞争对手也可以迅速模仿，从而明显缩短新菜品的生命周期。这一方面给企业带来了威胁，企业不得不淘汰难以适应消费者需求的老产品，另一方面也给企业提供了开发新菜品适应市场变化的机会。

相似的是企业也如同菜品一样，也存在着生命周期。如果企业不开发新产品，则当菜品走向衰退时，企业也同样走到了生命周期的终点；相反，企业如果能不断开发新菜品，就可以在原有菜品退出市场舞台时，利用新菜品占领市场，使企业在任何时候都有不同的菜品处于周期的各个阶段，从而保证企业赢利的稳定增长。

三、菜品创新的思考

（一）菜品卖点的寻找

餐饮菜品的开发与创新，实质是卖点的创新。菜品的卖点，就是从菜品本身的色、香、味、形、器、技法等诸方面加以考虑，以使顾客能够感觉是有新意的菜品。必须正视这样的现实，今天的市场，是"卖点至胜"的市场。没有"卖点"的菜品就很难吸引消费者，从而导致企业处于没有利润增长点的困境。

所谓菜品的"卖点"，它是指在一定时间内，投入餐厅销售后，能够刺激顾客购买、消费，快速创造商业价值的各种自然要素与社会要素的泛称。卖点如同一座金矿，期待人们开发，一旦开发成功，就会回报给企业巨大的经济效益。

人们所感兴趣的东西，都可能是卖点。卖点是生产、经营的热点。寻找卖点，关键是信息和把握消费动向，吸引并且满足消费者购买欲望。

（1）流行型卖点。这是伴随着消费者心理行为的热点转换而形成的商业价值。比如,餐饮产品中的流行菜以及一些造势的菜品。它的流行期较短,来势较猛,消失也较快。从这一点来说,需要企业不断地有新菜品投放餐厅。

(2)稳定型卖点。这是能够在比较长的时间里被消费者所接受并能够获得长久的商业价值。比如,餐饮企业中的传统名菜、看家菜、品牌菜等。

(二)新菜品的设计思路

创新菜品的开发与设计是从搜集各种构思开始,并将这些构思、设想通过各种烹调技法转变为市场上人们所需要的菜品的前后连续的过程。构思是创新菜品研发过程的第一步,实际上就是寻求创意的过程,是日后菜品开发能否顺利进行的重要环节,所以,在菜品研发之初,就要把握市场的需求,切中顾客的喜好。在餐饮经营与制作中,新菜品的制作思路可以从以下几方面去考虑。

1.投其所好

根据目标顾客群体的喜好筛选相适宜的菜品构思和设计点子,而不必兼顾所有顾客。如年轻人喜欢新奇、方便、噱头、颜色鲜艳、造型独特的菜品。各种菜品新异的造势菜和新原料的引进利用等,都可令许多顾客兴趣大增。

2.供其所需

不论新、老菜品,有无创意,只要消费者有确切的、一定规模的需要,就可以开发生产相应的菜品。如仿古菜、民间菜以及乡村餐厅、农舍饭庄、知青餐厅等,只要有需要都可设计策划,并可开发新的菜肴。

3.激其所欲

用奇特的构思或推出特色的餐饮项目,激发顾客的潜在需要。如饭店及时推出的每天特选菜、每日奉送菜、活动大抽奖以及烟雾菜、桑拿菜等,以引起顾客的购买欲求。

4.适其所向

预测分析顾客需求动向和偏好变化,适时调整菜品的内容,开拓和引导市场。如根据市场需要最先推出美容食品、健脑食品、长寿食品、方便食品等,以满足顾客的广泛需求。

5.补其所缺

首先要了解市场的行情,分析现在的餐饮市场,还缺少什么,需补充什么。不论产品价值大小,只要市场有一定的需求量。这是一种非常可行、有效的新菜品开发思路。如市场上缺少拉丁餐厅,可开发巴西烧烤,又如饭店外卖及儿童节、情人节、重阳节食品等。

6.释其所疑

开发出的菜品让消费者买得放心、用得明白,减少顾客的疑问。如有些饭店餐厅提供的食品监测设备、绿色生态食品、无味精食品、人工大灶食品等。

（三）菜品系列设计

菜品系列构思与设计，要适应不同顾客的消费需要，在设计中主要取决于目标市场的顾客需求特点以及需求量的结构状况。

1.不同功能的菜品设计

由不同质量、性能及价格水平的菜品组成的产品系列，可以满足不同消费层次、不同购买动机的顾客的需要。如通过靓汤、砂锅、椰盅推出系列性品种。

靓汤系列：虫草炖老鸭、老鸡煲活蛇、南腿炖肫花、松茸菌炖鲍脯、文蛤豆腐汤、五子瑶柱王、百合山药炖猪手、莲藕炖仔排、瓦罐煨牛尾、浓汤银杏腰片等。

砂锅系列：砂锅鱼头、砂锅羊肉、砂锅冻豆腐、砂锅菜核、虫草炖乳鸽、清炖蟹粉狮子头、天麻炖鸽、枸杞炖牛鞭、腌肉炖河蚌、鲍鱼炖鸭、山龟炖羊、霸王别姬、清炖金银蹄等。

椰盅系列：椰盅炖乌鸡、淮杞鹌鹑盅、椰盅人参鸡、火鸭炖瓜球、鸽蛋鸭舌盅、椰盅鲍脯鸭、蒜子鳝段盅、咖喱羊盅、鱼翅盅、参杞水鱼盅、海马三鞭盅等。

菜品系列越多，品种越齐全，对顾客的品牌认知来讲就意味着特色和专业化。

2.不同用途的菜品设计

适用于不同用途、不同环境条件的同类产品系列，是企业产品开发设计的基本思路。如江苏南京饭店的"龙马精神"，此菜在菜品的配料上注重男、女之间生理上的差异，配料中男女有别，形成了独特的菜品风格。

宴会的主题不同，其菜品的风格也有所差别。寿宴、婚宴的菜品其配料有异，造型有别；乾隆宴、东坡宴、板桥宴、红楼宴等各有区别；乡土宴、宫廷宴、小吃宴等境况、场景、菜单各有千秋；长江宴、运河宴、敦煌宴、珠江宴等各有不同的风格特色。另外，同样一个菜，可做点菜、套餐、宴会，其表现方式有所变化。

3.不同规格的菜品设计

由不同容量的产品组成的产品系列，用以满足不同消费者对菜品的不同需求。这是由市场消费者的差异化决定的。因此，企业在产品开发设计时通常都可生产出不同规格、型号的系列产品。

如：同一种菜肴有大盘、中盘、例盘，还可以名菜微型化，甚至出售半份菜等。

4.不同外观的菜品设计

由不同外观、造型、质感、口味的菜品组成的产品系列，其基本风味、特点相近，能够较好地满足消费者个性化的需要。如浙江嘉兴粽子系列化，馅心多样化；西安饺子宴的各式不同的饺子；扬州富春茶社的杂色包子，馅心各不相同；造型设计风格不同的瓷器餐具系列，等等。

四、新菜品开发的方向

中国菜品经过几千年的发展变迁,已取得了十分可喜的成绩,传承文化、顺应时代的饮食内涵为其不断发展、创新提供了更大的空间。从烹饪、菜品文化或人们饮食观念的角度来说,未来菜品的开发,大致有以下几个特征。

(一)营养保健型

食品最重要的功用首先是提供维持生命所必需的营养物质,其次是提供美味享受,最后是对生命活动的调节功用。近年来盛行研究食品中可调节人体各种系统的因子,为充分发挥食品对人体功能的调节作用而制成的食品,即是功能食品。因而,世界各地企图依靠食物来积极地保持健康之风日渐盛行。

当人们告别饥饿,获得了温饱,讲究如何吃好的时候,人们对科学饮食的含义产生了新的看法。人们已充分认识到"吃的食物要营养保健"。而今,营养保健食品已上升到显著地位,其中又以老人长寿、妇女健美、儿童益智、中年调养四大类菜品更具有广阔的市场前途。当今时代,国内外菜品消费不断推陈出新,掀起阵阵保健热潮。如药膳食品走俏,黑色食品受宠,纤维食品风行,各种保健食品大流行。

(二)返璞归真型

所谓返璞归真的菜品,即是崇尚自然,回归自然,利用无污染、无公害的绿色食品原料而制作的菜品。现代都市人,在吃多了山珍海味、鸡鱼肉蛋以后,倒时不时向往过一过昔日那种古朴、清淡的生活。于是,便逐渐涌动起一股"返璞"消费的新潮。由于现代都市生活的紧张、快节奏和喧嚣,加之社会大工业的发展,抗拒污染及保健潮的影响,使越来越多的人对都市生活产生了厌烦和不安,渴望回到大自然,追求恬静的田园生活。反映到饮食上,各种清新、朴实、自然、营养、味美的粗粮系列菜、田园菜、山野菜、森林菜、海洋菜等系列菜品日益受到人们的喜爱。

(三)适应大众型

随着社会经济的发展,人民生活水平的提高,餐饮业经营服务领域拓宽,广大居民对餐饮市场的需求越来越大,家庭劳动不断走向社会化。特别是"双休日"的实行与节假日的增多,居民外出就餐的次数上升,消费增加,普通百姓自掏腰包进餐厅的越来越多,大众化菜品成为目前我国餐饮市场的主流。如时令菜、家常菜、乡土菜等,加之节假日的推销与新菜展示等活动,以及粗粮细做、荤菜素做、下脚料精做等,对大众化市场的推广与发展起到了积极的作用。

(四)中外技艺融合型

现代社会的高速发展,导致了国际间的交往的频繁和扩大,广大的烹调师走出国门的机会增多,外国的客人不断地走进了我们的餐饮市场,中外烹饪的交流也将越来越深入,使得餐饮经营呈现多元化现象,导致了菜品制作技艺的相互模仿、学习、扩散,导致了各地区与国家之间都在技艺和款式上取长补短,不断借鉴与融合的菜品制作风格将会更加显现。

第二节　菜品创新与思维突破

菜品创新有时是在偶尔的灵感中不知不觉地产生的。厨房生产者一方面每天在重复传统的工作,按部就班地日复一日地完成厨房各项工作任务;另一方面,他们也常常突破传统思维,爱琢磨创制些新方法,制作一些新菜肴。几千年的烹饪文化就是这样不断地继承、发展、开拓、创新,才有今天烹饪发展的新面貌。

一、每个人都有创造力

每个人都有创造力,每个人都能开发新菜点,就看你花费了多少精力。

这个世界一切都在发展变化着。不仅我们自身为了取胜及获得刺激,要寻求更多的创造与变化,我们存在的环境也在日新月异,如果我们不能适应这一切,生活的压力就会使我们难以忍受。经济是不断变化的环境因素之一。中国人经历的改革开放、变化创新的时代,深刻影响了每一个人。

世界每时每刻都在发生变化。餐饮业也随着社会的发展而不断变化,我们每天都要面临一些新情况。对于我们大家来说,我们都有创造,我们也一直在变化——这就是生活的本质。

菜品的出新与创造,表现了我们烹调师智慧的一面。我们要想表现自己特有的能力和感受,创造至关重要。这个世界正在大变特变,餐饮业的发展突飞猛进,营业网点在不断增多,菜品经营越来越显示出个性特色。只要我们稍微分析一下,就会看到烹饪行业有许多重大的变化。不论我们赞同与否,创新变化是社会发展的方向,我们若不能因变而变,就会落伍,就会被时代所淘汰。

菜品的创新,首先应解放思想,更新观念,努力打破原有的守旧思维模式,以开拓创新精神投身于餐饮经营的大潮中,充分发挥自己的聪明才智。

菜品创新与广大烹调工作者的自身努力是分不开的,它是在创新实践中,不断得到丰富和发展的,一个人创新能力的根本标志在于调动自身潜能,这种潜能主要来自潜意识的积累,或者说潜意识信息的储备。因此,一个立志创新的人必须善于学习,不断积累创新知识信息,当这种创新知识信息积累到一定程度就一定会有效果。

二、创造需要付出劳动

事实上，提高和创造，一定要付出劳动。人们常说：创造是一成灵感，九成汗水；一说是灵感中有九成是汗水。因而，创造中所含汗水的成分是99%了。在任何情况下，就实用观点而言，提高、创造和变化都需要付出有意识的心智劳动以及提供一些必要的资源。

为什么创造需要汗水（心智努力）呢？其努力需要多大，并应以何种方式付出呢？这是个重要问题。因自己的努力和积累的知识、技能不足，通常会削弱创新菜的发挥。如果想在菜品创新中尽多地获益，每个人都得投入一些精力去从事基础知识的学习和基本技能的积累。

菜点创新的前提，需要练就扎实的功底。假如功夫不到，很难有出色的产品问世。所以，创新还是一个"过程"，必须一步步地来。因此，创新必须有个过程和程序：

（1）学好基本功，锻炼扎实功底。

（2）踏踏实实做好传统菜。

（3）循序渐进，旁通中外厨艺。

这是创新菜活动的三部曲，做好这三点，并且熟能生巧，放下包袱，打开思路，新的菜品就比较容易设计产生了。

当然，在创造性地解决问题和运用应变手段的情况下，我们不能不涉及意识思维的领域。大多数对创造性活动的说法，都认为观念的产生是来自于意识思维领域。谈到菜品的创新问题，首先是我们对本职工作的喜爱程度，因为，创造力的产生有其内在动机，即内在动机有助于创造力的发挥。换言之，如果我们献身于餐饮工作、烹饪事业是出于内在需要和自我兴趣，我们的创造潜力就可以得到更充分的发挥。正如莎士比亚所说："没有兴趣就难以收获。"换言之，乐于做，才去做。

然而，创新菜设计对于我们大多数的人来说，都是内在驱动和外在驱动兼而有之。就大多数人而言，自然发挥的创造力是不够的，大多数人注定要极端受到外在动机的影响。社会环境、企业的要求、个人的意愿一起构成了人们创新的动机，不可否认的是，人们的创造潜力是因人而异的。

而对于一个烹饪工作者来说，如果毫无创新，便丧失了竞争能力，他就会停滞不前，甚至会被淘汰出局。

三、善于吸取与注重突破

当今世界，一切都在变化。餐饮发展的更迭可以推动人的思维更新，但不能代替人的思维创新,开发创新思维,关键靠自己。

谈到创新的能力问题,马上有人会说,我生来就没有这种能力。其实,创新潜能,人皆有之。美国学者玛格丽特·米德在 1964 年出版的《人类潜在能力探索》一书中认为:一般情况下,人的大脑资源的 95% 没有得到开发,人脑的最大创造能力可能是无限的。苏联学者伊凡·叶夫雷莫夫指出,人的潜力之大令人震惊,在通常的工作与生活条件下,人只运用了他思维工具的一小部分。如果我们迫使大脑开足一半马力,我们就能毫不费力地学会 40 种语言,把《苏联百科全书》从头到尾背下,完成几十个大学的课程。潜能理论告诉我们,每个人都能有所发现、有所创造,都有自己的过人之处,都应该成为发明创造的巨人。

创新思维不是与生俱来的,它主要来源于不断发展的实践之中,产生于实践主体的不懈追求之中,形成于理论与实践的有机结合之中,离开了主观努力是进入不了创新境界的,靠外力、靠别人也是开发不出来的,唯独只有自己,才是挖掘自己创新思维潜力、开发新菜品的真正主人。

有些烹调师总认为自己的工作很难创新,翻来覆去老一套。其实,是我们怕动脑筋,安于现状。创新有大有小,内容和形式可以各不相同,只要我们多学习、多交流,就很容易迸发出创新的火花。实际上全国各地每天都有创新菜出现,如仿古菜、乡土菜、新派菜、改良菜等,不断地开辟创新菜肴,去造福于人类。

首先,创造者要强化创造意识。创造意识,就是指创造的愿望动机和意图,这是创造性思维的出发点和原动力。成功的创造者总有一种有所发现、有所创新、有所前进的强烈创造意识,总有一种打破常规、克服保守、勇于开拓进取的精神,这本身就是创新能力的象征。

其次,创造者要善于学习。善于学习,就是指既从书本中学习,又从实践中学习;既从成功的经验中学习,又从失败的教训中学习,这是提高创造者创新能力的最佳途径。

最后,创造者要掌握方法。掌握方法,就是指寻找提高创造性思维能力的"桥"和"船"。大量实践证明,各种不同的创新方法,都是提高创造者创新能力的有效方法。

四、冲破束缚创新菜

中国传统的饮食文化是璀璨夺目的,几千年的饮食文明,把中国的烹饪技术带到了登峰造极的地步。当今时代,在继承传统文化的基础上,如何紧跟时代步伐,适应新的形势,这个重任交给了我们年轻一代的烹调师。

第一,现实中包含真正有价值的东西,需要我们去继承发扬。

如中餐的刀工、烹调、配伍等。如何将传统技艺转化,需要我们去开发研究。

从砂锅、铁锅到高压锅、电磁锅，它所吸收的事物是一个积极的过程。让我们将目光从传统累积转向每个新的阶段，以适应现代人的需要。如从原来的单个菜品的烹制到现在批量的标准化生产，我们在不断地吸收过去的技法，规范现在的制作，以期满足现代人的就餐需要。

传统中许多优秀的东西，我们要继承和保护。谈创新，假如不在传统的指导下，只是简单地做出反应是极具破坏性的。人们通常所讲的"西方的月亮比中国的圆""西方的菜品比中国的合理"是不够负责任的说法，我们要去从好的方面去理解，发现传统中的有利的方面，并使好的东西长久保持下去，发扬光大。

第二，解放思想，与习惯思维进行决裂。

解放思想的过程，实际上就是与创新思维相悖的惯性思维进行决裂的过程。这种决裂越勇敢、越彻底，越能打开解放思想的大门，越能向创新思维走近。

在创新的进程中，我们不能受许多条条框框的限制，惯性思维是顽固不化的，如果不突破传统束缚，就难以克服一切阻力和人的惰性，也就不会有新的超越。

守旧思维常常束缚着我们的手脚，守旧思维是思维定式所形成的产物。习惯于守旧思维的人，思想僵化，观念陈旧，他们总是利用过去的、已有的观点、认识、看法来裁剪不断变化和发展的客观实际，而面对新情况、新问题，其观念和认识不敢越雷池半步。比如，从改革开放之前走过来的部分厨师，都习惯于正宗的传统菜如何做，或者认为"我的师傅怎么做"，对流行的改良的创新菜始终是另眼相看，说风凉话，甚至冷嘲热讽。由此，阻碍了他们的思维。如果不开辟新菜肴制作风格，围着原来的小圈子，就冲不破固有的思维圈，也很难适应现代的经济发展，更不可能使企业兴旺发达。

第三，菜品创新是时代发展的必然趋势。

中国五千年的文明史和博大精深的烹饪技艺，造就了"食在中国"的美誉。探讨一下中国烹饪艺术的发展，除了地大物博、物产丰富以外，还有各大菜系的名厨辈出，各地方都有技艺不同的人才，以及拥有一批文化素养较高的品尝者——美食家，这两者的相互依存与配合，使菜品推陈出新，不断涌现新的品种，推动着中国餐饮不断地向前发展。

从烹饪历史来看，菜品的创新与流行性是使菜品发展并保持长久生命力的重要属性和推动力。一部中国烹饪发展史，实际上就是中国烹饪的创新史。当今烹饪中的食物原料、烹调方法、调味味型、菜品造型方法、餐具器皿等，都是经历代劳动人民创造革新而来的。

"创新"是一种见识，是一种竞争的法宝，是一种看家本领，是餐饮经营的出路。

创意是什么

创意,简而言之,就是具有新颖性和创造性的想法。一篇文章里有一段精彩的论述:"创意是传统的叛逆;是打破常规的哲学;是大智大勇的同义;是一种智能拓展;是一种文化底蕴;是一种闪光的震撼(灵感);是破旧立新的创造与毁灭的循环;是点题造势的把握;是跳出庐山之外的思路;是超越自我、超越常规的导引;是智能产业神奇组合的经济魔方;是思想库、智囊团的能量释放;是深度情感与理性思考的实践;是思想碰撞、智慧对接;是创造性的系统工程;是投资未来、创造未来的过程。"创意绝不是一般意义上的模仿、重复、循规蹈矩、似曾相识;好的创意必须是新奇的、惊人的、震撼的、实效的想法。

第三节　菜品创新的基本原则

创新菜随着社会之需要,在全国各地发展迅速,相当一部分创新菜点以新颖的造型、别致的口味被广泛应用,获得了良好的经济效益和社会效益,充分显示了创新菜存在和发展的价值,但也发现不少创新菜存在着不合情理、制作失当的现象,还需要不断完善和推敲研究。在创新过程中,除在原料、调料、调味手段以及名、形、味、器均有突破外,同时也要注意营养的合理性,使菜品更具有科学性和食用性。

一、食用为先

可食性是菜品内在的主要特点。作为创新菜,首先应具有食用的特性,只有使消费者感到好吃,有食用价值,而且感到越吃越想吃的菜,才会有生命力。不论什么菜,从选料、配伍到烹制的整个过程,都要考虑菜品做好后的可食性程度,以适应顾客的口味为宗旨。有的创新菜制成后,分量较少,叫人们无法去分食;有些菜看起来很好看,可食用的东西不好吃;有的菜肴原料珍贵,价格不菲,但烹制后未必好吃;有些创新菜的制作,把人们普遍不喜欢的东西显露出来,如猪嘴、鸡尾等。客人不喜欢的创新菜,就谈不上它的真正价值,说白了就是费工费时,得不偿失。

二、注重营养

营养卫生是食品的最基本的条件,对于创新菜品这是首先应该考虑的。它必须是卫生的,有营养的。一个菜品仅仅是好吃而对健康无益,也是没有生命力的。

如今,饮食平衡、营养的观点已经深入人心。当我们在设计创新菜品时,应充分利用营养配餐的原则,把设计创新成功的健康菜品作为吸引顾客的手段,同时,这一手段也将是菜品创新的趋势。从某种意义上说,烹饪工作者的任务较重,应该引导人们用科学的饮食观来规范自己所创制的作品,而不是随波逐流。从创新菜开始尤为重要。

三、关注市场

创新菜点的酝酿、研制阶段,首先要考虑到当前顾客比较感兴趣的东西,即使研制仿古菜、乡土菜,也要符合现代人的饮食需求,传统菜的翻新、民间菜的推出,也要考虑到目标顾客的需要。

在开发创新菜点时,也要从餐饮发展趋势、菜点消费走向上做文章。我们要准确分析、预测未来饮食潮流,做好相应的开发工作,这要求我们的烹调工作人员时刻研究消费者的价值观念、消费观念的变化趋势,去设计、创造引导消费。

未来餐饮消费需求更加讲究清淡、科学和保健,因此,制作者应注重开发清鲜、雅淡、爽口的菜品,在菜品开发中忌精雕细刻、大红大绿,且不用有损于色、味、营养的辅助原料,以免画蛇添足。

四、适应大众

一个创新菜的推出,是要求适应广大顾客的,经统计调查,绝大多数顾客是坚持大众化的,所以为大多数消费者服务,这是菜肴创新的方向问题。创新菜的推出,要坚持以大众化原料为基础。过于高档的菜肴,由于曲高和寡,不能带有普遍性,所以食用者较少。因此创新菜的推广,要立足于一些易取原料,价廉物美,广大老百姓能够接受,其影响力也十分深远。如近几年家常菜的风行,许多烹调师在家常风味、大众菜肴上开辟新思路,创制出一系列的新品佳肴,如三鲜锅仔、黄豆猪手、双足煲、麻辣烫、剁椒鱼头、芦蒿炒臭干等,受到了各地客人的喜爱,饭店、餐厅也由此门庭若市,生意兴隆。我国的国画大师徐悲鸿就曾说过:"一个厨师能把山珍海味做好并不难,要是能把青菜、萝卜做得好吃,那才是有真本领的厨师。"

五、易于操作

创新菜点的烹制应简易,尽量减少工时耗费。随着社会的发展,人们发现食品经过过于繁复的工序、长时间的手工处理或加热处理后,食品的营养卫生大打折扣。许多几十年甚至几百年以前的菜品,由于与现代社会节奏不相适应,有些已被人们遗弃,有些菜经改良后逐步简化了。

另外,从经营的角度来看,过于繁复的工序也不适应现代经营的需要,费工费时做不出活来,也满足不了顾客时效性的要求。现在的生活节奏加快了,客人在餐厅没有耐心等很长时间;菜品制作速度快,餐厅翻台率高,座次率自然上升。所以,创新菜的制作,一定要考虑到简易省时,甚至可以大批量地生产,这样生产的效率就高,如上海的"糟钵头"、福建的"佛跳墙"、无锡的"酱汁排骨"等都是经不断改良而满足现代经营需要的。

六、反对浮躁

从近几年来各地烹饪大赛中广大烹调师制作的创新菜肴来看,每次活动都或多或少产生一些构思独特、味美形好的佳肴,但也经常发现一些菜品,浮躁现象严重,特别是不遵循烹饪规律,违背烹调原理。如把炒好的热菜放在冰凉的琼脂里冻上;把油炸的鱼块再放入水中煮等类似的制作。

历史上任何留下不衰声誉的创新菜,都是拒绝浮躁、遵循烹饪规律的。许多年轻厨师不从基本功入手,舍本逐末,在制作菜肴时,不讲究刀工、火候,而去乱变乱摆,有的创新菜就像一堆垃圾,根本谈不上美感;有些人盲目追求菜肴和口味的变化,却像涂鸦一样不知所云,让人费解。

浮躁之风的另一种现象,即是把工夫和精力放在菜品的装潢和包装上,而不对菜品下苦功钻研,如一款"五彩鱼米",他投入的精力在"小猫钓鱼"的雕刻上,而"鱼米"的光泽、切的大小实在是技术平平。装饰固然需要,但主次必须明确。由此,急功近利的浮躁之风不可长,而应脚踏实地把每一个菜做好。

七、引导消费

一个创新菜的问世,有时是要投入很多精力,从构思到试做,再改进直到成品,有时要试验许多次。所以,这也是我们不主张一味地用高档原料的缘故。菜品的创新是经营的需要,创新菜也应该与企业经营结合起来,所以,我们衡量一个创新菜主要看其点菜率情况,顾客食用后的满意程度。如果我们注意到尽量降低成本,减少不必要的浪费,就可以提高良好的经济效益。相反,如果一道创新菜成本很高,卖价很贵,而绝大多数的消费者对此没有需求,它的价值就不能实现;若是降价,则企业会亏本,那么,这个菜就肯定没有生命力。

我们提倡的是利用较平常的原料,通过独特的构思,创制出人们乐于享用的菜品。创新菜的精髓,不在于原料多么高档,而在于构思的奇巧。如"鱼肉狮子头",利用鳜鱼或青鱼肉代替猪肉,食之口感鲜嫩,不肥不腻,清爽味醇。"晶明手敲虾",取大明虾用澄粉敲制使其晶明虾亮,焯水后炒制而成。其原料普通,特色鲜明。所以,创新菜既要考虑生产,又要考虑消费。于企业、于顾客都有益。

案例分享

一道创新菜年赚400万

成都的大蓉和酒店,因为开发研制了一道菜,一年居然能卖出10万份,纯利达到400多万元。而且这道菜自2007年推行,一直长盛不衰。

2006年春季的一天中午,时任行政总厨的王师傅,突然接到了刘总从湖南长沙打来的电话,要他立即乘飞机赶往长沙。刘总当时正好到长沙出差,在一家小饭店里面吃了一道剁椒鱼头。这道菜他以前吃过很多次,但是这家的味道很独特。刘总觉得做得非常好、大气,口味也比较刺激。这让一直琢磨菜品创新的刘总异常兴奋。于是,刘总在电话里交代自己的厨师,一定要把这道菜学会。

为了学到这道菜,王总厨在这家餐馆连着吃了好几天。回到成都后,王总厨和厨师们很快将这道菜做了出来,味道也完全一样,但刘总不急着推出这道菜。"这道菜不是普通的新菜品,除了味道好以外,必须要进行重新包装,比如做法和用料上要有一个新形式。这样既能保证味道的正宗,又能有新的吸引人的卖点。"

"找市场上没有的东西,最关键的应该是找原料,第二是找烹调方法,第三就是找这个调料。"在沉寂了三个月后,刘总终于推出了一道全新的菜品"石锅三角峰"。这是怎么研制出来的,刘总究竟做了哪些改良呢?

首先是他从最传统的用料进行改良。剁椒鱼头采用的是红色的辣椒,刘总决定采用绿色的辣椒,从色泽上做全新的改变,在视觉上先对食客形成一种冲击力。比如,采用绿色的青花椒、青海椒、芹菜、香菜和姜蒜,全部都是提取蔬菜的绿色辣。在青辣椒口味不佳的情况下,他们找遍了成都所有的菜市场,终于在一家卖辣椒的摊位前发现了为数不多的小米辣,它的辣度相当于普通辣椒的10倍。这个绿色的小米辣让整个事情出现了一丝转机。

其次是做法上的创新,传统的剁椒鱼头是以蒸为主。刘总借鉴了韩国石锅的烹制方法,将鱼头放进石锅内进行石烹。石头的温度将鱼煮熟,这样鱼的营养不会流失,鱼肉也会特别嫩。一个石锅端上来,不仅让顾客觉得热气腾腾,而且感觉量大实惠。

这两种创新,让爱吃、会吃的成都食客多了一种选择。一份石锅三角峰售价68元,自从推出这道菜之后,刘总的店里每天都能卖出100多份。

第四节　新菜点开发的基本程序

新菜品的开发程序包括从新菜品的构思创意到投放市场所经历的全过程。这样的过程一般可分为三大阶段，即酝酿与构思、选择与设计、试制与完善。在具体制作中又有若干方面需要慎重考虑，某一个方面考虑不周全，都会带来菜品的质量问题。所以，每个环节都不能忽视。

一、酝酿与构思

新菜点开发过程是从寻求创意的酝酿开始的。所谓创意，就是开发新菜品的构想。虽然并不是所有的酝酿中的设想或创意都可变成新的菜品，寻求尽可能多的构想与创意却可为开发新菜品提供较多的机会。所以，所有的新菜品的产生都是通过酝酿与构想创意而开始的。新创意的主要来源来自广大顾客需求欲望和烹饪技术的不断积累。

二、选择与设计

选择与设计就是对第一阶段形成的构思和设想进行筛选、优化构思，理清设计思路。在选择与设计创新菜点时，首先考虑的是选择什么样的突破口。如：

原料要求如何？

准备调制什么味型？

使用什么烹调方法？

运用什么面团品种？

配置何种馅心？

造型的风格特色怎样？

器具、装盘有哪些要求？ 等等。

对于所选品种，其原料不得是国家明文规定受保护的动物，如熊掌、果子狸、娃娃鱼等，也不得是有毒的原料，如河豚。可以是动物性原料，也可以用植物性原料作为主料。烹制方法尽量不要使用营养损失过多或对人体有害的方法，如老油重炸、烟熏等。

选择品种和制作工艺以符合现代人的审美观念和进食要求的，使人们乐于享用的菜品。

为了便于资料归档，创制者应为企业提供详细的创新菜点备案资料，准确全面地填写创新的品种资料入档表，以便于修改和完善。

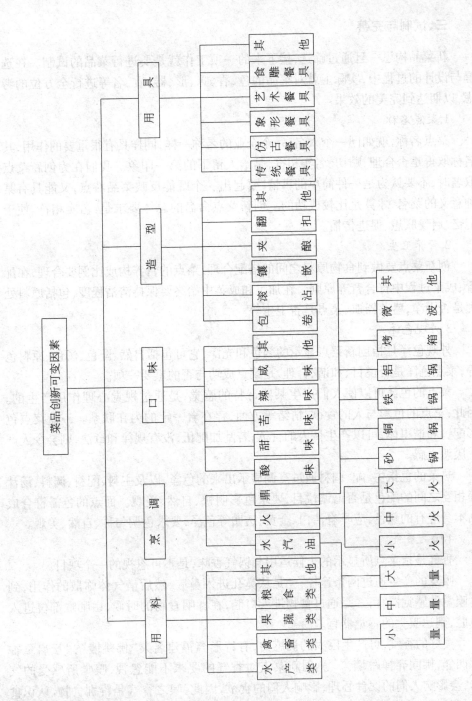

三、试制与完善

新菜品构思一旦通过筛选,接下来的一项工作就是要进行菜品的试制。在选择与设计的过程中,实际上就对菜品的色、香、味、形、器、质、名等进行全方位的考虑,以期达到完美的效果。

1.菜点名称

菜点名称,就如同一个人名、一个企业的名称一样,同样具有很重要的作用,其名称取得是否合理、贴切、名实相符,是给人留下的第一印象。我们在为创新菜点取名时,不要认为是一件简单的事情,要起出一个既能反映菜品特点,又能具有某种意义的菜名,才算是比较成功的。创新菜点命名的总体要求是:名实相符、便于记忆、启发联想、促进传播。

2.营养卫生

创新菜点要做到食物原料之间的搭配合理,菜点的营养构成比例要合理,在配置、成菜过程中符合营养原则。在加工和成菜中始终要保持清洁程度,包括原料处理是否干净,盛菜器皿、菜点是否卫生等。

3.外观色泽

外观色泽是指创新菜点显示的颜色和光泽,它可包括自然、配色、汤色、原料色等,菜点色泽是否悦目、和谐、合理,是菜点成功与否的重要一项。

菜点的色泽可以使人们产生某些奇特的感觉,是通过视觉心理作用产生的。因此,菜点的色彩与人的食欲、情绪等方面,存在着一定的内在联系。一盘菜点色彩配置和谐得体,可以产生诱人的食欲;若乱加配伍,没有规律和章法,则会令人产生厌恶之感。

热菜的色指主、配、调料通过烹调显示出来的色泽,以及主料、配料、调料、汤汁等相互之间的配色是否谐调悦目,要求色彩明快、自然、美观。面点的色需符合成品本身应有的颜色,应具有洁白、金黄、透明等色泽,要求色调匀称、自然、美观。

4.嗅之香气

香气是指菜点所显示的火候运用与锅气香味,是不可忽视的一个项目。

嗅觉的产生通过两条途径:一是从鼻孔进入鼻腔,然后借气体弥散的作用,到达嗅觉的感觉器官;二是通过食物进入口腔,在吞咽食物的时候,由咽喉部位进入鼻腔,到达嗅觉的感觉器官。

美好的香气,可产生巨大的诱惑力,有诗形容福建名菜"佛跳墙":"坛启荤香飘四邻,佛闻弃禅跳墙来"。创新菜点对香气的要求不能忽视,嗅觉所感受的气味,会影响人们的饮食心理,影响人们的食欲,因此,嗅之香气是辨别食物、认识食物的又一主观条件。

5.品味感觉

味感是指菜点所显示的滋味,包括菜点原料味、芡汁味、佐汁味等,是评判菜点最重要的一项。味道的好坏,是人们评价创新菜点的最重要的标准。由此,好吃也就自然成为消费者对厨师烹调技艺的最高评价。

创新热菜的味,要求调味适当、口味纯正、主味突出,无邪味、煳味和腥膻味,不能过分口重、口轻,也不能过量使用味精以致失去原料的本质原味。创新面点的味,要求调味适当,口味鲜美,符合成品本身应具有的咸、甜、鲜、香等口味特点,不能过分口重、口轻而影响特色。

6.成品造型

造型包括原料的刀工规格(如大小、厚薄、长短、粗细等)、菜点装盘造型等,即是成熟后的外表形态。

中国烹调技艺精湛,花样品种繁多。在充分利用鲜活原料和特色原料的基础上,运用包卷、捆扎、扣制、蓉塑、裱绘、镶嵌、捏挤、拼摆、模塑、刀工美化等造型方法,这些造型技法的利用,构成了一盘盘千姿百态的"厨艺杰作"。创新菜点的造型风格如何,却是一个视觉审美中先入为主的重要一项,是值得去推敲和完善的。

菜点的造型要求形象优美自然;选料讲究,主辅料配比合理;刀工细腻,刀面光洁,规格整齐,芡汁适中;油量适度;使用餐具得体,装盘美观、协调,可以适当装饰,但不得搞花架子,喧宾夺主,因摆弄而影响菜肴的质量。凡是装饰品,尽量要做到可以吃的(如黄瓜、萝卜、香菜、生菜等),特殊装饰品要与菜品协调一致,并符合卫生要求,装饰时生、熟要分开,其汁水不能影响主菜。

面点的造型要求大小一致,形象优美,层次与花纹清晰,装盘美观。为了陪衬面点,可以适当运用具有食用价值的、构思合理的少量点缀物,反对过分装饰,主副颠倒。

7.菜品质感

质感是指菜品所显示的质地,包括菜点的成熟度、爽滑度、脆嫩度、酥软度等。它是菜点进入口腔中牙齿、舌面、腭等部位接触之后引起的口感,如软或硬、老或嫩、酥或脆、滑或润、松或糯、绵或黏、柔或韧,等等。

菜点进入口腔中产生物理的、温度的刺激所引起的口腔感觉,是创新菜品要推敲的一项。尽管各地区人们对菜品的评判有异,但总体要求是利牙齿、适口腔、生美感、符心理、诱食欲、达标准,使人们在咀嚼品尝时,产生可口舒适之感。

不同的菜点产生不同的质感,要求火候掌握得当,每一菜点都要符合各自应具有的质地特点。除特殊情况外,蔬菜一般要求爽口无生味;鱼、肉类要求断生,无邪味,不能由于火候失饪,造成过火或欠火。面点使用火候适宜,符合应有的质地特点。

创造"质感之美"需要从食品原料、加工、熟制等全过程中精心安排，合理操作，并要具备一定的制作技艺，才能达到预期的目的和要求。

8.把握分量

菜点制成后，看一看菜点原料构成的数量，包括菜点主配料的搭配比例与数量，料头与芡汁的多寡等。原料过多，整个盘面臃肿、不清爽；原料不足，或个数较少，整个盘面干瘪，有欺骗顾客之嫌。

9.盘饰包装

创新菜研制以后需要适当的盘饰美化，这种包装美化不同于一般的商品去精心美化和保护产品。菜品的包装盘饰最终目的在于方便消费者，引发人们的注意，诱人食欲，从而尽快使菜点实现其价值——进入消费者的品评中。所以，需要对创新菜点进行必要的、简单明了的、恰如其分的装饰。要求寓意内容优美健康，盘饰与造型协调，富有美感，反对过分装饰、以副压主、本末倒置，体现食用价值。

10.市场试销

新菜品研制以后，就需要投入市场来及时了解客人的反映。市场试销就是指将开发出的新菜品投入某个餐厅进行销售，以观察菜品的市场反应，通过餐厅的试销得到反馈信息，供制作者参考、分析和不断完善。赞扬固然可以增强管理者与制作者的信心，批评更能帮助制作者克服缺点。对就餐顾客的评价素材需进行收集整理，好的意见可加以保留，不好的方面再加以修改，以期达到更加完美的效果。

四、推广与存档

（一）菜品标准的制定

1.制定标准化食谱

新菜品试制成功以后，就应着手把具体的标准确定下来，以保证该菜品制作的规范性。标准化食谱将原料的选择、加工、配伍、烹调及其成品特点有机地集中在一起，可以更好地帮助统一生产标准，保证菜品质量的稳定性。

标准食谱一经确定，必须严格执行。在使用过程中，要维持其严肃性和权威性，减少随意投放和乱改程序而导致厨房出品质量不一致、不稳定，要使标准食谱在规范厨房出品质量方面发挥应有作用。

将研制认定的新菜品制成标准食谱后，纳入餐厅的菜单之中，供客人点菜使用。该菜品的制作将按厨房生产流程和正常工作岗位分工，逐渐淡化"新"意，融入日常程序化运作。

2.菜品成本的控制

掌握净料率和折损率。创新菜点的成本确定，必须要掌握净料率和折损率：净料率+折损率＝100%。这一方面可用于成本核算，另一方面也可定出制度，监督员工的工作,以保证质量和避免不必要的浪费。

菜品成本的计算。计算成本时,应注意以下两个问题:第一,创新菜点中所有原料的用量都折合成毛料用量,并与单价单位保持一致;第二,特殊调料和高档调料可按大批量计算每一份成本。对于普通调料如用量太少,可按一定时期中消耗掉的调料成本占所有其他原料成本的百分比计算(这样虽不太精确,但比较简便)。

一款新菜的推出,经营者要关心它的制作时间、原料取舍,以及出售后客人的感觉。成本投入过大,价格提得较高,客人的接受程度就受到影响,或者此菜产生的利润就薄,这是得不偿失的。在新菜品的制作和认证时,要尽量考虑到菜点实际成本的投入,同时,又要想法增加客人的感觉成本,提倡"粗粮细做",并努力做好下脚料的综合利用。

(二)新菜品管理与资料保护

了解市场,迎合顾客,满足需求,实际上更是为了丰富自身的形象。因此,企业从内部入手,锻炼内功,是企业和厨师们的关键。

1.加强新菜点制作的质量管理

新菜品经过认证、核算之后开始投入市场,如何保证新菜品的持续稳定,这是内部管理的问题。创新菜品的后续管理也十分重要。它需要厨房各管理人员严格把关,保质保量地把菜品奉献给顾客。但在经营过程中若发现客人有些改进的需求,意见也很独到,须经过大家商量后再作适当的调整,以满足市场为第一需求。

在创新菜品的后续管理中,要针对餐饮企业创新研制出来的菜品,采取切实有效的方法措施,以维持、巩固乃至提高新菜品的质量水平、经营效果和市场影响,其主要目的是让新创菜品在餐饮企业的有效管理中延长生命、大放光彩。另外,若新菜长期为消费者认可和推崇,不仅为企业带来良好的经济效益,而且也是对创新人员的激励和褒奖。

2.做好新菜点资料的保护工作

创新菜品的推出,确实能吸引众多消费者,产生强烈的反响,但一个成功的创新菜品的产生,的确是来之不易的,它往往倾注着厨房许多工作人员的心血和汗水。明白其中的道理,自然就要做好新产品的保护工作,特别是其中的配方和制作关键,更要内部把握,其了解范围要缩小到最小,以树立自己的拳头产品,营造企业的品牌形象。特别是企业的品牌菜品更要像可口可乐的7X配方一样,需锁进"保险箱",要有品牌保护意识。这样,对于同行的模仿也就不需要去多担心了,即便是"东施效颦"的形似也就无关大碍了。

3.做好创新菜品的信息管理和档案工作

厨房工作人员要主动收集各方面的信息、情报以及美食资料,为菜点开发提供和创造条件。主要包括有价值的历史资料,如民间食谱、名人食事、历史传记等,餐饮发展与烹饪界的最新动态;同行饭店、餐馆的菜点制作情况;饭店已推出菜点的销售情况,客人对创新菜点的评价等,以完善自我,随时出击,创造更好的佳绩。

对于本企业所创新的菜品也要随着创新菜的不断增多做好自己的档案管理工作。将每月、每次所创新的菜品都要进行资料存档,其中包括考察的资料、宣传的文案、技术的数据、经营的情况、广告的投入等,以便于日后的菜品开发、活动打造、销售策划之需。

本章小结

本章从现代餐饮市场出发,对现代餐饮新菜品开发的类型,以及菜品的创新思维、开发的原则与制作过程中必须注意的内容进行了论述。通过对本章的学习,了解菜品创新必须迎合时代,必须从顾客的需求出发,作为创制者需要打好扎实的基本功,以菜品的可食性为前提,才能满足广大顾客的不同需求。

【思考与练习】

一、课后练习

(一)填空题

1.创新菜点的基本类型有_____、_____、_____。

2.新菜品开发的方向主要是_____、_____和_____、_____。

3.创新菜在推广过程中,必须要做的两件事是_____、_____。

4.创新是一个过程,必须要一步步地来,创新菜活动的三部曲是:第一,_____;第二,_____;第三,_____。

5.菜品系列构思与设计主要从_____、_____、_____、_____四方面考虑。

(二)选择题

1.在菜品创新中不需要考虑的原则是(　　)。

A.食用为先,注重变化　　　　　B.突出好看,强调创意

C.反对浮躁,讲究口味　　　　　D.重视搭配,关注市场

2.菜品质感包括以下内容(　　)。

A.清爽　　　　　B.酸苦　　　　　C.嫩滑　　　　　D.诱人

3.创新菜品的设计不需考虑的方面是(　　　)。

A.食材　　　　　　B.风味　　　　　　C.组合　　　　　　D.多样

4.当"叫化鸡"一菜最早面市时,它属于是(　　　)。

A.完全的新菜品　　　　　　　　B.改良的新菜品

C.仿制的新菜品　　　　　　　　D.引进的新菜品

(三)名词解释

1.创新菜

2.菜品卖点

3.菜品质感

4.创意

(四)问答题

1.什么是创新菜? 如何把握菜品的卖点?

2.新菜品的开发有哪些重要意义?

3.餐饮经营中的菜品创新有哪些内在的必然性?

4.为什么菜品创新需要付出一定的劳动?

5.在菜品创新时为什么要掌握一些基本原则?

6.现代菜品的创新有哪些基本程序?

7.菜品在试制过程中需注意哪几个方面?

二、拓展训练

1.小组讨论:通过学习,谈谈对创新菜的理解。

2.根据所学知识,以鸡为原料做一道创新菜。

注:可从配料变化、口味变化、技能变化、造型变化中思考。

第二章
地方风味的继承与发展

引 言

　　全国各地的传统风味菜品是中国烹饪文化影响深远的主要部分,它们各具特色,各显技艺;选用质地优良的烹饪原料,用本地习惯用的独特的烹饪方法制作出具有浓厚的本地风味的菜肴是当今开发创新的主要技术手段。在地方菜品的创新中,需要我们把握特色、掌握思路、了解开发途径和遵循基本原则,使传统菜品能够不断地发扬光大,新品迭出。

学习目标

- ● 掌握创新菜品与传统菜品的关系
- ● 了解地方菜品具有无穷的生命力
- ● 掌握地方风味菜品创新的特色和思路
- ● 了解地方菜品开发的途径和原则
- ● 会设计和创制新的地方风味菜品

　　中国烹饪有几千年的文明史,在中国烹饪发展史上,历代的烹调师们都是在继承前人传统的基础上而不断发扬光大的,就是这样历代继承,中国烹饪才有今天这个博大精深、菜点宏富的局面,才有今天称为"烹饪王国"的美誉。

第一节　继承传统与开拓创新

　　中国烹饪文化浩如烟海,特色、个性分明,由于它保持了自己民族的地方特色,而成为世界烹饪之林的一朵灿烂的奇葩,并博得了世界各国人民的由衷赞赏。中国烹饪的发展该如何走? 保持优良传统,跟着时代的步伐,不断开拓和创新,这应是中国烹饪发展、创新的最有效途径。

一、创新不能脱离传统

（一）创新应源于传统，高于传统

中国有五千年的饮食文明史，中国烹饪发展至今是中国烹调师不断继承与开拓的结果。几千年来随着历代社会、政治、经济和文化的发展，各地烹饪也日益发展，烹饪技术水平的不断提高，创造了众多的烹饪菜点，而且形成了风味各异的不同特色流派，并成为我国一份宝贵的文化遗产。

中国烹饪属于文化范畴，是中国各族人民劳动智慧的结晶。全国各地方、各民族的许多烹饪经验，历代古籍中大量饮食烹饪方面的著述，有待我们今天去发掘、整理，取其精华，运用现代科学加以总结提高，把那些有特色、有价值的民族烹饪精华继承下来，使之更好地发展和利用。社会生活是不断向前发展的，与社会生活关系密切的烹饪，也是随着社会的发展而发展的。这种发展是在继承基础上的发展，而不是随心所欲地创造。综观中国烹饪的历史，我们可以清楚地看到，烹饪新成就都是在继承前代烹饪的优良传统的基础上产生的。

春秋时期，易牙在江苏传艺，创制了"鱼腹藏羊肉"，创下了"鲜"字之本，此菜几千年来一直在江苏各地流传。经过历代厨师制作与改进，至清代，在《调鼎集》中载其制法为："荷包鱼，大鲫鱼或鲩鱼，去鳞将骨挖去，填冬笋、火腿、鸡丝或蚌肉、蟹肉，每盘盛两尾，用线扎好，油炸，再加入作料红烧。"后来民间将炸改为煎，腹内装上生肉蓉，更为方便、合理。现江苏各地制作此菜方法相似，但名称有异，如"荷包鲫鱼""怀胎鲫鱼""鲫鱼斩肉"。江苏徐州厨师依古法烹之，流传至今的是"羊方藏鱼"。

就火锅而言，我国早期的涮肉方法见南宋林洪《山家清供》记载的一菜"拨霞供"，说他游武夷山，遇雪天得一兔，山里人只用刀切兔肉片，用酒酱椒料浸渍以后，把风炉安座上，用水少半铫，等到汤沸以后，每人一双筷子，自己夹兔肉，投入沸汤熟啖之，有团圆热暖之乐趣。他说不独兔肉，猪羊肉皆可以照此法食之。清代是古代火锅的全盛时期，因乾隆皇帝喜吃火锅。随着时代的发展，历代厨师创制了铜制火锅、铝制火锅、陶制火锅、搪瓷火锅和银锡合金火锅；按燃料不同，又有炭火锅、酒精火锅、煤气火锅和电火锅等。从形制上看，有单味火锅、双味火锅和各客火锅。其菜品原料，更是千姿百态。所有这一切都是历代厨师在继承传统的同时，又在不断地发展和开拓新品种的结果。

我国春卷的发展也是经过历代的演变而来。唐初，"立春日吃春饼生菜"，号"春盘"，每年立春这一天，人们将春饼、蔬菜等装在盘中，成为"翠缕红丝，备极精巧"的春盘。当时，人们相互馈送，取"迎新"之意。杜甫"春日春盘细生菜"的诗句,正是这一习俗的真实写照。唐之"春盘",到宋时叫"春饼",后已演变为"春卷"。饼是两合一张,烙得很薄,也叫"薄饼",上面涂以甜面酱,夹上羊角葱,把炒好的韭黄、摊黄菜、炒合菜等夹在当中,卷起来吃,别有一番风味。以后人们发现卷起来吃不方便,厨师们便直接包好供人们食用,成为我们今日的春卷了。

我国各地的地方菜和民族菜,都有自己值得骄傲的风味特色。这些风味特色,是历代厨师们不断继承和发展而来的。如果只有继承而没有发展,就等于原地踏步走,那也许还处在两千多年前的"周代八珍"阶段;如果只有创新,而没有继承,那只能是无线的风筝和放飞的气球,就无地方、民族可言,更无价值和特色可言。中国各地风味菜点的制作,无一不是历代的劳动人民在继承中不断充实、完善、更新中才有今天的特色和丰富的品种的。

创新源于传统、高于传统,才有无限的生命力。只有弥补过去的不足,使之不断地完善,才能永葆特色。许多人在改良传统风味时,把传统正宗的精华都消失殆尽,而剩下的都是花架子,显然是得不到顾客的认可的,这不是发展而是倒退,这不是创新,而是随心所欲的乱咋呼,是毁誉。菜点的创新应根据时代发展的需要、人的饮食变化需要,而不断充实和扩大本风味特色。

需要说明的是,创新不是脱离传统,也不等于照抄照搬,把其他流派的菜肴拿来就算作自己的菜。我们可以借鉴学习,学会"拿来",但一个菜的主要特点仍要体现本风味传统,只能是菜品局部调整使之合理变化,这种创新应该是值得提倡的。

(二) 发扬传统、勇于开拓是取胜之本

继承和发扬传统风味特色是饮食业兴旺发达的传家宝。如今,全国许多大中城市的饭店在开发传统风味、重视经营特色方面取得了可喜的成绩,并力求适应当前消费者的需要,因而营业兴旺,生意红火。

饭店突出传统的风味特色,以新颖的菜肴和品质质量招徕客人,并力求适应当前消费者的需要,这是饭店餐饮取胜之道。

但是,继承发扬传统特色也不是说完全照原来的老一套做法不变,而是要随着时代的发展而不断改进,以适应时代的需要。20世纪70年代,人们提倡的"油多不坏菜",如今已过时了,已不符合现代人的饮食与健康的需求。传统的"千层油糕""蜂糖糕""玫瑰拉糕"等需要加入一定量的糖渍猪板油丁,随着人们生活观念的变化,其量都必须适当地减少,甚至不用动物油丁。清代宫廷名点"窝窝头"现在进入人们的宴会桌面,但已不局限于原来的玉米粉加水了,而增加了米粉、蜂蜜和牛奶,其质地、口感都发生了新的变化。传统的"糖醋鱼",本是以中国香醋、白糖烹调而成,随着西式调料番茄酱的运用,几乎都改以番茄酱、白糖、白醋烹制了,从而使色彩更加红艳。与此相仿,"松鼠鳜鱼""菊花鱼""瓦块鱼"等一大批甜酸

味型的菜肴相继作了改良。

拉丝虾茧

四川菜在今天如此火爆的场面之下,四川烹饪界在针对目前川菜现有状况时,利用自己的传统调味特点,不断开拓原材料,突破过去"川菜无海鲜"的说法。厨师们通过不断的努力,精心制作了传统风味浓郁的"川味海鲜菜"和"新潮川味菜",为川菜的继承和发扬传统风味书写了新的篇章。

案例分享

创新不能没有学习

北京大董烤鸭店总经理董振祥先生是一个善于学习、钻研和创新的人,他经营的餐厅生意一直火爆,与他执着的不断进取精神是分不开的。在记者采访时问及餐厅创新好像比较容易,请说说其中的原因时,他介绍了其中的秘密:"创新与开阔眼界很有关系。我的创新与学习分不开。这里所说的学习有两层意思:一是从专科、本科到研究生,系统地学习书本上的理论知识,让我接触到很多新的理念,使我在餐饮企业的管理过程中有了创新的意识;二是向我的师傅们学习。中国菜系很多,大的菜系有川、鲁、粤、淮扬,小的菜系那就更多了。这些菜不说全掌握,只要掌握其中一部分,比如菜系的风味特点、菜品构成、人文、地理、历史的话,创新就有了一定的基础。我觉得,创新不仅是改动一些东西,而且还要从菜品理论上解释得通,可以说菜品创新应是以一定菜品理论为指导思想的美食创造活动。"

"我原来学的是北京菜、山东菜,我的师傅们教了我很多东西,使我创新时就有了发挥的基础。比如'黄焖鱼翅'这道菜是我向北京饭店陈玉亮师傅学的,它导致了我店首创的'红花汁'系列菜肴的出炉。怎样才能发扬陈师傅的精湛厨艺而又满足新世纪顾客的美食需求呢?我把原先的老鸡油全部撤掉,放入藏红花,不仅降低了菜中的脂肪和胆固醇,而且藏红花活血化瘀,对心血管很有好处。后来,我又把藏红花加到其他菜肴中,于是形成了我店新的特色菜红花汁系列菜肴。"

二、发扬民族特色的创新之作

菜点的制作、创新从地方性、民族性的角度去开拓是最具生命力的。通过全国各地的烹饪比赛、烹饪杂志,不难发现我国各地的创新菜点不断面市,而绝大多数的菜肴都是在传统风味的基础上改良与创新。综观菜点发展的思路,通常的突破口,一般有下列几种。

(一)挖掘、整理和开发利用本地的饮食文化史料

菜品创新如果从无到有制作新菜,确是比较艰难的。但从历史的陈迹中去找寻、仿制、改良,却可制作出意想不到的"新菜"。我国饮食有几千年的文明史,从民间到宫廷,从城市到乡村,几千年的饮食生活史料浩如烟海,各种经史、方志、笔记、农书、医籍、诗词、歌赋、食经以及小说名著中,都涉及饮食烹饪之事。只要人们愿意去挖掘和开拓新品种,都可以创制出较有价值的菜肴来。

在古代菜的挖掘中,20世纪80年代是我国餐饮业开发的高峰期,如西安的"仿唐菜"、杭州的"仿宋菜"、南京的"仿随园菜"和"仿明菜"、扬州的"仿红楼菜"、山东的"仿孔府菜"、北京的"仿膳菜"等都是历史菜开发的代表。

古为今用,推陈出新,只要我们用心去开发、去研究,都可以挖掘出一些历史菜品来不断丰富我们现在的餐饮活动,为现代生活服务。

例如以下两款当今比较流行的古代菜品:

蟹酿橙。宋林洪《山家清供》:橙用黄熟大者,截顶剜去穰,留少液。以蟹膏肉实其内,仍以带枝顶覆之。入小甑(蒸锅),用酒、醋、水蒸熟。用醋、盐供食。香而鲜,使人有新酒、菊花、香橙、螃蟹之兴。

八宝肉圆。清《调鼎集》:用精肉、肥肉各半,切成细酱,有松仁、香蕈、笋尖、荸荠、瓜姜之类,切成细酱,加芡粉和捏成团,放入盆中,加甜酒、酱油蒸之,入口松脆。

(二)广泛运用本地的各种食物原料,并大胆吸收其他国家和地区的调辅料来丰富本地风味

广泛运用本地的食物原材料,是制作并保持地方特色菜品的重要条件。每个地区都有许多特产原料,每个原料还可以加以细分,根据不同部位、不同干湿、不同老嫩等进行不同菜品的设计操作,在广泛使用中高档原料的同时,也不能忽视一些低档原材料、下脚料,诸如鸭肠、鸭血、臭豆腐、臭干之类。它们都是制作地方菜的特色原料。

在原材料的利用上,也要敢于吸收和利用其他地区甚至国外的原材料,只要不

有损于本地菜的风格,都可拿来为我所用。在调味品的利用上,只要能丰富地方菜的特色,在尊重传统的基础上,都可充实提高。如南京丁山宾馆的"生炒甲鱼"一菜,在保持淮扬风味的基础上,烹制时稍加蚝油,起锅时加少许黑椒,其风味就更加醇香味美。像这种改良,客人能够接受,厨师也能发挥,而于本地风味菜则大大丰富了内涵,使口味在原有的基础上升华。

(三)对传统菜的改良创新,要注重加工工艺的变化和烹饪方法的改进

对于传统菜的改良不能离其"宗",应立足有利保持和发展本风味特色。许多厨师善于在传统菜上做文章,确实取得了较好的效果。如进行"粗菜细作",将一些普通的菜品深加工,这样改头换面后,可使菜品质量提升;或在工艺方法上进行创新,"烧烤基围虾""铁扒大虾"等,改变过去的盐水、葱油、清蒸、油炸,使其口味一新。

近几年来,全国各地的许多名厨对传统菜改良作了尝试,而且不乏成功之作。如上海名菜"糟钵头",在创始阶段是一道糟味菜,并不是汤菜。后来将其发展为汤菜,入糟钵头,上笼蒸制而成,汤鲜味香。再后来因供应量大,原来制法已不适应,又改为汤锅煮,砂锅炖,其味仍然佳美,深受顾客欢迎。

第二节　挖掘地方特色文化内涵

地域广阔的中华大地,显现了各自不同的地方风味特色——"东西南北中,风味各不同"。不同的地理环境、不同的民族、不同的生活习惯,形成了各地自然的风格。实际上,由于地理、气候、物产和习俗的不同,不同地区的人们的食品制作和口味特点存在着很大差异。

每个地区都有自己的地方特产与风味名食。随着社会的发展,不同区域的饮食文化通过多种形式进行交流,由封闭走向开放,全国各地方的许多厚重而纯美的东西,成为各地人所追逐和探幽的区域文化特色,由此,各地区的土特名优产品、名菜名点名宴也随之扩大了范围,走遍了中华大地,甚至漂洋过海,在旅游和贸易中发挥了重要作用,取得了令人瞩目的经济效益。值得注意的是,地区性美食产品绝不单单具有物质的属性,它也是一种文化的呈现,它凝聚着当地的劳动人民的精神创造,积淀了地区民众的心理愿望,研究和开发地方美食菜品文化,无疑有着重要的文化和经济价值。

一、地方本土菜品具有无穷的魅力

（一）地方菜与外来菜的关系

中国各地菜点的发展、创新的思路尽管很多,但绝不能离开本土本民族特色这个基础。就饮食的发展潮流来说,随着对外开放的深入、国际大都市的发展,外国各地不同的餐式都有可能争先恐后地挤进我们的城镇和我们的生活空间;与此同时,中国各地、各民族风味餐馆也将随着经济的发展在我们身边不断增多,并不断地走向海外,这是社会发展的必然趋势。但不管怎么发展,本土的东西不会被时代所淘汰。相反,人们在追求越来越新潮的同时,也在追捧着越来越本土化的东西。社会的发展,现代化与民族化、本土化是丝毫没有矛盾的,相反,越是现代化,就越离不开本土化。试看日本,经济迅猛发展,尽管现代化的程度如此之高,但民族的传统饮食却没有改变和减弱,它没有受中餐、西餐的强大攻势而改变民族的传统饮食方式,而是在民族特色的基础上,吸收外来文化的精髓。同样,美国、加拿大地区有两万多家中餐馆,并不是说美加人民就以中餐为主了。对于中国人来说,中华民族的地方菜点及其技艺始终是其灵魂。而对于中国各地的本土菜来说,它始终应该是各地民众的饮食最爱。

多样性并不排斥地方性,在多元文化现象之下,当地人们始终会把本土文化作为饮食的主旋律,而外地人来到异地需要的也是本土菜品和文化的补充,以了解和品尝异地文化的独特个性,这正是本土文化的吸引力所在。没有多元性,就体现不出地方性,而外来菜品只是本地人日常饮食的调剂品,应该说,外来菜品是本土菜品主旋律中跳动的音符。如果没有这些音符的跳动,整个餐饮经营就比较单调、呆板,激不起人们的兴趣。本地区所有的店卖一样的东西,不仅显得毫无特色,而且也成为你死我活激烈的竞争对手;而外来菜的进入不仅增添了城市饮食亮点,还满足了当地人不同的饮食需要,这也体现了风格各异的差异化经营思路。况且,外来菜本身也是一个个其他本土菜的组成。

（二）地方菜具有顽强的生命力

本土文化倘若失去了本地、本民族文化的特性,也就失去了它的真正价值以及它自身应有的魅力。

"越是地方性和民族性的东西就越有世界性"。这个科学论断是颠扑不破的。本土菜的发展是区别于其他地区的个性化的东西。只有以本土的民族的饮食文化发展为基础,才有无限的生命力。反之,日本人来了,你给他吃生鱼片;法国人来了,你给他上牛排;美国人来了,你带他去吃肯德基,那就激发不了他们的饮食兴趣;或者,全国东西南北中的饭店,都是毫无特色的千菜一味,那就更倒人胃口。假如沿海人到内地,你却上一桌对虾、梭子蟹等海鲜,他们总感到普普通通,习以为常,吃了也不一定会领情,兴许还会埋怨主人,或许还会在心里嘀咕:你这海鲜不地道,在冰箱里冻过。不管是哪儿的客人,倒是透着浓郁乡土气息和民族传统的本土风味饮食,如北京的涮羊肉、南京的盐水鸭、新疆的羊肉串、西安羊肉泡馍、兰州牛肉拉面等,更能激起人们的食欲和兴趣,留下美好的回忆,还能领悟和感受到各地饮食文化底蕴的魅力。

北京全聚德烤鸭和天津狗不理包子是北方的两大本土品牌,每天吸引着成百上千的人来用餐。它不会因北京、天津的众多外来风味而受到影响,不仅如此,它还会在保持本土特色的基础上不断地向外拓展,这正是由于他们拥有本土特色的精髓,从而跻身于全国乃至世界的餐饮业强者之林。

(三)地方菜品的特定条件与个性风格的展示

地方本土菜品是众多特定地理范围空间的文化产物,不论是历史传承还是空间移动扩散,都离不开特定的地域。人们喜爱并且不愿意脱离本土的饮食方式、烹饪传统和菜点风味,尽管人们在时空上发生诸多变化,但本土饮食文化的深远影响还是历久弥新的。

本土菜品的地域性要求制作者注重地方特色和乡土气息的体现,设计、制作与突出有自身地域特色的菜点品种。我国各地有各自的风味特色,在选料、技艺、口味等方面都形成了各自的个性。烹饪生产,就地设计、继承传统、唯我独优地发挥本地的特长,一般来说,在江河湖海地区,参、贝、鱼、虾等水产资源较多,草原地区牛羊肉资源较多。较好的例子有江苏的鳝鱼菜、鱼圆的制作;湖南的蒸钵炉子、腊味菜;山东的海味菜、爆塌菜等,不论是原料的选用还是技艺的加工,都带有鲜明的本土地域特征,并可以生根开花,不断扬长避短,而且吸引着中外宾客的慕名品尝。正如南京夫子庙地区的"秦淮小吃宴",每天顾客络绎不绝、食客盈门,也给夫子庙地区的餐饮企业带来源源不断的利润。

本土菜品的地域性也受着其他地区饮食文化的影响。一般来说,随着交通的发达、中外交往的增多,各地的饮食文化特色都潜移默化地影响和促进着制作者的构思与创作。社会的进化发展,各地的烹调师在本地特色的基础上,也受着外帮菜、外来菜的影响,特别是烹饪文化的交流,更加速了菜品制作的相互借鉴,同样也产生了交融与互补的风格特色。

二、地方风味具有生命力的重要表现

(一)本土菜品个性的凸显与外来文化的吸收

每个地区都有着自身历史形成的较为稳定的风俗习惯、菜品口味和制作方法,有着与其他地区不同的菜品属性,这些属性通常为该地区全体成员所共同具备。

本土菜品的个性是地区饮食文化的精髓。浓郁的本土个性交织在烹饪制作各个层面中,它应当得到突出和强化。烹饪生产从选料、加工到烹调、口味等,都要注意发掘本土地方的个性特长,烹饪制作者要熟悉了解本土菜点制作的特点。在制作生产中不必盲目照搬别的地区的,而要突出本土特色,从而用本土烹饪文化的独特性,来尽可能地吸引中外宾客对本土烹饪文化个性的追求。

不同地区间的相互吸引、交流互补,是本土文化颇具魅力、令人心仪神往的方面之一。文化学理论认为,文化内涵既是一种过程又是一种结果。这是两种或两种以上文化接触后互相采借、影响所致。作为广大宾客可以惊讶而又陌生地感知体验外来菜点风味,产生令人新奇超脱的审美愉悦,这种外帮、异域烹饪风味的采借,不同的人会产生不同的效果,关键在于怎么拿来所用?作为所在民族和国家地区,也会因外族宾客拥入而承纳文化新质,越是经济发达的地区,借鉴外来的成分越多。

不同的人群、年龄、职业、素质对外来烹饪风味接受的程度不同。一般来说,传统的、保守的人对外来风味的掺入欢迎的程度低,而年轻的、开放的人群喜欢接受外来的风味来寻找独特和刺激。总之,本土菜品与外来菜点的互相采借会刺激和促进某一特定地区饮食文化的繁荣和发展,在不同饮食文化模式的撞击整合中推动本土饮食文化的进步。各地区、各民族之间交流越频繁、越广泛、越长期,则本土菜品的发展提高就越快。

(二)发挥本地饮食文化的优势,打造强势品牌

树立一个地区菜品的品牌,可以形成一种品牌效应,增强当地餐饮业和餐饮企业的吸引力和竞争力。而一个餐饮企业要通过连锁实现规模的扩张,也必须要立足于本土菜的特色并吸收外来菜品文化,做精做深。像杭州、重庆、成都、武汉、广州那些大型连锁公司,哪个不是在本土菜的基础上带着苏菜、川菜、粤菜等外地菜的精髓而走向四方的。本土菜品要突出自己的品牌特色,一旦失去了传统的品牌特色,本地餐饮自然就失去了发展的"核心"竞争力,也就限制了本土企业的发展。

河北保定会馆的掌舵人,多年来一直在收集、整理、培植"本土菜",研究并推出系列的"直隶官府菜",打出河北本土菜的王牌。他们反复踏访故地,了解本地的风土人情,查阅各种文献资料,搜集本土民间文化传说,一点一滴地艰难地"捕获着"相关信息,终于整理出本土系列菜品——"鸡里蹦"蹦出来了,"李鸿章烩菜"烩出来了,"炒代蟹"复原了,"阳春白雪"出锅了……数十道本土的"直隶官府菜"出炉,在保定餐饮业刮起了一阵强烈的旋风,让众多的食客从骨子里勾起了对本土传统味觉的回忆。

本土饮食菜点的经营,不能脱离创新这根标杆,否则也是难以获得经营利润、难以发展壮大的。菜点的创新从本土文化出发开拓,是最具生命力的。目前,全国各地方餐饮品牌较多,中国百强餐饮企业都是在本土文化中不断创新的地方特色鲜明的品牌。

　　事实上，最受外地客人欢迎的，真正能走出去的，也还是各地的"本土菜"。如重庆的火锅、广东的海鲜、江苏的江鲜、云南的菌菇等，假如他们放弃了这些还能有立足之地吗？这实际上就是本土文化特色带来的无穷的魅力。南京本土特色菜品"盐水鸭"，每天近万家大小餐厅以及超市、专卖店、街巷的熟食店都在售卖，年年月月、日复一日供应着，每天都有上万只鸭子被南京人及外来人享用。就品牌老字号而言，苏州松鹤楼的"松鼠鳜鱼"、镇江宴春酒楼的"水晶肴蹄"，这些本土的品牌菜，一个菜的年收入就是8000万之多。他们在众多外来企业的强势进攻之下，越发显示出顽强的竞争力。因为，他们有本土菜品文化的支撑，这也是其他外来菜品难以替代的主要原因。这也就证明了一句老话："本土的，才是最具生命力的。"

　　各地区、各民族都有自己的土特产品和美食佳点，如何把本地区、本企业创新的产品推销出去，需要本地区、本企业打造名优品牌。

　　1.提升地区美食文化

　　一个企业的美食品牌，它是一个城市美食文化不可分割的组成部分，各个企业的共同努力，可以构筑地区美食文化大餐，开发系列性的美食文化活动。北京的"全聚德"不仅因"烤鸭"品牌而闻名，而且也成为北京地区美食的象征；扬州"富春茶社"的"包子"远近闻名，传统的产品如今又焕发青春，当地企业开发的"速冻包子"品种馅心多样，又成为今日扬州的品牌产品，而满足现代人的需求；南京夫子庙的小吃，已不仅是夫子庙地区店家的品牌，也已成为南京人美食文化的代表。一个地区的美食文化，靠各企业单位的共同开发，这样，才能在市场竞争的大潮中勇往直前，使地区的经济不断发展。

　　2.传播地区美食品牌

　　一个企业经常定期开发创新菜活动，或研制地方特色鲜明的美食品牌，对塑造企业形象、体现企业精神有着重要作用，并具有直观性、具体性等优势。一个企业通过地区美食文化品牌的研究和制作，使本地区和外地的顾客能通过品尝菜品文化，领略地区性美食文化的精髓。经营成功的美食饮宴，使得企业的特色菜品和宴席，成为一个地区的特色卖点、亮点，而且还可以成为旅游、休闲的一大景点和美食热点。通过美食文化品牌的营造或形成热烈气氛，可以广泛吸引客源，提高和扩大企业的知名度和美誉度。如西安钟楼德发长的"饺子宴"的开发，打出品牌，同样，德发长饺子馆也闻名全国，声誉卓著。

　　3.加强美食信息交流

　　不同地区间的美食合作与交流，可以加速企业内部进一步协调，并使各企业相互比、学、赶、帮、超，在展示本企业形象的同时，也吸收同行们的长处，使其不断提高和共同发展。饭店企业之间、地区之间以及不同国别之间的美食文化交流与学习,可以有利于本地区美食活动的开展,扩大地区美食活动的影响。同时,地区美食文化的开拓与利用,能够弘扬地区餐饮文化,并促进旅游业的大发展,对增进地区和城市之间的了解和友谊起到积极作用。

4. 锻炼行业队伍内功

特色的地区性美食活动和菜品创新交流,对本地区来说具有重要的长远意义。这也是锻炼地区行业队伍的服务素质以及美食创新活动带来的市场优势。这要求对技术队伍的"品牌强化"行为进行培训,最主要的是地区品牌内在化要求员工关心并培育地区美食品牌。

（三）地方菜的异地经营与特色展现

将南方的菜搬到北方去,将北方的菜搬到南方来。这是当今许多餐饮企业的一种经营思路。北京的官府菜到南方经营,南方的广东菜深入到北方拓展,西南的四川菜打到全国各地。淮扬菜在北京、天津、山东等北方地区落户扎根,10多年来已开拓出一条新路,在北方形成了很大的影响,每天顾客盈门,其生意一直很稳定。他们把江南的菜品搬到北方去,以经营地道的江南菜和改良的江南菜为主。各种南方的特色原料如长江的江鲜、南京的鸭子、淮安的蒲菜、扬州的仔鹅、南通的竹蛏、湖泊的鱼头和许多特色的蔬菜等都源源不断地运往北方大市场。这些经营南方菜品的店家,老板、厨师长和主厨,经常出差到江、浙、沪考察学习和品尝,关注、了解江南菜发展的新动向,回去后再如法炮制或嫁接改良。

广东菜打入北京、上海、南京等地也是在个性特色的基础上吸引着当地的食客。北京的谭家菜也纷纷向南方挺进,由于其原料的档次和制作上的火工特点,同样也博得了南方人的喜爱。

杭州、宁波菜一直在向沪、苏、锡、常、宁方向挺进,在沪宁线上占领了重要的领地,其原料的主要渠道大多都从浙江货运而来,特别是宁波的水产原料,但由于受到地域的限制,他们最远只能以南京为界,再向北其海鲜原料的新鲜度就大打折扣,口味就受到影响,体现不出特有的风格特色。他们一方面利用本地原材料,另一方面利用当地常用原料并大胆嫁接当地菜品,这也是浙江人经营高明之处。

到异地开发餐饮,做本地的菜品,就必须追溯到最初的供应地。俗话说:"利在源头"。因此,经营者的眼光一定要投注在原料流通的源流上,然后将优质的原材料用当地的调味方式料理,定然是地道的风味特色菜。现如今,国内百强餐饮企业异地经营已十分流行,在北京、上海这个餐饮大舞台上,全国的知名餐饮企业纷纷加入这个市场行列,许多企业都取得了丰硕成果。在其他的省会城市这种现象也普遍显现,中国各地方的餐饮市场正出现前所未有的喜人景象。

案例分享

地方菜品的引进、改良与创新

在地方风味特色经营方面，无锡大饭店以无锡本帮菜为主，并分设四川、广东两大风味。在川菜的经营方面，在当地一直依循传统并不断创新。自1988年起，饭店就派员前往成都学习取经，走在了无锡烹饪界的前列，在开业至今采用了"请进来，走出去"的方法，多次与四川烹饪界名流广泛交流接触，从而使大饭店的厨师对川菜有了深层的理解，达到了质的飞跃，即从简单的引进发展到现在的引进、移植、改良和创新。

川菜在大饭店的成功，并非一步登天，而是循序渐进的。引进是基础，大饭店自1988年开业以来，引进了"麻婆豆腐""蒜泥白肉""回锅肉片""樟茶鸭子""鱼香肉丝""担担面"等一系列四川品牌菜点，为了保持川菜的原汁原味，他们在选料上严格把关，例如豆豉必须为潼川豆豉，芽菜必须为宜宾芽菜，豆瓣酱必须为郫县鹃城豆瓣酱，还有海椒面、泡辣椒等一系列原材料都以产地、生产厂家及品牌为标准严格选材。在配菜上严格按照川菜的配制要求做。为了保持口味的纯正，他们不断派员前往四川学习和请四川名厨来店举办美食节，使口味不走样，并通过此举保持了与川菜的同步性，同时提高了饭店川菜在无锡的知名度。

移植改良拓宽市场，生搬硬套是行不通的，毕竟无锡市民有着自己传统的饮食习惯和口味爱好，通过对宾客满意程度的了解建立客史档案，他们大胆地对引进菜肴在原料、做工、口味上进行改良。如针对江南人爱吃湖鲜的爱好，制作了"干煸大虾""泡菜条烧白鱼"等菜肴。在做工方面如给"樟茶鸭子"配上筋饼后，使其在选型、口味上都上了一个台阶，而芹黄鸡肉松加上宫灯围边后成了宴席上一道脍炙人口的美味佳肴。口味上，他们根据客人的不同需求而改良，如"麻婆豆腐"在不失其"麻、辣、烫"的风味特点基础上，可根据客人对"麻、辣、烫"的适应度而相应调整。"乡村田边鸡""鱼香金衣卷""虾肉苹果夹""南瓜回锅肉""辣子大虾""川卤牛尾"等一系列菜肴都是受客人好评的改良型川菜。

创新赢客源，创新才有勃勃生机。多年来不断地通过与川菜及其他各派菜系的交流学习和自身不断地潜心研究，反复推销和不断地征求客人的意见，不断地试菜改良，做出了一些适合各地区以及海外游客的创新菜。如锡式四川菜采用本地特产"太湖三白"为原料与川菜的调味和烹饪手法相结合，在保持了太湖特产鲜、嫩、爽滑的基础上丰富了口味，这些菜肴有"凉粉仔虾""酸菜白虾""麻酱游水虾""红汤香辣银鱼"等。这些菜肴的口味适应性广，已成为大饭店的精品特色菜肴。

第三节 地方风味菜品创新特色

许多地方菜经得起时间的考验,人们久吃不厌,饮食潮流对它干扰不大,由于其质量和特定的风格,在人们心目中已形成一定的品牌,如烤鸭、烤乳猪、炒软兜、剁椒鱼头、佛跳墙、小米海参等等。

一、本土原料的运用与配伍

华夏美食闻名遐迩,除了历代烹调师精湛的技艺外,我国丰富的物产资源是一个重要条件,它为饮食菜品的不断创新提供了良好的基础。在这片辽阔的土地上,东西南北各地盛产各种农副产品,绵长的海岸提供了珍贵海鲜,纵横的江河水产富饶,众多的湖泊盛产鱼虾和水生植物,无垠的草原牛羊遍布,巍巍的高山生长山珍野味,茂密的森林特产野味菌类,坦荡的平原五谷丰登。这种地形环境的不同,使中国烹饪具有了十分广阔的原料品种,加上复杂的气候差异,使烹饪原料品质各异。寒冽的北土有哈士蟆、猴头菇等多种野生动植物的珍稀原料,为我国烹饪提供了许多特有的佳肴;酷热的南疆,海鲜、虫、蛹、时鲜果品奇特,丰富了菜肴的品种;广阔的东海之滨,盛产贝、螺、鱼、虾、蟹,水产蔬菜联翩上市,增强了菜肴的时令性;风疾土刚的西域,牛马羊驼质优而盛名,使菜肴富有质朴浓烈的民族风味;雨量充沛的长江流域,粮油家畜皆得天时地利之优,使菜肴富丽堂皇。由于优越的地理位置和得天独厚的自然条件孕育的结果,使得我国烹饪特产原料特别富庶而广博,更为全国各地的烹调师们的菜品创新提供了丰富的物质基础。

菜品创新不仅仅是因为各地有如此多的食物原材料,更重要的是新的菜品需要我们更加合理地调配和利用。一道菜,主料与辅料、调料如何配伍,以及物与味、味与色、色与形、形与器的配伍等,都十分讲究合理。因而菜品的创制需要味、香、色、形、器、口感、营养和谐的统一,使科学与艺术浑然一体,相得益彰。

二、地方特色口味的把握

中国菜品的精华,就在于"五味调和百味香"。在色、香、味、形诸方面,味美可口,是吸引广大顾客的最重要的因素。现代餐饮的"创新菜",不管怎么新奇,它都离不开美味这个根本。创新菜品的出现,首先要迎合顾客的口味需要,这是菜品得以流行、兴旺的前提,否则,再好看,再新潮,如果味同嚼蜡,激不起顾客的兴趣,也不能形成"特色菜"。

创新菜品能够成为特色,主要是由于菜品的诱人所致,而诱人的前提又在于适口之绝。适口,对于顾客来说,要适合不同地区广大顾客之口;对于时代来说,要适应不同时代人们的口味。味美适口是菜品的基础,发扬菜品味美之优势,紧跟时代之步伐,是菜品创新的关键。可以这么说,诱人食欲的创新菜品是能够形成并推动餐饮潮流的重要条件。

菜品口味的美妙与变化,离不开地方特色的调味品。虽然调味品不是菜肴中的主料,但是它们相互配合,与食物的本味相得益彰,可以赋予食物以变幻无穷的美味。在生活水平不断提高的今天,人们对食物的要求早已超出了温饱的需要,饮食的享受属性、营养属性和方便快捷成为广大消费者所追求的目标。在这种潮流中,调味品得到了空前的发展,人们对它的重视与日俱增。可以这么说,现代社会是调味品空前丰富和大显身手的时代。如果你能够更多地了解调味品,更好地运用调味品,将会给你的餐厅带来无穷变化的美味,产生源源不尽的效益。

三、展现菜品新奇的风格

除传统的品牌菜以外,创新菜的一个突出特点体现在"新"字上。许多流行的"旺菜"就是创新菜。创新菜之本在于其"变",一年四季的变化,经营者必须要随之变化,安排时令新菜。所谓"变",就是做到"三新",即原料要常用常新,品种要常换常新,烹调方法也要经常更新。风格新颖是创新菜的基础。

所谓"奇",是指那些在一般人看来感到比较"奇怪"的菜品。俗话说"不奇不怪,宾客不爱"。比较奇异的佳肴,顾客会十分惊喜。这些菜品之所以"奇异",是因为一般人都不会想到如此烹调、配味,只有独具慧眼的烹调师,才会灵机一动,用这些看似平常的东西做出美味佳肴。

新奇的菜品引人入胜,令人向往,新与奇是互相存在和交融的,新中有奇,奇中有新,两者也是不可分割的。近几年在各地流行的特色烹调法、味型、餐具,因为具有新奇的特色,而吸引了一大批的顾客,如干锅系列、吊锅系列、中西结合的味型等。一种新鲜奇异的菜品风格出现,使得广大餐饮经营者由好奇而形成追逐态势,成为一种菜品制作的时尚,并带动一批批顾客前往。

四、彰显菜品独特的卖点

地方菜本身就是一个卖点。围绕地方特色去创造,扎扎实实把菜品做到位,一定是能够打动顾客的。烹调就是一种创造,若只遵循着固定的手法去做,运用普通、一般、单调、平庸的制法和程序,不突出菜品自身的特色,当然就只是乏味的食物。当今,人们在吃的方面越来越追求风格、讲求特色。同样,一个饭店、餐馆如有几道具有地方独特风格的"创新菜"(特色菜点或招牌菜),且不断创新求变,就一定能赢得市场和顾客。

地方菜是吸引外地人的撒手锏,地方特色的创新是企业最大的卖点,是菜品走向市场的通行证。地方菜的流行与影响,就在于自身的特色被顾客所认可、所喜爱。只有具备自身的特色,才能吸引无数顾客的青睐和流行。江鲜馆、海味馆、鲜鱼港等,地方风味浓郁,这里体现的是一个"鲜"字;某地方家常菜馆围绕土原料开发的菜品,既干净卫生又味美可口,每天顾客盈门,这里的地方菜体现的是一种"实惠"。

饭店创新菜的特色卖点是多方面的,如菜品营养、风味菜点、风俗食品、独特与新奇的经营方式,等等。特色菜的创造,需要人们去开动脑筋,开发令人惊喜的"素材"。新菜的开发,不妨去打破原有的制作常规或许可以探讨出新的制作工艺和新的菜品。

富贵元宝虾

五、体现菜品的时代特色

一般来说,创新菜品之所以成为特色,与适应当时的饮食需求有很大的关系,人们热烈追求某一款菜品,这与当时的进食愿望相吻合,即富有强烈的时代感和时髦感。我们回顾一下部分"创新菜"的历程:近 20 年来,人们都乐于点个"铁板烧",在烧热的铁板上,以洋葱铺底,上面配牛肉、扇贝、虾仁、鱿鱼、海参等,趁热浇上作料,伴随一声油煎烹响,烟雾缭绕,板上肉类、海鲜吃起来确是清嫩爽口,又为餐桌平添一番情趣。然而,复古食风泛起,在海内外又兴起了带有古朴遗风并具有时代特色的"石板烧",新加坡、马来西亚、中国香港及中国台湾一些有名的饭店、酒楼,选用瑞士产的花岗石板作炊具,在专制的石板上加热,通过油煎、烧烤,将原料烹熟;大陆的"石烹菜",利用烤烫的鹅卵石放入耐高温的盆中,将新鲜的原料投入烹制而成。这些独特的菜品引来了四面八方食客,一时成为"新菜"之极品而风靡各地。

随着社会的发展,创新菜的需求进一步加大,中国各菜系积极采用新原料、新调料、新烹饪工具、新技术,制作出营养与色香味形俱全的菜品。社会经济的发展,促使餐饮店家向更高层次追求,在质量的基础上,开发品牌菜,强化招牌菜,研制特色菜,这是创新菜发展的前提条件。饭店企业在满足顾客消费心理的同时,保持地方风味特色,立足保质保量,勇于常变常新,这就是当今创新菜发展的一条坦荡之路。

创新菜的制作应该是实实在在顾客感兴趣的菜品。它应紧紧抓住顾客为中心的制作方向,从菜品本身来说,它货真价实,不能只是花架子,吃着不香,味道不美,是不可能得到顾客的认可的。创新菜除了有一定新意之外,它就是认认真真地用料、配制、烹调、装盘,并能够吸引客人的眼球,起到了好看、好吃、新奇的效果。

特别提示

保持特色的创新

餐饮时尚风云变幻,这是时代使然、社会的需要;从各大菜系门派风水轮流转,到餐饮界的流行旋风,这是广大顾客的需要,也包含着经营者的引导和推波助澜。餐饮业为了不断满足顾客求异的心理,也甘于常变常新,这都是十分可喜的现象。但是,一个好端端的餐饮企业,如果总是盲目地跟随流行,一哄而上,却丢掉了自己本身的原有特色,这确是一个十分不必要的事情,也是无任何价值的。若果真如此,倒不如保持自己个性特色,按兵不动要好些。保持特色,引导消费,关注潮流,大胆创新,这才是现代餐饮企业的一条宽广之路。

第四节　地方菜品的开发与制作

不同的地区形成了不同的饮食文化特色,沿海、山区、平原、草原等各自显现了不同的地域风格。开发本地区、本风味的菜品,在地域特点的基础上,运用地域的特产原料、人文景观,并借鉴外地的烹饪技法和特色菜品加以利用,以创造出新的特色菜品品牌。

一、地方菜品开发的途径

(一)收集整理表层的实体性文化

实体性文化是指不同地区的位置、气候、习俗所繁衍、生长的地方特色原材料以及人们在日常生活和生产(食品加工、餐饮企业)实践中所创造的食品、饮品的总和,包括地方固有的特产原料、米面食品、菜肴、小吃、调味品以及酒、茶等饮品为载体的文化。具体表现为饮食品的料、色、味、香、形等所反映出来的文化。它是饮食文化中看得见、"摸"得着的部分。

实体性文化(饮食品的料、色、味、香、形)是地方饮食品的营养(物理、化学性质及卫生状况)、烹调技术(刀工、火候、调味)、烹调艺术等中层技术性文化的直接反映。同时,它又受到地域的饮食观念、饮食习俗、饮食心理等深层次精神文化的影响。这个地区,有什么样的饮食习俗、饮食思想文化,就可产生什么样的实体性文化。如道观寺院只能烹饪出以素食为主的肴馔。而地方特色菜品的开发,就需依照地方实体性文化轨迹去探寻,开发出具有本土特色的风味产品(佳肴)。

地方菜品的开发,我们首先要做的就是广泛收集地方的乡土特产、名菜名点以及散落在民间的菜肴、点心、小吃食品,将其收集、整理,运用第一手资料,然后进行取舍和改良创新。

种植小麦、高粱、玉米等农作物,是黄河流域地区农业生产的特点,而以面食为主的乡村饮食正是这种条件影响下所形成的饮食模式。山西晋地,长期以来的生产生活活动,造就了这里的人们深厚的以农为主的意识,同时在饮食上反映出的便是这面食花样繁多的形式。他们灵活运用白面、高粱、玉米、荞麦、莜麦、豆面做出了风味独特的面食品种,如刀削面、疙豆、河漏、拨鱼等,这些流传于民间的名食名产家家户户每天的饭桌上几乎都少不了,而正是这种最普通而又平常的方法,却创造出众多可口的美味佳肴。山西的"面食宴"也正是在这个基础上整理制作而成的。

(二)研究运用中层的技术性文化

技术性文化决定饮食品色、香、味、形、质、器的烹调技术、烹饪工艺美学、烹调原理以及食品营养与卫生、食疗原理等,这是体现其风味特色、运用方法和技巧的文化层次。

技术性文化是隐藏在饮食品中的,是人们在制作和创造饮食品的实践过程中表现出来的文化。它一方面创造着饮食品的色、香、味、形,使人们一饱口福的同时,另一方面,又能一饱眼福,满足人们感情上、精神上的需要;同时,又创造着以营养、卫生、易于消化吸收、疗疾健身等为标志的质,满足人们的物质需要。

技术性文化是地方菜品文化开发的中介文化。精神文化通过技术性文化作用于实体性文化,而实体性文化又决定着精神文化的形成与发展,在开发地方菜品时,我们要充分运用本地区的烹饪技术,充分展示本地区的风味特色个性,以传统风味特色为基础来开发新品种。

百合是甘肃特产,兰州的百合肉质肥厚、片多、色泽洁白,品质极佳,在全国都享有盛誉,并且百合还有润肺、止咳、清热、提神、利尿等功效。如何开发并展现本地区的这一优势,做出别具一格的地方特色佳肴,多年来兰州市许多饭店的厨师们孜孜以求,以传统的炒、炸、蒸、酿等烹调方法为基础,吸收现代新派菜的做法,形成了三大系列 120 多个新菜品。

（三）合理把握深层的精神文化

深层的精神文化是指不同地域的人们在长期的社会实践中形成的饮食观念、饮食思想、饮食心理以及饮食习俗,包括不同宗教、不同民族、不同历史时期的人们的饮食习俗、岁时节日的饮食习惯、不同地域的人文景观等方面体现出来的文化。

地域的饮食文化离不开深层的精神文化。它是各种形态文化因素的总和,是最稳定的文化层次。由于其处于最深层次,人们看不见、摸不到,只能从技术性文化和实体性文化反映出来。地域性的饮食观念、习俗、人文等精神性文化一旦形成稳定的结构,便对其他层次的文化产生巨大的作用和影响。这就形成不同区域菜品开发的重要依据,它也是地域风味特色个性的具体体现。深层的精神文化是地域风味特色的灵魂。如中原文化的雄壮之美孕育出宫廷美学风格,形成典雅恢宏的宫廷文化菜品;江南文化的优雅之美孕育出文士美学风格,形成小巧精工的苏扬菜品;华南文化的艳丽之美孕育出商人的美学风格,形成华贵富丽的广东菜品;西南文化的质朴之美孕育出平民美学风格,形成灵秀实惠的巴蜀菜品等。

在地方菜品开发的过程中,始终以深层的精神文化作为开发的依据,特别是在当今社会,人们在饮食上已打破传统的"果腹"需求,而更重视其深层的精神文化。只有迎合现代顾客需求的菜品,才是顾客所认可的菜品,才是市场所接受的菜品,脱离市场、背离顾客的新产品,是没有生存能力的,说到底只是废品。它不仅浪费人力、物力,也浪费财力,增加成本,是人们所唾弃的。

二、地方菜品开发的基本原则

（一）体现时代的风格特色

地域美食的创作与推出,是众多特定地理范围空间的饮食文化产物,不论是历史传承还是空间移动扩散,都离不开特定的地域。不同地区的人们都喜爱并且不愿意脱离自己及种族的饮食方式、烹饪传统和菜点风味,因而,各地区、各企业注意在周围的地域性上做文章是相当重要和合情合理的,也是当前餐饮经营和促销最有利的方式。

不同的时代有不同的制作方式和审美观念,人类的烹饪文化是由传统遗产和现代创造成果共同组成的。不同的地域、不同的时代创造出的菜点饮宴风格是不同的,其文化精髓正是迎合当地、适应民众的价值取向。

当地的餐饮经营,其时代特色是不容忽视的,也就是我们所说的适应市场的变化。我们制作和开发的菜品,必须是当代顾客所认可的、感兴趣的,即使是很传统的菜品，我们也要用现代的审美观念去完善它、武装它、改良它，使其符合现代人的进食欲望，因为只有这样，才能满足现代客人的需求，从而取得良好的社会效益和经济效益。即使是开发仿古的饮宴菜品，或回采粗粮野菜，我们也要以现代的观念和思路，去满足当代客源的思维模式和饮食方式，即用新时代的观念去武装古老的、传统的食品，使其成为符合新时代需求的美味佳肴。我们不能把古代较流行的，甚至营养卫生不讲究或有些糟粕的东西带到今天的餐桌上，以致使人反感和唾弃。

几年前，无锡水秀饭店创作推出了仿古名宴"西施宴"。西施，号称中国古代的四大美女之冠，春秋末年越国人，无锡的蠡湖，曾经是范蠡、西施的生息处。饭店的师傅们翻阅了大量文献资料，收集了众多的民间传闻，访问西施故里，调查研究了浙中及西施自越入吴沿途的风俗民情，并邀请了众多的省内外烹饪界前辈和专家对原料、名称、史料等进行论证，总结了浙江绍兴民间菜、苏州先秦宫廷菜、无锡地方菜尤其是精研了至今传世的菜肴名点，在此基础上，以推陈出新的精神，兼糅众流派之长，推出了符合现代人需求的，既有富家豪门的华贵又有山村乡野的清淡的、别具一格的"西施宴"。

（二）突出本地区的独特个性

不同地区文化体现了不同的地域特征，反映了不同的人文景观。我国疆域辽阔、民族众多、历史悠久，地域风情、物产菜品多姿多彩。俗话说："聊向村斋问风俗"，地域性菜品饮宴的独特个性的展现，需要烹饪创制者时刻把握地方特色和乡土气息，设计、制作与突出有自身地域特色的菜点品种。

我国各地有各自的风味特色，在选料、技艺、装盘等方面都形成了各自的个性。菜点饮宴的创新，就地设计、继承传统、唯我独优地发挥本地的特长，才可能使本企业的餐饮特色鲜明，并可以生根开花，影响着海内外。

江苏省兴化市是清代著名的书画家、文学家、"扬州八怪"之一郑板桥的故乡。当地在研究"板桥宴"的菜品时，始终围绕郑板桥家乡的特色做文章，《郑板桥文集》多处谈及家乡兴化的饮食烹饪之事："江南大好秋蔬菜，紫笋红姜煮鲫鱼""一塘蒲过一塘菱，荇叶菱丝满稻田。最是江南秋八月，鸡头米赛蚌珠圆""三冬荠菜偏饶味，九熟樱桃最有名"等。"板桥宴"充分利用当地特产为原料以及郑板桥的传说故事研制菜品，使其每一个菜品都能找到地方依据。此宴充分利用新鲜的鱼、虾、藕、草鸡、黑毛猪肉、醉蟹、螺蛳、麻虾子等水乡食品，并体现苏北水乡民间的"蒲筐包蟹、竹笼装虾、柳条穿鲤"的乡土风格特色。

菜胆白鱼球

(三)注重文化品位和审美情趣

当今人们的饮食需求已发生了翻天覆地的变化,人们已从过去的饱腹需求,向更高的审美需求发展。吃得好,吃得有营养,吃的环境有氛围,吃的菜品、饮宴有文化味,这已绝非过去的客人所要求的。而今,饭店餐饮经营管理者,在开发菜品饮宴时,需要利用一切文化特色,多从环境氛围的角度考虑,多从娱乐、情趣方面着想,以此调动广大顾客的进食欲望。

在开发地方特色的餐饮菜品、饮宴时,要着重渲染地方饮食文化特色,这不仅是外地客人所向往的,而且也是本地人所感自豪和享用的。那些地方风味宴、仿古宴、乡土宴,风味浓郁,文化底蕴深厚,加之幽雅的环境和特色的菜品,给客人以惬意与温馨,符合新时代的审美需求,它自然就具有无限的生命力。如红楼菜、红楼宴的研制,对菜点的文化、餐厅的环境、员工的服装等都进行了一定的渲染,以提升餐饮文化的品位档次和风格特色 。南京夫子庙的秦淮风味小吃(宴),多少年来,已形成一定的品位和规模。人们荡漾在桨声灯影里的秦淮河畔,满眼望去,两岸茶馆酒楼鳞次栉比,其风味小吃,带有浓郁的本地方独特的口味风格。小吃,尽管是一些普通的食品,而秦淮小吃之所以耐人寻味,是经过经营者和厨师们精心配制,已成为干稀搭配、雅俗共赏的美味佳品。在晚晴楼、白鹭宾馆、秦淮人家等处,这些小吃宴品,伴随着歌舞、画舫、食具和风韵,已体现其文化价值和审美情趣,品尝普通的"小吃宴",却体现了另一种滋味、另一番雅趣和美感。

地方菜的融合与创意

北京的"梧桐"餐厅是以时尚创意菜而著名的,雅致清幽的环境和色味俱佳的菜品,吸引了众多白领阶层和外国人士。美食总监余梅胜是一个善于动脑琢磨的人。他以中国传统烹饪的味道为基础,技法为烘托,同时吸收西餐和亚洲餐中能为我所用的元素,来创作菜品。菜品以"健康、时尚、好看、好吃"为主题。就拿创作的"龙井茶羹"来说吧,青菜、豆腐是最传统的典型中国元素,但仅仅是青菜、豆腐是满足不了爱健康又爱变化和美味的现代人的口味的,所以就在其中加入了奶油和龙井茶粉,奶油使这碗羹在清淡之中有浓厚,茶粉则增加了香气和层次,是一道融健康、时尚、好吃、好看为一体的新中国菜。又比如,将传统水煮鱼的导味媒介由油改成了水制成的汁,再把原先切得很薄,失去鱼肉鲜美质感的鱼片改成块状的半条鱼肉,这样就既保持了鱼本身的味道和形状,又保持了水煮鱼特有的麻辣鲜香口味,同时也更加健康营养。

三、地方菜品的设计与制作

(一)地方菜品的融合与嫁接

利用本地的土特产、历史风物、饮食风味特点,把地方文化与烹饪艺术有机地结合起来,这对传统的地方菜品、民族风味的发展无疑是有着积极的推动作用的。

地方菜品的创新,既可独辟蹊径,也可以借鉴嫁接。地方菜品的嫁接,即是将某一菜系中的某一菜点或几个菜系中较成功的技法、调味、装盘等转移并应用到另一地方菜品中以图创新的一种思路。

南京的一位厨师创作的一款"鱼香脆皮藕夹",此菜采用了地方菜品的融合与嫁接的方法,将不同地方风格的菜品融汇一炉:取江苏菜藕夹,用广东菜的脆皮糊,选四川菜的鱼香味型作味碟,这确实是动了一番脑筋的。

20多年来,广东率先运用澄粉制作点心,特别是利用澄粉制作的"朝霞映玉鹅""像生白兔饺",捏制成白鹅、白兔,一度影响全国饮食业,应该说它是移植苏锡船点米粉捏塑的工艺,描摹自然而立意创新的。白鹅、白兔同一品种,不同的神态,汇聚成一个大拼盘,将粉点又创作成新的风格。

地方菜品的嫁接创新,也不局限于同一菜系之间的创意。具有近千年历史的"扬州狮子头",在广大厨师的精心制作下,江苏历代厨师开发创制了许多品种,如清炖蟹粉狮子头、灌汤狮子头、灌蟹狮子头、八宝狮子头、荤素狮子头、初春的河蚌狮子头、清明前后的笋焖狮子头、夏季的面筋狮子头、冬季的风鸡狮子头等,都是脍炙人口的江苏美味佳肴。

　　苏州特一级烹调师吴涌根师傅创制了上百道菜点，其中许多品种就是从本地出发，利用融合、嫁接之法而创制，如被收入《中国名菜谱·江苏风味》的"南林香鸭"，是在传统的"锅烧鸭"的基础上创制而成的名菜，改全蛋糊为脆皮糊，并辅之以虾仁、芝麻、花生粉、肥膘及各种香料，菜肴香味浓郁，松脆鲜酥，既食用方便，又美观大方，若佐以甜面酱、辣酱油，又是一番风味。

　　例如"鱼香烤鳗排"一菜，以江苏地区特产河鳗为原料，运用日本料理中烤鳗的烹饪手法，使用川菜中较受日本客人喜爱的鱼香味为调味手段，将三者完美结合，在保持原料的鲜嫩不受影响的同时，提高菜肴的香味，增加了菜肴的回味，此菜肴深受日本客人的喜爱。

　　无锡周国良大师善于嫁接创新制作菜肴，他烹制的"黄油大虾"，采用了粤菜的选料方法，引进西菜中的原料及烹饪手法，配以川菜中特有的调料并运用江苏菜注重拼摆、讲究造型的特长，将它们完美地组合后制作而成，推出后不但深受中国客人的青睐，亦受到了很多欧美客人的赞许。他创制的"干烧鱼翅""蒜泥仔鲍""三味鲜鲍片""栗子胖鱼头""渝州干烧牛蛙腿""顶级焗鱼嘴"等一系列菜肴，采用粤菜的选料、江苏菜的制作严谨和注重造型、川菜的突出口味和注重调味的各派之长创新而成。这些菜肴的口味适应性广，得到当地人的一致好评，并成为本饭店的精品特色菜肴。

　　菜点制作，通过融合、嫁接这种手段，来促进技术的进步和新菜品的开发，无疑是烹饪天地再造辉煌的途径。但愿我们能够创造出更有新意的结合菜点来。

　　（二）地方传统菜品精华的扩展

　　利用本地的文化特色，结合当地的制作风格，挖掘地方的餐饮主题，营造地区文化旅游大餐，既开发了新产品，又具有地方文化性，还创立了地区的餐饮品牌，这是我们利用本地传统文化创品牌的最好的制作风格。

　　江苏省溧阳市天目湖宾馆在营造"砂锅鱼头"的品牌战略中，取得了可喜的成绩。他们利用自身拥有正宗砂锅鱼头的优势，以鱼头为龙头不断开发出一系列河鲜、湖鲜名菜，他们在砂锅鱼头的基础上综合利用鱼头以外的其他原料，进一步开发出与此密切相关的丰富多样菜品，如鱼膘做成碧影红裙，鱼尾做成群鱼献花，鱼身做成油浸鱼片、瓜姜鱼丝、咸鱼烧肉，鱼皮做成天目鱼糕，鱼骨脊上的余肉则做成酸辣鱼羹，等等。这样，就形成了一套以砂锅鱼头为核心的天目湖鲢鱼系列菜品，成为宾馆餐饮的名牌产品，每年为宾馆创造了数百万元的经济效益。在品牌鱼头的包装上，特请陶都著名的陶器厂为鱼头配制砂锅，经精心研制，使其整个砂锅造型呈硕大的椭圆形，锅身扣上锅盖浑然一体，锅面刻有简洁的鱼头和鱼鳞状曲线，加上两侧分别镌刻着"天目湖宾馆"和"砂锅鱼头"字样，颇传神韵。天目湖宾馆的鱼头及其鱼菜的开发,使得周边地区乃至国内外的宾客慕名而来,由此促进了企业的整体形象,大大提高了地区美食的知名度。

我国各地区都有各自的风味特色,在选料、技艺、装盘等方面都形成了各自的个性。菜点的创新,就地设计、捍卫传统、充分地发挥本地的特长,才可能使本地的餐饮菜品特色鲜明,并可以生根开花,影响着海内外。

随着社会的进步发展和各地的烹饪文化特色的交流和影响,在突出地方风格的创作中,制作者也会潜移默化地不断吸收新的东西,在借鉴外帮烹饪文化的同时,只要是不影响本地区的特色的东西,这对于本地区的菜点发展也是有利而无害的。

拓展知识

探秘分子美食

谈起分子美食,很多厨师或者食客曾耳濡目染过。第一次接触分子美食的人都会有这种疑惑,明明吃的是鸡,却没有鸡的口感,明明看着以为是鱼子酱,但实际是杧果。而且厨师们做菜也不是用锅了,不停地摆弄着试管、注射器等原来只有在实验室或医院里才看到的器具,他们甚至还动用液态氮等化学品。其实在中国我们很早就接触了分子美食。如棉花糖、跳跳糖,只是我们没有认识到这就是分子美食。

那么何谓分子美食呢?那就是用一种科学的物理或化学方式制作食物,使原料尽可能留住其营养与美味的同时又使烹饪过程充满了趣味,每种食物都会让你拥有意想不到的惊喜,这超越了我们目前的认知和想象,可以让食物不再单单只是食物,而是成为视觉、味觉甚至触觉的新感官刺激的烹调概念。

目前较普遍的分子厨艺有:泡沫技术、胶囊技术、液氮技术和低温慢煮等七种技术。

1.泡沫技术

制作泡沫的技术很简单,将各种汁状物加入凝胶或琼脂,用手动的方式或真空管使其膨化成泡沫。几乎所有的原料都能做成泡沫,做泡沫时用的卵磷脂越少、打的时间越长则泡沫越大,越蓬松;如果需要细小的泡沫,可增加卵磷脂的用量,并减少搅拌时间。

2.胶囊技术

其实,分子厨艺可以用西瓜、果汁等成本不高的原料去做鱼子酱,成菜效果与传统鱼子酱一样漂亮,却能带给食客不一样的感觉。比如,用一捧青豆,把它打成汁,加入海藻粉,再用特制的注射器,注射到一盆放了钙粉的水里,即变成一粒粒青豆鱼子酱。这青豆鱼子酱,不但外形像极了真的鱼子酱,入口也有一种类似鱼子酱的爆破感。

3.低温慢煮技术

食材一般在65℃的水或油温下慢煮几分钟到几十分钟,或者更长时间,其效果就如同温泉煮鸡蛋一样,口感超嫩。

4.液氮技术

液氮温度是-196℃,把食物放进去炒,可以使食物瞬间达到极低温。低温可以改变肉质的结构,使其发生物理变化,令食物味道、质感、造型超越常规,简单而言是吃鸡不见鸡,而是一堆泡沫或一缕烟。

分子美食用到的工具也很新奇,代表性的有鱼子盒、红外温度计、烟枪、意面管、虹吸瓶等。

本章小结

本章系统地阐述了地方菜品开发创新的主要思路及基本理论,分别就挖掘地方文化内涵、地方菜品创新特色以及就地方菜品如何嫁接、融合、创新进行了详尽的分析。特别是如何立足地方本土文化、围绕地方特色开发等方面,用多种案例加以说明指导,并强调了地方的、民族的就是世界的基本理论。

【思考与练习】

一、课后练习

(一)选择题

1.从地方性、民族性出发的创新应考虑的问题是( )。

A.挖掘整理 　　　 B.拿来主义 　　　 C.重新包装 　　　 D.取头舍尾

2.地方主题宴的开发不需强调的是( )。

A.人文 　　　 B.食材 　　　 C.风味 　　　 D.时尚

3.地方名菜"京葱扒海参"是( )。

A.粤菜 　　　 B.鲁菜 　　　 C.苏菜 　　　 D.川菜

4."菊花豆腐"是在"菊花鱼"一菜的基础上创制的,它属于( )。

A.原料改良 　　　 B.形状改良 　　　 C.刀工改良 　　　 D.风味改良

(二)填空题

1.对传统菜的改良创新要注重_____的变化和_____的改进。

2.地方菜品开发的原则是:体现_____,突出_____,注重_____。

3.发挥本地饮食文化优势,打造强势品牌,必须要做到:提升地区美食文化,_____,加强美食信息交流,_____。

4.地方菜品开发的途径是:第一,_____;第二,_____;第三,_____。

(三)判断题

1.创新要源于传统,高于传统。　　　　　　　　　　　　　　　(　　)

2.菜品创新不是技术问题,而是灵感问题。　　　　　　　　　　(　　)

3.地方菜不怕外来菜的干扰。　　　　　　　　　　　　　　　　(　　)

4.地方菜可采取"拿来主义"的方式创新。　　　　　　　　　　　(　　)

5.地方菜的创新食材是最能体现特色的。　　　　　　　　　　　(　　)

(四)问答题

1.在传统菜品的开发上,如何把握传统与创新的关系?

2.试分析创新与学习之间的关系。

3.如何把握地方菜与外来菜的关系?

4.地方菜品开发有哪些基本途径?

5.开发地方美食菜品必须遵循哪些原则?

二、拓展训练

1.设计两款新潮地方风味菜品,并分析其特色。

2.列举菜例,分析地方风味菜品创作的基本思路。

第三章

食物原料的采集与利用

引 言

菜品创新利用原材料的变化制作是最简便的一种创新方法。当今餐饮市场的竞争,在某种程度上来说也是原材料利用的竞争。哪家企业有新的原料、好的原料,哪家企业就会有优势,创新的菜品就会有特色,自然会吸引客人前来消费用餐。本章将从原材料的变化入手,分别从不同的层面探讨原材料的引用、原材料的开发、原材料的变换等,并就如何利用下脚料、粗粮和变化原料、技艺诸方面多角度阐述原料的利用和更新,来开启学生菜品创新的思路。

学习目标

- 明确利用原料开发菜品的思路
- 学会如何充分利用下脚料
- 掌握粗粮细做的制作方法
- 了解改变原料创新的方法

中国烹饪广博的原料,来自于我国辽阔的疆域。不同的地理、气候条件,形成了各自不同的原料特色,这为中国各地的菜品制作与创新形成个性风格奠定了物质基础。

丰富多彩的烹饪食物原料,为我国广大厨师朋友大显身手、创新菜品提供了优越的条件。原料的发现、认识,便是烹饪求变化、菜品出新招的一个重要方面。原料有千千万万,但如何去认识它、发现它、利用它,这是每个人的思维问题,或是一个纯技术问题,但掌握运用原料的规律,却可以从烹饪技术理论和个人的创新意识上去学习和把握。

第一节　烹饪原料的引用与开发

在烹饪实践中,烹饪原料是一切烹饪活动的基础。菜品的质量问题,有很大一部分是由于食品原材料的问题。当然,没有合理选用好原材料或技术不过硬都会出现质量问题。而菜品的创新,更是不可忽视原材料的变化、加工以及新原料的利用。它是菜品物质条件变化出新的基础。

一、善于利用特色原料

烹饪原料丰富多彩,制作者需要不断发现新原料,并综合利用各种食物原材料。这种利用是多方面的,如一物多用,综合利用等。

1.综合利用原材料

一种动植物原料,可以制成多种多样的菜品。同一种食品原料也可以根据不同的部位制成各不相同的菜品。

南京人以吃鸭闻名,其鸭菜驰名于国内外。除正常使用鸭肉外,厨师们充分利用鸭子的每一部位,精心加工,烹制了许多脍炙人口的美味佳肴。鸭舌、鸭掌、鸭胰、鸭肫、鸭肝、鸭心、鸭肠、鸭血、鸭骨、鸭油均可充分利用制馔,并制出了许多闻名遐迩的名肴。"美人肝"为马祥兴清真菜馆名菜,取用鸭胰白作主料,由于鸭胰其量甚微,极少为人重视,菜馆积少成多,用作主料,可谓匠心独具;"掌上明珠"利用下脚料鸭掌,精工细作,将整掌出骨加工,在出骨的鸭掌上,缀以虾球,上笼蒸熟,成菜后,造型美观,鸭掌软韧,虾球鲜嫩味美;"烩鸭舌掌"佐以鲜笋、冬菇,掌舌柔韧,汁美味鲜;"瓢儿鸭舌"配上河虾蓉,鸭舌柔软,汁白油润;"盐水鸭肫",清淡无油,鲜美脆韧;鸭血、鸭肠烹制的"鸭血汤",味美独特,十分爽口;"炒鸭心肝"滑嫩可口;烤鸭三吃中的"鸭骨汤"醇香扑鼻。真乃异彩缤纷,无所不烹。只要构思巧妙,不同部位的原料都可制成独有特色的新菜来。

猪、牛、羊等家畜,一物多用更是人们熟知。从头到尾,从皮肉到内脏,样样可用。正因为一物多用,才出现了以某一原料为主的"全席宴",如全猪席、全羊席、全鸭席、全菱席、茄子扁豆席等。一物多用的关键,就是要善于利用和巧用,即具有利用原材料的创新意识。而中国烹饪的技法,恰恰表现出人们利用原材料的高超水平。

2.善于发现和创制原材料

近几年来,进入厨房的原材料已超乎前几年,许多特色的原材料也走进了我们的厨房,特别是过去贫穷年代食用的原料,如山芋藤、南瓜花、臭豆腐、臭豆腐干等,现在也已进入许多大饭店。过去饭店不用的一些原料现在也开始尝试着用,并得到许多顾客的认可和喜爱,如带骨猪爪、猪大肠、肚肺、鳝鱼骨、鱼鳞等。这些难登大雅之堂的食品,现如今成了人们的喜爱之物。物换星移,时过境迁,对于原料的利用,还需要我们去发现原料、认识原料,并制作一些新的原料。

在我国古代,人们是善于创新、善于发现原料的。譬如黄豆这个品种,作为烹饪原料,创新出可以认为是成"家族"的食品和菜肴。如加水浸泡、磨浆、过滤、煮沸而成豆浆;点卤、盛框、压制、除泔而成豆腐;再压榨、晾干则成豆腐干;又加香料把豆腐干入卤,则又因香料的不同而成各式各样的卤豆干、五香豆干;或将豆腐盐腌、蒸熟、密盖、酶化,就成豆腐乳了;黄豆可依法生长为无土培育的黄豆芽;依方可制成豆腐皮、腐竹;也可做成豆花、豆腐脑、豆腐粉、豆油、豆酱之类。古代人善于制作、发现、认识原材料,今天,我们有很好的设备和条件,只要去动脑筋,将一些原材料经简易的加工,或许可以制作出某种新的食品原料,那么,创制菜品也就更有捷径了。

二、广泛引进新的原料

1.不断引进新品种

在食品原材料的使用方面,自古以来,我国就从外国引进了许多原料。只要我们善于观察,发现新原料都可以拿来为我所用。从汉代开始,我国就陆续引进栽培植物。从两汉到两晋,引入了胡瓜、胡葱、胡麻、胡桃、胡豆等。以后,又引进了胡萝卜、南瓜、黄瓜、莴苣、菠菜、茄子、辣椒、番茄、洋葱、马铃薯、玉米、花生等。从史料上看到,有些品种的引进还费了不少力气的。现称为红薯的番薯便是如此。明代徐光启的《农政全书》,就记载海外华侨把薯藤绑在海船的水绳上,巧妙包扎,引渡过关,带回大陆的事。这些引进的"番"货和"洋"货,在神州大地上生了根,变成了"土"货。由于引进蔬菜的品种增多,使得我国的蔬菜划分就更细了一些。同样,也为中国的菜品创作锦上添花。

改革开放以后,由于交通运输的发达,加上国际化的趋势,我国引进外国的食品原料就更加丰富多彩了。植物性的原材料有荷兰豆、荷兰芹、樱桃番茄、樱桃萝卜、夏威夷果、彩色青椒、生菜、朝鲜蓟、紫菜头、苦苣等,动物性原材料有澳洲龙虾、象拔蚌、皇帝蟹、鸵鸟肉、袋鼠肉等。除了天然的食物原料以外,也出现了许多加工品、合成品,这些为我国烹饪原料增添了新的品种。烹调师利用这些原料,洋为中用,大显身手,不断开发和创作出许多适合中国人口味的新品佳肴。

2.借鉴各地特色原材料

利用原料的特色创制菜肴,需要我们不断地去借鉴全国各地的特色原料,拿来为我们所用。创新菜品需要我们在可能的情况下,采集外地的烹饪原料去满足当地的客人。全国各地因时送出的时令原料,给中国烹饪技术增加了活力,丰富了内容。特别是本地无而外地有的食品原料,我们就要想办法借鉴利用。烹饪中的特色原料,不仅有显著的地方特色,而且拿来为当地人服务就具有一定的新鲜感,使人们觉得特别的珍贵。这就需要我们能够做到及时引进和采购,只要占有了某一种原材料,我们就可以制作出耳目一新的菜品来。

许多原材料在本地看来是比较普通的,但一到外地,它的身价就大大提高。如南京的野蔬芦蒿、菊花脑,淮安的蒲菜、鳝鱼,云南的野菌、胶东的海产、东北的猴头菇等,当它异地烹制开发、销售,其受喜爱程度将难以估量,招徕的回头客也将不断增多。在现代交通发达的社会里,借鉴各地原材料创新菜肴必将有其广阔的市场。

三、"废物"原料的利用

烹调师们每天烧饭做菜,接触的原料很多,但这些动植物原料,除供人使用之外,还有许多被弃之的下脚废料。一个聪明的、技术过硬的烹调师,不是随便往垃圾箱扔下脚料,而是尽量利用原料的特点,减少浪费,充分加工,或巧妙地化平庸为神奇,化腐朽为珍物,创制出美味可口的佳肴来。

自古以来,中国厨师利用下脚料烹制菜肴佳品迭出。鲢鱼头,大而肥,许多饭店和家庭都喜爱用砂锅炖鱼头,不少人还加入豆腐、冬笋之类炖制,已将鱼头充分利用。江苏镇江的"拆烩鲢鱼头",利用鱼头煮熟出骨,用菜心、冬笋、鸡肉、肫肝、香菇、火腿、蟹肉配合烹制,头无一骨,汤汁白净,糯黏腻滑,鱼肉肥嫩,口味鲜美,营养丰富,达到了出神入化之境。

江苏常熟名菜"清汤脱肺"为1920年山景园名师朱阿二创制而成,他以下脚料活青鱼肝为主料,配之火腿、笋片、香菇等烹制成清汤,鱼汤为淡白色,鱼肝粉红色,汤肥而糯,鱼肝酥嫩,味鲜而香,在当地普遍受到欢迎。

巧用下脚料烹制菜肴,构思新颖、巧妙,可起到神奇之效。其关键就是要"巧",巧,可以出神入化,化平庸为神奇,充分利用可食的下脚料创造新菜,这需要创造性地思考。

20世纪末,南京丁山美食城,以做淮扬菜出名,他们单卖"炒软兜"一菜一天就要几十盘。炒软兜取用鳝鱼背脊之肉,在卖出的同时,每天也给他们带来新的难题,即是每天都剩余一大堆鳝鱼腹部肉,而腹肉菜"煨脐门"食者寥寥。饭店每天剩下的腹部肚档肉很多,为此,厨师们认为,只有制成新菜让客人们喜爱吃,才能减少浪费。通过精心研究,他们创制了"鳝鱼糕",将鳝鱼腹肉下锅小火加调料煨烂,产生胶性,然后起锅倒入盘中使其冷凝,制成似羊糕的冷菜。如法炮制后,"鳝鱼糕"成了本店的特色菜,零点、宴会每天使用量大增,自此,几年来的老大难问题一并解决了。

下脚料的巧妙利用,不仅可以成为一方名菜,而且避免了浪费、减少了损失,并增加菜肴的风格特色。不少动物下水,口感独具,是其肉食难以达到的。当今,下脚料制作的菜肴品种迭出，像动物下水、食物杂料、下脚料件之类为原料的菜谱书籍，也都出现过不少，每本制作的菜肴都在百种以上，其爆炒溜炸、蒸煮焖煨样样俱全。实在无法利用，将下脚料整理干净，取可食部分，都可作砂锅、火锅之料，如砂锅鸡杂、砂锅下水、鸭杂火锅、下水火锅等，都是冬春之日的可口佳肴。

随着人们生活水平的提高，人们的饮食开始趋向返璞归真、回归自然，过去难登大雅之堂的下脚料，一反常态，堂而皇之地走上了宴会的桌面。大肠、肚肺、猪爪、凤爪、鸡睾、猪血等，已经在宴席上常来常往，并得到广大宾客的青睐，在江南地区，大鲢鱼头已成为各大宾馆、饭店十分抢手的原料，许多饭店因买不到大鲢鱼头而苦恼，1.5~2.5千克的鱼头，成本价已超出鱼肉的几倍，"砂锅鱼头"也成为中高档宴会的压轴菜，其售价也在节节攀升。

下脚料制菜，可精、可粗，只要合理烹制，都可成馔。只要我们肯开动脑筋，改变视角，即使在最不起眼的原料上或认为"不可能利用"的地方，也能巧用下脚料，实现化腐朽为珍物的创造。作为广大创造性的厨师来说，更应当更新观念，突破常规，争取在人们称之为下脚废料的地方发现创新的契机。

相关链接

厨房下脚料的利用

下脚料，就是厨房生产过程中没有利用起来做菜的原料，即没有变成具有商品价值的边角余料或调料。正确合理地利用下脚料，对企业来说是一笔不小的收入，从而降低成本。然而在一些企业的厨房生产中重视的程度不高。其实，许多下脚料都是可以充分利用并能开发出新菜品的。有些厨房管理者提出了一些下脚料的具体利用方法。

所有可以利用的边角余料，必须再次利用，哪个师傅推荐新菜和做菜剩下的边角余料，必须最大限度地由自己负责做成其他菜或者合理安排利用。

做鱼剩下的鱼肚累积起来可用来做鲜鱼肚系列的菜；整鸡剩下的鸡肾可累积起来做成其他菜品，剩下的鸡脚可以交给凉菜厨房师傅做凉菜等。

用剩下的鸡架、鸭架、大排等该用来熬汤的可用来熬汤。

肉丝、肉片和牛肉丝、牛肉片等剩下的余料可留着做碎肉，做成其他菜品。

所有用剩下的肥肉等余料可用来炼油，而炼油后的油渣也可开员工餐。

西芹、洋葱、胡萝卜、芹菜、黄瓜等剩下的余料可用来熬抽、炼油、摆盘或者用来做腌制料。

生姜的边角余料必须用来炼生椒油或者是用来码味用。

平时的剩饭可自己煎成锅巴，做锅巴菜例的菜品。

香菜和小葱用剩的梗和头可用来做其他配料或炼油用。

每次炼红油,必须重复使用辣椒面,最后还要处理净辣椒里的红油。

所有专用的卤汁和其他腌料等,能重复使用的,必须重复利用。

用剩的萝卜皮或者其他可做泡菜用的余料一律交凉菜厨房做成泡菜。

所有打荷人员必须学会穿花盒,使用下脚料围边或者点缀菜肴,不能轻易申购过多的鲜花。

勤杂工择菜时注意少丢东西,好空心菜梗也可用来做菜或开员工餐。

为下脚料处理积极出谋划策的员工应给予加分奖励;对使用下脚料态度不端正、屡教不改的员工实行扣分处罚。

以上是一些常见的下脚料利用,当然还有许多原材料的余料使用。不同季节、不同企业出现的情况也不同,但管理好厨房,要求员工必须和正确使用下脚料的宗旨是一样的。

(资料来源:魏厚才,载于《川菜》2006年7期)

四、粗粮食品的精加工

利用一些粗粮原材料通过精细制作的方法,也可以开发出许多新的菜品。它是在杂粮粗食的基础上,通过配制添彩,好上加好,这无疑是消费者对菜品的一种期望,在普通原料中,运用合理的制作方法,力求锦上添花,巧妙绘彩,自然也成为菜品创造的一种手法。

菜品制作经过了一个由简单到复杂的过程,从简陋、粗俗的原始菜品开始,继而不断向技艺精细方向发展,以至于发展到精雕细刻的阶段。随着社会的发展,过于精雕细刻的菜点,由于长时间的手工处理或过于加热烹制,从经营和营养的角度来看,都不被人们看重和欢迎。所以,渐渐地人们又推崇于制作适度的菜品,以求健康为目的。即是以制作适度为目的,把过去的粗粮、土菜之品通过锦上添花的加工制作,使其面貌一新,营养平衡,成为适应人们当今需求的并乐于享用的菜品。

近几年来,我国粮食消费结构正在发生着由"食不厌精"到"杂粮粗食"的变化,人们深知长期细粮精食对健康不利,还易患糖尿病、结肠癌及冠心病等症。这为粗料精做烹制菜点、创新品种提供了良好的途径。因而,曾一度被冷落多年的杂粮粗食,如今又重新引起人们的关注和青睐,尽管价格较高,远远超过大米、面粉的售价,但人们仍乐意解囊选购或品尝这些粗料精做的独特风味食品,对于粗粮土菜的处理加工,在"精""细"上大做文章,通过描绘妆彩,使粗粮不仅营养好,而且变化大、新意多、口感也好。

粗料精做,土菜细做,只要对原料和菜品进行充分利用,装点打扮,我们就会出其不意达到超常的效果,产生新品佳肴。

一盘"团圆双拼",使普通的胡萝卜、山药变成了两味诱人的食品。胡萝卜削皮蒸烂制成泥,加白糖、糯米粉、吉士粉,制成圆饼,沾上芝麻;山药去皮蒸烂成泥后加白糖、面粉、少许油和泡打粉制成丸子。这一饼一丸双拼而成,取之两味菜蔬,在熟制时,两者油温需求不同:胡萝卜饼炸时油温不能太高,山药球油炸时温度不能太低。土菜的精工细做,美观又大方,胡萝卜饼香甜滋润,山药球外脆里嫩。

过去贫困时期经常食用的粗粮杂食通过厨师们的精心设计,使其更加诱人食欲。清宫御膳房里的"窝窝头",这是慈禧太后斋戒时爱吃的宫廷甜食品。玉米面窝窝头,过去老百姓就是用玉米面加水和成,做成圆圆的,像个蘑菇头,颜色金黄。慈禧太后在八国联军侵略逃跑时因饥肠辘辘不得已而品尝,真是"饱食甜不蜜,饥吃糠也香",故大加赞赏。当它传入宫廷后,御厨们不敢原样奉上,故将其作了一些"绘彩"变化。于是,他们在玉米面中加入了适量的豆粉,再放白糖、桂花,制作得小巧玲珑,以讨慈禧欢喜。这种绘彩配制,不仅味美,而且营养价值也较高。因为玉米面中缺少的赖氨酸和色氨酸可以得到黄豆粉高含量的补充,而黄豆粉缺乏的蛋氨酸又可得到玉米面的弥补,从而提高了蛋白质的质量。

而今,"窝窝头"已在各大小饭店频频露面,就是较高级的宴会上也会常来常往。现在的"窝窝头",又绝非慈禧宫廷的窝窝头,而是经厨师进一步"绘彩"而成新的品种,即在玉米面中加入糯米粉,用蜂蜜、牛奶和面,其口感软糯甜香,多食不厌。许多外国人品尝后大加赞赏,直呼"金字塔"好吃。这是粗粮精作的效果。

嫩玉米粒较为普通,若配上各式原料烹炒,如松子、胡萝卜丁、西式火腿粒等,可制成爽口的"黄金小炒";山芋用刀削成橄榄形,可制成精致的"蜜汁红薯",成为高级宴会上的甜品;南瓜蒸熟捣泥,与海鲜小料一起烹制,可制成细腻的"南瓜海味羹";荔浦芋头经过去皮、熟加工,可制成"荔浦芋角""椰丝芋枣""脆皮香芋夹"等。这些菜品在餐厅一经推出,常常会博得广大顾客的由衷喜爱,并带来良好的叫卖效果。

在普通的粗粮上巧做文章,绘彩出新,中外制作事例多矣!土豆是一种根茎类菜蔬,土豆切丁、切片、切丝均可配菜,用土豆切薄片,配上各式复合味料制作休闲食品已风靡世界各地,如椒盐薯片、茄汁薯片、咖喱薯片、孜然薯片、本味薯片应有尽有。广式的"薯仔饼",用土豆蒸熟制泥,稍加面粉揉制,包入馅心,制成三角形油煎即成;"香炸雪梨果",包入三鲜馅,制成小黄梨,沾上面包屑入油锅炸成,其色金黄,其馅鲜嫩,外形逼真。

新鲜蚕豆碧绿鲜嫩,若与鱼丁配制炒成"金盅蚕豆鱼",用小盅装配,每人一盅,土菜细做;"蜜汁豆蓉",在各客汤盅的蚕豆蓉中,撒上花生蓉,又是一款甜羹。这些菜品,巧妙绘彩,都可走上高档宴会的行列,成为风味绝妙、雅俗共赏的土洋结合菜。

粗食杂粮,精细制作,锦上添花,正符合现代人的饮食审美需求,从增加营养功能和让粗粮更加精致可口为出发点去思考改变和创制菜品,则呼唤广大烹调工作者展开双臂,去大胆地革新,开辟新的菜源。

拓展知识

餐饮原料多元化与生态保护

科学分析证实,就营养价值而言,野生动物与人工养殖的动物是非常相似的,因此加强特种动植物的养殖与种植是缓解人类需要与生态压力的科学选择。长期以来,在经济利益的驱动下,捕杀、采集受法律保护的野生动植物的行为不断发生,导致野生动植物的种群数量受到严重破坏。比如,极具保护价值的野生东北虎即处在濒危的边缘,野生华南虎更是面临灭绝的境地,这种由于顶端食物链缺失的危害已经显现出来,江西九江部分地区野猪大量繁殖成灾,频频发生毁坏农作物和伤农事件,当地政府不得不组织猎捕,维护生态平衡。有研究表明,我国各类生物物种受到威胁的比例普遍在20%~40%,一项调查表明,我国部分畜禽种质资源已经灭绝,严重濒危的品种达37个,每个生物物种都包含丰富的遗传基因,基因资源的挖掘可以影响一个国家的经济发展,甚至一个民族的兴衰。例如,水稻雄性不育基因的利用,创造了中国杂交稻的奇迹,解决了我国长期水稻供给不足的难题,袁隆平也因此成为"世界杂交水稻之父"。

餐饮业对于生态保护的总的要求,是避免可食用资源的衰退。有资料显示,我国南方地区的蛇类资源已经大不如前,造成部分地区鼠害严重,这是南方人喜食蛇类动物引发的过度捕捉野生蛇类的结果。目前,数以千计的动植物物种由于诸如栖息地破坏、盗猎、过度捕捞以及污染等人类活动而濒危,其中因为人们的口腹之欲而使某些物种急剧减少甚至绝迹的现象并不少见。"科学发展观"强调可持续发展,餐饮也要强调可持续餐饮,要合理利用野生资源,使野生动植物资源保持一个适宜的种群数量,严禁采集和捕捉受法律保护的动植物,因为一旦一个物种消失以后会造成难以挽回的损失。21世纪的餐饮业应该为保护生物多样性做出自己应有的贡献。

第二节　改变原料出新菜

中国菜品的原材料丰富多彩,在制作菜肴中如果我们从原材料的变化出发,使其传统菜的风格做适当的改变,或添加些新料,或变化些技艺,或用原料模仿些菜品的形状等都会烹制些独特的菜品。

喜新,是每个消费者的心理,顾客都期待更有趣、更令人舒畅、更令人惊喜的菜肴。我们若只遵守着固定的手法去做,自然就很难有出彩的效果。而提高餐饮附加值的秘诀之一,就是选择较好的烹饪"素材"——食品原材料。

日本有家名叫卡萨迪迈尔的餐厅。这家餐厅的核心菜品、看家菜是"长是蟹"。这道菜的开发就经历了对原料的品尝感动。1987 年 7 月,餐厅的经验者曾受邀到加拿大东海岸考察。在考察过程中受主人的邀请品尝"长是蟹",当尝了第一口之后,同行八人就纷纷发出了"真好吃!"这样的话,"客人一定会非常喜爱"的感叹。于是乎,这道菜也就由加拿大传到了日本,并受到顾客的极大喜爱,促成了卡萨迪迈尔餐厅的兴旺。

当然,由于现实的原因,从生产地直接购买原材料还存在相当多的困难,比如原料运输过程中保持原有风味,并尽量避免美味散失等,这种技术上的问题,都必须一一解决,否则就会得不偿失、劳而无功。

一、添加原料带来新风格

在电视台的广告节目中,我们可以经常看到这样的广告:××牙膏经过医院临床试验,有防酸、防蛀、脱敏、止血等特效。大家知道牙膏的本来用途仅是为了清洁牙齿,但是现在的许多药物牙膏已经大大地扩大了它的功用,因为它在原来一般的牙膏里加入了各种药物,所以受到了广大人民的欢迎。这些新型药物牙膏的诞生,则是制造者采用了增加某种药物原材料而取得的结果。

在食品制造和餐饮行业,近年来运用添加某些原料制作新菜品也是较为普遍的。菜品制作与创新中,运用添加原料法成新菜肴一般有两大类型:一是在传统菜品的基础上添加新味、新料;二是在传统菜品中添加某类功能性食物。通过添加,而使菜品风味一新。

(一)添加新味、新料出新

当今,调味品市场发展迅速。过去的调味品多是单一味品种,现今市场上调味品正向多味复合及复合专用调味品方向发展,在菜肴制作中加上适当的新的调味品,就形成了新的菜品。如"XO 酱鲜带子",是在炒带子中加进了"XO 酱",而使口味有了新的变化;"孜然鳝筒",在鳝段上抹上孜然虾仁馅,蒸熟后调入孜然粉、香菜末薄芡,形美味鲜,孜然味香;"十三香鸡",这"十三香"是指 13 种或 13 种以上香辛料,按一定比例调配而成的粉状复合香辛料,其风味浓郁,调香效果明显,市售、自调均可,入肴调味,可增香添味、除异解恶、促进食欲,禽畜肉类都可调烹。占有了新的味汁,就可创制新的菜品。值得提倡的是,很多饭店、餐馆的厨师们自己调配新的味型后,就可制作出许多与众不同、独树一帜的新潮菜品。

在菜品中添加些西式调料、西式制法也可产生出中西结合式的菜品。如"千岛海鲜卷""奶油鸠卷""复合奇妙虾""咖喱牛筋"等。

利用新的引进原料添加在传统的菜品中,也是菜品出新一法。如"锅贴龙虾"是在传统菜品中创新,借用澳洲大龙虾,取龙虾肉批薄片制成锅贴菜肴,这是在锅贴虾仁上添加了龙虾片,附上龙虾片,不仅档次提高,而且菜品有新意。"西兰牛肉",是取用绿菜花为主料,以牛肉片为配料,一起烹炒而成。这是一款深受外国顾客欢迎的菜品,它实际上是在"蚝油牛肉"中添加了绿菜花,其创制的特色在于蔬菜多、荤料少。"夏果虾仁"是在"清炒虾仁"中添加了夏威夷果,成菜主配料大小相似,色泽相近,风格独具。

(二)添加功能性食物成新

这里所讲的功能性食物就是指对人体有特别调节功能(如增强免疫力、调节机体节律、防治疾病等)的食物原料,也是指人们一日三餐常用食物以外的有特殊功效的食料,如药材原料人参、当归、虫草、首乌,等等。在普通菜品中添加药材原料就形成了"药膳菜品"。根据中国传统药膳理论原理,如今涌现出的炖盅、汤煲类菜品就是在传统炖品、靓汤中添加某类食物。如:"枸杞鱼米"是在"松子鱼米"的基础上添加"枸杞"料而成,"洋参鸡盅"是在"清炖鸡"中添加了"人参"。又如"天麻鱼头""杜仲腰花""黄芪汽锅鸡""罗汉果煲猪肺""首乌煨鸡"等。

现在,功能性食品的流行已说明国人饮食生活水平的提高程度。药膳菜品、食疗菜品以及美容菜品、减肥菜品和不同病人的食用菜品等,都是在菜品中添加某一类食物原料而成的。

而今流行的水果菜品、花卉菜品等,都是在原有菜品的基础上添加某种水果、花卉而成新的。如"蜜瓜鳜鱼条"是在清炒鱼条中最后添加上哈密瓜条;"橘络虾仁"是在炒虾仁的基础上加上橘络粒;"玫瑰方糕"是在方糕的馅心中添加了玫瑰花;"梅花汤饼""桂香八宝饭"就是在原品的基础上添加了梅花、桂花,等等。菜品制作中如果能恰当地添加上某料、某味,或许就能产生出意想不到的、令人耳目一新的菜品来。

二、变换原料谱写新菜品

变换原料的思考创新,即是将原有的菜品改变原料并保持原有的风格特色,使其达到以假乱真的效果。此设计方法在烹饪操作中运用也极其广泛,而且也博得了社会的一致赞誉。菜品的创新不妨多运用这种原料的变化创新法,也可使菜品产生意想不到的效果。

江浙沪一带比较流行的一款菜品"赛东坡",此菜块状整齐,色泽红润,软韧光亮,活脱脱是一盘"东坡肉",一般人在食用时若不知真味就会感到肥腻而不敢食用。这是一盘"以素托荤"的菜肴，取用冬瓜为原料，其形、其色、其味都是模仿"东坡肉"制作的，以红曲米粉显其红色，装盘时别具一格，四周配上绿叶蔬菜，真叫人难辨真假。这正是以假乱真创新而产生的制作效果。

菜肴制作中运用变换原料之法创作菜肴是十分广泛的。我国古代菜肴制作就出现了许多以假乱真的替代菜品。在宋朝时代，已有"假蛤蜊""假河豚""假鱼圆""假乌鱼""假驴""虾肉蒸假奶"等30多个菜肴。这些菜肴，利用植物性原料，烹制像荤菜一样的肴馔，其构思精巧、选料独特，常给人以耳目一新之感。

翻检中国饮食谱，我国寺院菜与民间素菜中利用改变原料替代制作菜肴亦十分普遍。诸如素香肠、素熏鱼、素火腿、素烧鸭、素肉松以及那些荤名素料的炸素虾球、酥炸鱼卷、脆皮烧鸡、糖醋排骨、糖醋鲤鱼、松仁鱼米、芝麻鱼排、南乳汁肉、鱼香肉丝、烩素海参、炒鳝糊、清蒸鳜鱼等，这些利用豆制品、面筋、香菇、木耳、时令蔬菜等干鲜品为原料，以植物油烹制而成的菜肴，以假乱真，风格别具，从冷菜热菜、点心到汤菜，样样都可创制出新鲜的素馔来。

自古以来，我国厨师运用原料变化出新以替代制作素馔的技艺是相当高超的。如利用豆腐衣可制成素熏鱼、素火腿、素烧鸭；烤麸可制成咕咾肉、炸熘荔枝肉；水面筋可制成炒鸡丝、炒牛肉丝、炒鱼米、炒肉丝等；马铃薯可制成炒蟹粉、素虾球、炸鱼排；水发冬菇可以制成炒鳝糊、素脆鳝；黑木耳可制成素海参；粉皮可制成炒鱼片、蹄筋等。"翡翠鸡丝"是以熟水面筋切成细丝与青椒丝配炒而成；"炒蟹粉"是以土豆泥、胡萝卜泥与笋丝、水发冬菇丝与姜末一起煸炒而成；"茄汁鱼片"是以粉皮切成长方片与荸荠片、胡萝卜片加番茄酱炒制而成；"虾子冬笋"以素火腿切成细末替代"虾子"与冬笋炒制；"松仁鱼米"以水面筋切成小方丁替代"鱼米"与松仁、红椒丁炒制；"三鲜海参"是以黑木耳切成末与玉米粉加水等调料，用刀把面糊刮成手指形，下温油锅氽成海参形，然后配三鲜一起烩制；"酥炸鱼卷"用豆腐衣包上土豆泥，卷成长条，拖薄糊，放油锅中炸至金黄……总之，有什么样的荤菜，这些素菜大师们总能用特色原料替代模仿制作出来。

改变原料使其替代制作成肴，可以使菜馔色、形相似，而香、味略有变异。这种运用"以素托荤"的仿制技艺制作而成的特色素馔，其清鲜浓香的口味特点，淡雅清丽的馔肴风貌，标新立异的巧妙构思，确实不同凡响，可以给宾客有以假乱真之趣和喜

白菜烧卖

出望外之乐。

菜品的真假能否辨别出来,这就在于烹饪中运用原料的技艺。"素脆鳝"是以水发香菇去蒂后,用剪刀沿边盘剪成长条,似鳝丝状,调味后拍上干淀粉放热油锅中炸至酥脆后淋汁。成品乌光油亮呈酱褐色,松脆香酥,卤汁甜中带咸,宛若一款货真价实的真"脆鳝"。

利用原材料的变化出新,使得菜品变化更加多样,顾客在食用品尝时边揣摩、边品味,更增添了饮食的技巧与情趣,同时也增进了顾客的进食欲望。

三、巧变技艺描绘原材料

一盘色形味香、美轮美奂的菜点,完美无缺地展现在餐桌食客面前,但当人们动箸品尝时,却在蹊跷中品尝出特殊的、非同寻常的风味,此物非彼物,料中藏"宝物"。这正是巧变技艺带来的奇特效果。

在原材料上从改变菜点技艺方面入手,也不乏创造性思考方案。由于偷梁换柱、材料变异,使原来之物发生了变化,菜肴上桌后,产生了另外一种特殊的效果。

"什锦无黄蛋"菜品的制作,实际上就是厨师巧变技艺、更材易质所至。鸡蛋是由蛋黄和蛋清构成,聪明的厨师在制作时已用针筒抽其蛋中之黄,填入另外的蛋中之清,制成"无黄蛋",然后煮熟、改刀、烹制而成。

"红烧田螺"本是一款普通的菜肴。但当食用者品尝时,绝不是一般的烧田螺,制作者将田螺洗净,取出螺肉洗除肠杂,切成小块,与冬笋、香菇、葱姜、诸调料炒制成馅后,再将馅塞入大田螺内,盖上螺壳,宛若原样。这种别具一格的改变原料之法,匠心独运,带给客人的却是全新的概念。

金陵风味素以鸭馔著称,诸如烤鸭、板鸭、鸭舌、鸭掌之类,若问鸭中何段味最佳?嗜鸭者常推鸭颈,是因为鸭颈为最活络之部位,香而不腻,食而不厌,但苦于肉少骨多,不堪嘴嚼。南京饭店厨师便利用"更材法"选用烤鸭之皮,卷以松子、虾肉制成鸭颈,形象可以假乱真,外酥里嫩,兼有松子之香,堪称原料变异之佳品。

一盘美味的鸡翅,色泽金黄,个头特别粗壮,刚油炸好的热腾腾香喷喷,吸引着诸位座上客。待食客们一咬外酥脆、里糯香,内部的骨头全部变成了"八宝糯米馅",使食客两三口全部吞没。此"八宝凤翅"的制作,正是利用原料变异使其"偷骨换馅",那莲子、香菇、干贝、鸭肫、瘦肉、鸡脯、枸杞、糯米食之香味扑鼻,自然胜过原有的鸡翅之味。

在当今宴会上,常常见到"盐水彩肚""蛋黄猪肝"一类冷菜。这些菜肴使用了酿、嵌制法,使其材质更易,"盐水彩肚"在猪肚清洗之后,将咸鸭蛋黄置入猪肚中,用盐水煮制成熟;"蛋黄猪肝"即是在猪肝上用刀划几刀,然后嵌入蛋黄煮制成熟。在冷后的猪肚、猪肝中,用刀切成薄片,装入冷菜小碟,猪肚、猪肝镶嵌着黄色的蛋黄原料,色美、形美,质地变化,口感变异,口味独特而美妙。

"生穿鸡翼"是广东菜肴。选鲜鸡翅,在关节处切成三段,取用上节和下节,将其竖立在砧板上,脱出骨成鸡翅筒,用蛋清和淀粉拌匀,然后在翅筒中穿入火腿、菜远各一条段,放入油水锅中汆至七成熟,再过油,最后烹料酒等调料炒至成熟。此菜剔去翅骨,换上火腿、菜远,确是善于从材质方面独辟蹊径。

一款"笋穿排骨",确有偷梁换柱之奇效。选用猪肋排骨,斩成两骨连一块的中型块件,冬笋切成与肋排骨大小厚薄的段。将排骨块下锅略煮,至排骨能抽出捞起晾凉,抽去肋排中骨头,将焯水的冬笋段分别插进肋排肉中。锅上火,将排骨整齐放入锅中,加绍酒、葱姜、香料和清水、调料烧至汁稠,装盘而成。此菜偷骨换笋,保持原形,荤素搭配,创意巧妙,具有独特的魅力。

运用原料变异之法制作成菜的事例,许多菜系都有先例。如安徽的葫芦鸡、山东的布袋鸡、湖南的油淋糯米鸡、江苏的八宝鸭等,都是将鸡鸭脱骨,填上其他物料,类似的菜肴还有冬瓜盅、西瓜盅、南瓜盅、瓤梨、瓤枇杷、瓤金枣等。这些从改变菜肴原材料入手或让原料内的质地发生变化,这种立意具有创造性的思考。有时,当人们从构思中找不到标新立异好办法时,若把思路转移到原材料的更易上,就有可能产生奇特的效果。

相关链接

原料的营养搭配与创新

利用原料的营养特点设计菜肴,可起到很好的效果。如针对中小学生身体发育快,部分微量元素需求量大的特点,有目的地加入钙含量高的原料,比如虾皮、虾仁、鸡蛋、豆腐、绿叶蔬菜、胡萝卜和骨泥等,制成虾皮水波蛋、黄豆骨头汤、酥鲫鱼、虾皮紫菜汤等创新菜品。

针对高考学生大量脑力劳动的特点,适量选用补脑益智、改善脑氧供应、抗疲劳的原料,比如核桃仁、黑木耳、银耳、枸杞子、黑芝麻、龙眼、莲子、藕、糯米、河蚌、乌贼、鱼肉、驴肉;蛋黄、动物内脏、新鲜黄绿色蔬菜、水果等;糙米、酵母、黄花菜、豆类、菇类、动物肝肾、乳类等,利用这些原料可创制出新菜品。在食物原料上应粗细搭配、干稀搭配、主副食搭配、荤素搭配、菜的颜色搭配,以调动人们的进食欲望。

四、原料创新菜品选

1.鲜鱿蛋黄筒

鲜鱿鱼肉质脆嫩,味道鲜美。利用鱿鱼的圆筒形"添加"异质材料,就成为出新的另类菜品,加工成菜后,鱿鱼中包裹鸭蛋黄,更加香鲜诱人。

主辅料:鲜鱿鱼 200 克,咸蛋黄 300 克,熟火腿 150 克。

调味料:味精 2 克,白糖 6 克,精盐 1.5 克,芝麻油 5 克,白胡椒粉 1.5 克,料酒 10 克。

制作方法:

(1)将新鲜鱿鱼清理洗净,加精盐、味精、白胡椒粉、料酒等调味料拌匀,腌至入味。

(2)取熟火腿,切成小丁放入碗内,加入咸鸭黄,放入白糖、少许白胡椒粉拌至均匀,装入洗净的鲜鱿鱼中,用纱布包紧,再用牙签扎几下。

(3)将鲜鱿筒放入蒸笼上,大火蒸熟后,取出冷却,然后在鱿鱼外表刷上芝麻油,用快刀切成片,排列装入盘中即可。

成菜特点:菜品外形光滑,内质丰盈,红、黄、白三色相济,口味咸鲜。

2.松子鸭颈

金陵风味素以鸭馔著称,其鸭肴不下数百余种。嗜鸭者常推鸭颈,盖因鸭颈为最活络之部位,香而不腻,食而不厌,然苦于肉少骨多,不堪咀嚼。南京饭店厨师利用原料之巧变,选以烤鸭之皮,卷以松子虾肉,制成鸭颈,形象可以乱真,兼有松子之香,堪称独创。

主辅料:烤鸭皮 150 克,鲜虾仁 200 克,松子仁 25 克,熟肥膘 50 克,鸡蛋清 2 个,香菜 20 克。

调味料:精盐 3 克,料酒 10 克,干淀粉 20 克,葱姜汁 50 克,胡椒粉 1 克,甜面酱少许,色拉油 750 克(约耗 50 克)。

制作方法:

(1)将烤鸭皮取下(需用大块,防止划碎),放入盘内摆齐(皮面朝下),拍上干淀粉待用。松子仁入清油中炸熟,捞出沥油。

(2)虾仁洗净沥干水,加入熟肥膘一并斩剁成蓉,置碗内加葱姜汁、料酒、精盐、味精、蛋清、松子仁拌匀。

(3)将烤鸭皮修切成 6 厘米长、3.5 厘米宽的长方片 20 片,放上虾蓉卷成"鸭颈"(皮朝外),修理整齐。

(4)炒锅上火烧热,倒入色拉油烧至五成热(约 145℃)时,放入"鸭颈"炸熟至皮脆呈金红色,然后捞起装入盘内,以香菜衬托装饰,跟甜面酱小碟一起上桌即成。

成菜特点:外酥里嫩,松子味香,色泽金红,形似鸭颈。

拓展知识

海洋食物原料

海洋,人们赞颂它是生命摇篮、自然资源的宝库。它占据了71%的地球表面,汇集着97%的水源和80%以上的生物资源。据统计,在海洋里生活的动物有18万种,植物有2万种,微生物则无法计数。海洋生物的最大用途是为人类提供高蛋白质食品,还可作为药用和工业原料。目前已知的可供提炼蛋白质和抗生素药物的海洋生物,就有30多万种,有246种海洋生物含有抗癌物质,230种海藻中含有多种维生素。在生态平衡不被破坏的情况下,海洋生物每年可为人类提供30多亿吨的食用水产资源。

世界蛋白质巨库

鱼类,含有丰富的蛋白质、脂肪等重要营养物质,具有很高的食用价值。1000万吨鱼,可相当于3000多万头牛,或1亿多头猪,或5亿多头羊的蛋白质量。目前已知海生鱼类有25000余种,其中经常供人们食用的仅有1500余种,经济价值比较大的鱼类有400多种,而被称为"八大海鱼"的鲥鱼、鲱鱼、鳕鱼、石首鱼、鲈鱼、鲭鱼、金枪鱼和鲽鱼的产量,就占全部渔获量的80%以上。在海洋中,可被开发利用的牡蛎、贻贝等重要贝类和对虾、龙虾、磷虾等甲壳动物百余种。有关专家估计,每年至少可捕获1.5亿万吨而不破坏生态平衡,这一数值恰好等于目前世界年渔获总量的两倍,可称得上"世界蛋白质巨库"。

藻类,良好的海洋蔬菜

海洋藻类,更是一种贮量很大的生物资源,被科学家们视为人类未来的"大粮仓"。目前已知的可供食用的海洋藻类有百余种,已被开发、利用的只是很少一部分。紫菜和海带等藻体类含有大量的蛋白质、脂肪、糖类、维生素和无机盐等营养成分,不仅可作为营养丰富的代食品,还可供药用。它可用于防治甲状腺肿大、淋巴结核、脚气病及由于缺乏碘质而引起的多种疾病。另一种螺旋状蓝藻,经研究表明,体内含有丰富的蛋白质、脂肪、糖类和维生素 A、B_1、B_2、B_{12} 以及纤维素和钙、铁、钾、镁等矿质营养元素,是一种较理性的代食品。目前,这类海藻已在日本、美国、法国、德国、科威特、墨西哥等国及我国的台湾安家落户,人们将其视为人类未来的粮食。

当然,海洋并非是一个取之不尽的宝库。虽然海洋生物许多种类都是重要的、不可缺少的食物,但依靠海洋来解决食物危机,供给迅速增长的人口的生活是不可能的。海洋资源也是有限的。于是,有远见卓识的科学家和未来学家研究者呼吁:"保护海洋!"只有海洋生态环境得到有效的保护,它才有可能继续施惠于人类。

(资料来源:陈日朋,等.人类的生命能源——食品.长春:吉林教育出版社,1994.)

本章小结

　　本章从原料的角度系统阐述利用原料开发创新菜品。合理利用原材料，通过引进外来原料、添加某种原料、废料的综合利用、粗料细做以及运用一定的烹饪技艺去巧妙地改变原材料，都是可以开发出新款菜品的。

【思考与练习】

一、课后练习

（一）填空题

1. 根据原料列举菜品：鱼头_____，鱼肚_____；鸡翅_____，鸡脯_____；鸭舌_____，鸭肫_____；腐竹_____，腐皮_____。

2. 根据草鱼原料的部位的特色，写出 5 款利用内脏制作的菜肴：_____、_____、_____、_____、_____。

3. 粗粮食品的精加工，提倡粗粮_____、土菜_____，使菜品出新。

4. 列举"荔浦芋头"原料制作的菜品 3 款：第一，_____；第二，_____；第三，_____。

5. 菜品制作添加原料的思路主要有两方面，一是添加_____出新，二是添加_____出新。

6. "素鸡"不是鸡的菜肴，是"素菜"。这是利用豆制品创制出像荤菜一样的菜肴，在古代叫_____。

7. 下脚料，是指_____原料。

（二）选择题

1. 菜肴"赛东坡"的制作方法使用的是（　　　）。

　　A. 土菜新做　　　　　　　　　　B. 粗粮细做

　　C. 素料荤做　　　　　　　　　　D. 添加原料

2. 添加功能性食物制成新的菜品是（　　　）。

　　A. 松子鱼米　　　　　　　　　　B. 枸杞鱼米

　　C. 红烧鱼块　　　　　　　　　　D. 清炒鱼片

3. "松子鸭颈"菜肴的制作方法采用的是（　　　）。

　　A. 添加新味　　　　　　　　　　B. 废物利用

C. 素菜荤做　　　　　　　D. 巧变原料

4."蚝汁鸵鸟肉"的创制采用的方法是(　　　)。

A. 原料的引进　　　　　　B. 废料的利用

C. 粗粮的利用　　　　　　D. 药材的运用

(三)问答题

1.利用原料开发菜品有几种思路可寻?

2.在菜品开发中,试阐述废物利用、粗料精做的意义。

3.分别说明变换原料制作新菜品的方法。

4.利用下脚料制作菜品有哪些好处?

二、拓展训练

1.利用原料创新的优势,试制作两款新菜点。

2.请利用土豆、山芋、南瓜制作3款创新菜点。

3.小组研讨:如何利用鱼的不同部位制作新菜。

4.小组练习:每组设计2款利用下脚料制作的菜品。

第四章
调味技艺的组合与变化

引　言

　　各式不同的调味品是造成菜品风味多样的物质基础。合理地运用各式调味品才能使不同的菜品美味可口、风味多变。任何一款菜肴，都只有具有美好的滋味，适合人们的胃口，才能刺激人们的食欲。本章主要从调味品的运用、配制、组合、创新等不同的角度系统阐述调味技艺的变化带来创新菜品的美味与适口。

学习目标

- 了解调味品的选用及其市场发展
- 了解传统调味理论的意义及运用
- 熟悉味的特性与调味的应变
- 掌握味的组合与创新制作
- 了解味型的传承与开发利用

　　要使一个菜肴的色、香、味、形都达到美的境地，除了依靠原料的精良、火候的调节适宜之外，还必须要有正确、恰当的调味，才能使菜肴达到优美、尽善的艺术境地。

第一节　调味品及其配制

　　菜品创新、烹调的前提，首先是具有食物原料和调味品，否则，这项活动就无法进行。高明的烹调师就是食物的调味师，所以，烹调师必须掌握各种调味品的有关知识，并善于适度把握，五味调和，才能创制出美味可口的佳肴。

一、各具风味的调味品

开门七件事:柴、米、油、盐、酱、醋、茶,其中盐、酱、醋都是调味品,说明调味品在人们的生活中具有多么重要的意义。单一个"酱"字,在中国就是五光十色,记都记不完全。固态调味品除了食盐、味精、蔗糖以外,还有豆豉、虾籽、各种香辛料(山奈、白芷、豆蔻、陈皮、草果、甘草、姜黄、丁香、茴香、砂仁、杏仁、肉桂、辣根等)。液态调味品有酱油(生抽、老抽)、鱼露、蛏油、蚝油、糟油、糟卤等。

上述固态、液态、酱态调味料还可配制成各种复合味用于烹调,例如常用的复合味有红油味、姜汁味、蒜泥味、椒麻味、麻辣味、麻酱味、酸辣味、怪味、鱼香味、糖醋味、芥末味、豆瓣味、家常味、咖喱味、甜香味、咸甜味、咸鲜味、煳辣味、荔枝味等;港式菜复合味有红乳麻酱料、沙茶甜酱料、甜面酱油料、椒麻葱酱料、鲜菇红酒料、粉红奶油料、薄荷酸辣料、火锅酱乳料、西柠葡汁料、各种果汁、黄汤、川汁酱、XO鲜酱、香槟汁等。

此外,中国菜烹调时还要用各种"料头"(葱、蒜、姜、辣椒、芫荽、洋葱、熟火腿瘦肉料等)和各种汤汁(鸡汤、鸭汤、素上汤、火腿汁、干贝汁、鹅卤水等)。这些都是调味品。

如今的食品商场、超市和商场里的食品柜台已再不是过去那种寥寥无几、品种单一、包装简陋的调味品现象。一眼望去,那货架上,层层叠叠、错落有致、色泽多样的瓶瓶罐罐,尽是些各式各样的调味酱、汁,已一改几十年产品单一的老面孔,朝着复合型系列化方向发展。所谓复合型调味酱、汁,就是将人们过去在烹饪过程中加入酱、油、葱、蒜、辣椒以及其他海鲜原料,经过加工,复合成不同口味的酱、汁。

在琳琅满目的货架上,不仅我国调味品主要产地的各种品牌各个品种的调味品有售,而且还兼卖港台、东南亚及欧美的特色调味品,真所谓"世界调味居其中,爆炒煎炸任选用"。诸如香辣酱、姜汁醋、蒜汁醋、甜酸酱、熏烤汁、酸辣汁、芥末汁、炸烤汁、柠檬汁、橙汁、蛋黄酱、烤肉酱、咖喱酱、烧烤酱、苏梅酱、樱桃酱、甜辣酱、OK酱、沙嗲酱、沙茶酱、海鲜酱、极品酱、辣椒酱、甜面酱、XO辣酱、捞面酱、蒜蓉酱、炝拌酱、柱侯酱、冰片糖、麦芽糖、奶油、椰糕以及各种香叶和传统复合调味汁等数十种之多。

这些复合调味酱汁大都集咸、鲜、辣、甜诸味,同时还添加牛肉、鸡肉、海鲜、蒜蓉、香菇、芝麻、花生等辅料,无论是拌面、凉拌菜,或是涂抹在面点上,或者烹饪制作美食佳肴,都能达到美味可口的效果,而且简便、实用。如今的调味酱、汁不仅外包装精美,其内在质量也有较大提高,从酿造工艺、营养配置到方便卫生等方面,都比传统产品有明显改进。

当今的调味品市场已令人刮目相看了,它打破了几千年的品种单一的框框,市场上各种调味酱汁丰富多彩，其品种多样，风味各异，品牌斗艳，我国调味品生产也已经走进了百花竞放、万紫千红、无限辉煌的新天地。优越的市场条件，带给广大烹调师的是无限生机，在菜肴制作、烹调技艺的天地里，我们再不能墨守成规、自我束缚，而应放开包袱，担负起新时代烹调师的重任，树立起 21 世纪烹调师的形象，把中国烹调技艺再推向一个新的高潮。

二、调味品的发展与应用

调味是指在烹调中，运用各种调味品及调味方法调配食物口味的工艺。一般而言，调味是烹调食物时决定菜点风味、质量优劣的关键工艺，也是衡量烹调师技术水平的重要标准。一款新的创新菜品的成功，很大一部分也取决于调味品的利用与配制。

菜品制作的特色与口味，除了原材料的配置与利用以外，主要靠合理的运用调味料。随着市场的变化，食品工业的迅速发展，调味品生产与配制已得到广泛的开发。但作为烹调人员，不仅要了解现在调味品市场的行情，同时，在菜品的烹调操作中，也要不断地开发一些新的味料和新的味型，以使菜品不断地出新。目前，调味品的开发与应用将向以下几个方面发展。

1.复合化调味品的制作加工将不断增多

几千年来，我国调味品大多都是以单一的风格出现，油、盐、酱、醋、糖，各有不同的特色。这些调味品由于口味单一，在使用中必须由使用者临时调配口味。由于烹饪人员调味技术上的差异，往往显现出菜品制作和技术水平高低。从另一角度讲，也给使用者带来了不少困难。

单一调味品的使用显而易见存在着不尽如人意的地方。虽然许多单一调味料已有一定的香和味，但不能满足人们的口腹之欲，不管什么食物，恰当地加入适量不同的调味品烹调，更加令人垂涎欲滴。菜肴主要是为了"吃"，滋味美才令人爱"吃"，而滋味美离不开调味。许多厂商根据人们的需求，生产与创制了一大批方便的复合化调味品。现今市场上调味品正向复合及复合专用调味品方向发展，以使调味更准确，使用更方便。如五香盐、甜辣酱、沙茶酱、涮羊肉调料、酱爆肉丁调料、麻婆豆腐调料等。

2.香辛调味料及其制品的不断涌现

香料是人们在长期的实践中认识获得的来源于各种具有浓烈芳香气味植物的物质。香料往往取自这些植物的种子、根茎、叶子、嫩芽，或者是树皮，也可能是某种浆果或果实，通常人们都把它们用作调味品。

在西方，香辛调料是调味品的一大门类，也是西餐烹调时离不开的调味品。随着国门的打开，香辛调味料的发展也与日俱增，并得到全国人民的广泛喜爱。中国传统的香辛调料近10年来也在突飞猛进,新味料不断增多,最具代表性的是"十三香调料",并由此演变出不同品种的香辛调料,鸡、鱼、肉菜各有不同的专用料。

在世界范围内,使用颗粒及粉碎香辛调料已有几千年历史。香辛调料不仅可以调配食物口味,还具有一定的杀菌防腐及药疗价值。但传统使用的颗粒及粉碎香辛调料因储藏时间长短不一,从而使其调味质量不稳定,同时易被微生物等污染,并易被掺假,使之调味不均匀。国外早已开始使用灭菌香辛料、精油、油树脂等制品代替传统的香辛料。我国近年来也有精油产品面世,如芥末油。这种经过特制的配方,使之应用更科学、更方便。

3.天然食品原料加工的调味品市场广阔

20世纪后期,人们为了满足自身的饮食美味的需求,已越来越崇尚天然食品调料。在世界上,许多食品厂家在社会的不断需求下,一种利用天然原料而生产的调料将会不断涌现,并得到社会各阶层人们的欢迎。

当今,从禽、畜、鱼、贝、虾类及部分蔬菜中提取的具有天然风味的浸出物调料发展极为迅速。这类调味品具有其他化学调味品所不及的优点。如鲜味虽淡,但原料原有的鲜味保存良好,不易被破坏,均衡呈鲜作用明显,余味留长,并赋予食物不同浸出物调料特有的风味等。此类调料多与其他调味品配合使用,以产生更好的调味效果。目前,市售品种如鸡精、牛肉精、猪肉精等。

4.优质精品、包装精美的调味品应运而生

如今的调味品不仅外包装精美,其内在质量也有大幅度提高,从酿造工艺、营养配置、品质保证到卫生方便都比传统产品有明显改进,色香味俱全,走优质精品的路子。如优质酱油含盐量仅1%,低于传统1.5%的水平,而营养成分氨基酸则达0.8%,远高于普通产品0.4%的水平。调味品优质精品化趋势是人们生活水平提高的结果。

而今,为了适应人们生活快节奏的需要,各种方便、快捷型的调味品应运而生。现在的调味品已一改过去杂货店里大路货的现象,瓶盖大多附着在瓶上,既不易丢失,又可即用即盖,方便卫生。同时,包装趋于小型化,如酱油多年一贯制是500毫升包装,现在又增加了250毫升、100毫升的小包装,满足了不同人的生活之需。

5.各种营养保健的调味品前景喜人

随着保健食品的不断问世,营养保健的调味品前景也十分广阔。一日三餐必不可少的调味品,将进行适当的营养武装,不断以新的面貌出现在食品商场内,以满足不同人群的需求。

当今,在调味品中添加有利于人体健康的营养和保健成分正成为另一种趋势。如加碘盐、食疗醋、补血酱油等,将来这类产品将会向科学化和系列化发展。

案例分享

变化调料出新菜

对于厨师在烹调实践中创制出来的新味型,有些已经被大众公认和接受,有些还在继续实践之中,但不少人已认识到它们与传统味型有很大区别,具有很好的应用前景。如茄汁味是较早被公认的一种新味型,它主要是借鉴西餐的番茄汁调制而成,成菜风格是甜中带酸、香鲜爽口,代表菜品有茄汁大虾、茄汁鱼条等。而蒜椒味、藿香味、青花椒味等作为新的味型也被一部分人认可,但也有一部分人持不同的意见甚至是反对意见。这些新味型的菜品风味独特,使用的调味料也与以往有所不同,如蒜椒味的主要调味品是干花椒、青花椒、蒜、葱、盐、香油、味精等,成菜风格是咸鲜椒麻、蒜香浓郁;而藿香味和青花椒味则分别用藿香和青花椒调制而成,都有其非常独特的风味。

我们在以传统菜肴为基础来创新口味的同时还必须尊重传统菜肴的本味,是在传统风味的基础上进一步充实和提高。如"生炒甲鱼"一菜,就是在保持淮扬风味的基础上,稍稍加入一些蚝油,起锅时再加少许黑胡椒,其风味更加醇美、独特。又如上海传统菜"鸡骨酱",一般做法是在鸡块煸炒后加上酱油和糖,但有些厨师在调味中加入适量的李锦记骨酱,同时适当减少一点酱油和糖的用量,这样可使鸡骨酱的美味大为提高。又如以往上海菜肴中糖醋卤汁的口味比较单纯而稀薄,有的上海厨师就在糖醋卤汁上进行了改进,他们在糖醋卤汁中添加了适量的冰糖山楂、柠檬汁等天然酸甜果汁,使糖醋卤汁的口味变得厚实自然起来,而外观的颜色则保持不变,受到众多消费者的喜爱。

如今烹饪工作者可以在传统调料和新派调料的基础上,利用各种单一调料和不同的复合调料,通过合理科学的组配,进行多重复制,从而派生出更多新型的调料,这已经成为许多酒店厨师特有的秘制味型,也是酒店、宾馆占领餐饮市场的制胜法宝。例如四川成都大蓉和酒楼的厨师,利用市场上所售的柱侯酱、海鲜酱、蚝油、红曲米等产品调制出一种复合味卤汁,再用它制作酱猪手,成品风味独特,在市场上非常受欢迎。前些年红遍大江南北的香辣蟹,一改传统的调味方法,取重香、重辣,集咸鲜于一体的调味方法,受到了广大消费者的欢迎,姑且不去评论此菜流行周期之长短,单就其在某一时间段内能在全国引起如此轰动效应来说,确有其成功之一面,颇有借鉴之作用。

第二节　味的变化与组合

我国历代厨师在调味方面积累了不少好的经验,值得我们加以利用和发扬。"口之于味,有同嗜也",这提醒我们行业应提高菜品的质量,以适应广大顾客的共同需要;"食无定味,适口者珍",我们更应该从不同顾客的特殊需要出发,保持和发扬各地菜品的风味特色,把服务工作做得更好。

一、传统调味理论的发扬与运用

我国古代的厨师们在调味方面积累了不少好的经验,早在先秦时期,古人就讲究五味调和了。《吕氏春秋·本味篇》云:"调和之事,必以甘、酸、苦、辛、咸,先后多少,其齐甚微,皆有自起。鼎中之变,精妙微纤,口弗能言,志弗能喻;若射御之微,阴阳之化,四时之数。故久而不弊,熟而不烂,甘而不浓,酸而不酷,咸而不减,辛而不烈,淡而不薄,肥而不腻。"相传这是精于烹饪的伊尹说汤时提出的主张。这正是古人调味理论的经验总结。

1."中和"调味论

"中和"理论最早源于中古时代的"中和之道"。春秋时期孔子的中庸思想进一步深化,并作为一种社会意识,从而形成了系统的思想体系,对后世产生了巨大的影响。《礼记·中庸》曰:"和也者,天下之达道也。致中和,天地位焉,万物育焉。"中庸作为一种道德范畴和哲学观念,其含义有"中度""执两用中""和",提倡"无过无不及"的中庸适度原则。

和,本是中国古代哲学的一个极重要的范畴。2500多年前的政治家晏婴对"和"的概念以烹调等为例作了发挥,曾曰:"和如羹焉。水火醯醢盐梅,以烹鱼肉,燀之以薪。宰夫和之,齐之以味,济其不及,以泄其过。君子食之,以平其心。"齐(音剂)之,使酸咸中和;济,指增益之意;不及,谓酸咸不足,则加盐梅;泄,指减;过,指太酸太咸,则需加水以减之。调味时若"济其不及"和"以泄其过",必须用"齐"之技去达到"和"之目的。这是"中和"调味理论形成的基础。

中和调味理论,强调的是"适中""适度""中正"。它是一种不偏不倚的调和理论,味必须求其纯正、适中、和美,要求浓厚而不重,清鲜而不薄,利用不同的调味品,经过合理的调配使菜品达到美味可口的最佳状态,才是调味最好的菜品。

2."地缘"调味论

不同的地域环境形成了不同的口味特色,这是各地的气候、物产、风俗的差异造成的。正如《齐乘》中所说"今天下四海九州,特山川所隔有声音之殊,土地所生有饮食之异"。

我国各地自然环境差别较大,南暖北寒,南湿北旱,西高东低,东临大海。因气候、地形、水文、生物等自然地理因素的不同,对不同地区的饮食生活、烹饪制作产生了全方位的影响。在寒冷地区,首先要想方设法避寒取暖,饮食活动都以防御严寒为准则;而在热带地区,则刚刚相反,一切以消暑纳凉为准则。前者如东北,是我国典型的高寒地;后者如广东、海南,是我国典型的酷热地区。人们的饮食活动都刻上了自然环境深深的烙印。生活在不同类型的自然环境中的人们,他们的饮食习俗、生活方式等,一般来说都不可避免地受这一自然环境的包围和熏陶,并深深地打上地域的印迹。

自然条件的不同形成了各地调味的个性特征。如在贵州黔东南人口最多的苗族侗族地区,历来有"三天不吃酸,走路打转转"的民谣。这种习性与地处亚热带高温高湿的气候环境密切相关。而在湘西山区和皖南山区,当地山民地处崇山峻岭中,人们口味侧重于咸香酸辣,常以柴炭作燃料,烟熏腊肉和各种腌肉适合当地的自然条件。加之温热、湿润的气候条件,熏、辣食品不仅风味别具,也容易保存。

3."本味"调味论

"本味"之词,首见于《吕氏春秋》的篇名。全书160篇,"本味"乃其中一篇。所谓"本味",主要指烹饪原料本身所具有的甘、酸、辛、苦、咸等味的化学属性,以及烹饪过程中以水为介质,经火的大、小、久、暂加热变化后的味道。正如清代袁枚《随园食单》所说:"凡物各有先天,如人各有资禀";"一物有一物之味,不可混而同之",要"使一物各献一性,一碗各成一味";"余尝谓鸡猪鱼鸭,豪杰之士也,各有本味,自成一家"。他反复强调烹饪菜肴时要注意本味。为使本味尽显其长,避其所短,袁枚指出了选料、切配、调和、火候等方面要注意的问题,如荤食品中的鳗、鳖、蟹、牛羊肉等,本身有浓重的或腥或膻的味道,需要"用五味调和,全力治之,方能取其长而去其弊"。

由于"本味"理论的影响,使得"淡味""真味"的菜品不断涌现,如各种鲜活原料的烹制正是以鲜美之"本味"得到各地人们的广泛欢迎。

4."四时"调味论

调和饮食滋味,要符合时序,注意时令。这个观点是根据春夏秋冬四时的变化,把人的饮食调和,与人体和天、地、自然界联系起来分析。调味之四时论,是由《礼记》和《黄帝内经》提出来的。

《礼记》中对于调和的讲究:"凡和,春多酸,夏多苦,秋多辛,冬多咸。调以滑甘。"《黄帝内经》则按阴阳论的理论,说明四时的气候变异,能够影响人的脏腑,同时联系人体、四时、五行、五色、五音,来论述天人之间与各方面的联系。而古代养生家更是以四时时序为调和之纲。

四时理论对我国饮食的影响十分深远。它促进了营养食谱和滋补饮食的发展,并讲究时令饮食和重视季节食谱的设计与变化,这也是流传至今的按季节排菜单的优良传统。

5."相物"调味论

根据原材料的特点有针对性地施加调味品,可使菜品相得益彰、美味可口。这种调味方法从古代开始一直沿用至今。袁枚在《随园食单》的"调剂须知"里,做了详尽的论述,他指出了味的调和要"相物而施",要根据食物原料的不同特性,合理地把握对待。首先应了解它,然后再去调理它。接着袁枚提出了具体的调理方法:"调剂之法,相物而施;有酒水兼用者;有专用酒不用水者;有专用水不用酒者;有盐酱并用者;有专用清酱不用盐者;有用盐不用酱者;有物太腻,要用油先炙者;有气太腥,要用醋先喷者;有取鲜必用冰糖者;有以干燥为贵者,使其味入于内,煎炒之物是也;有以汤多为贵者,使其味溢于外,清浮之物是也。"他强调菜肴调味时需要加以区别对待,不能死板一律。

如何去相物搭配,袁枚继续进行了阐述:"烹调之法,何以异焉、凡一物烹成,必需辅佐。要使清者配清,浓者配浓,柔者配柔,刚者配刚,方有和合之妙。"他用系统理论进行深入阐述,而且在书中还用多个菜肴进行说明。相物调味,因材施艺,是历代厨师调味技艺的结晶,也是衡量烹调技术高低的重要标志。在味的配制上,不仅注意原料的本味,而且还重视原料加热后的美味,并注意掌握原料配合产生的新味,这是我国烹调技术配制巧妙多变的关键,从而形成中国菜"一菜一味,百菜百味"的口味特色。

二、味的特性与调味的应变

味,只有经过人们的尝试,才能体现出来,这就是人们常说的滋味。对于滋味,简单地说,就是人们吃东西时,舌头中的"味细胞"受到刺激,并把这些感觉迅速地传到大脑中的"味神经"中枢,人们所产生了的各种味道感觉。

人们对味的感觉,随着年龄、性别和生活习惯的不同而有差别。例如,小孩对甜味的感受,就比成年人敏感,这就是小孩一般喜爱吃甜食的缘故。至于生活习惯上的不同,各地气候的差异,亦造成了人们对滋味各异的习惯和不同的喜好。常吃辣椒的人,尽管辣椒很辣,也不觉得很辣;不常吃辣椒的人,尽管辣味很轻,也会感到很辣。一般而言,江南一带的人味轻,喜甜、鲜;北方一带的人味重,喜浓、咸;川、湘人喜辣,而山西人喜酸。也正因为如此,才形成我国丰富多彩的地方风味和特殊风味。

在烹制菜肴调味时,不仅要了解各种基本味的属性、作用,而且还要懂得各种调味品的好坏,不了解各种调味品的好坏特性,而盲目运用调味品,很难烹制出最佳的味感效果。比如,酱有清浓之分,油有荤素之别,醋有陈新之殊,不可丝毫失误。如烹制清汤肉丸,应选择鸡油为宜,如选择麻油,则影响其鲜味。因此,调味品质量的好坏的选择，也是调好滋味不可忽视的一环。

调和滋味的好坏，不但要懂得调味品的优劣，更重要的还在于如何正确把握住各种调味品量的关系。因为，调味品之间的合理搭配，也有它的内在规律。我国的菜肴，味道精美，风味独特，口味多样，丰富多彩，正是由于我国的历代厨师尊重这种客观规律性。我们知道，任何一种独特风味的形成，都是由多种味道构成的，而各种调味品都有它本身的性能和作用，通过合理的搭配和烹制，从而产生了复杂的理化变化，形成某种特殊风味。因此，如何掌握好调味品量的关系，关键在于合理的搭配。

（一）滋味的感觉与配合

人们对味的感觉，还由于滋味存在相互"抵消""对比"和"转换"的作用，以及随着温度而起变化，使人们产生不同的味觉感受。这就是利用滋味和调节滋味的依据，也是我国厨师创造了丰富多彩的调味技术、方法的重要前提。

首先，我们要懂得滋味的互相对比（一消一长），就是说将两种或两种以上的不同调味品，按一定比例混合起来，往往只能感觉出其中某一种味道，而另外一种或几种味道则被冲淡而感觉不出来。例如，往白糖溶液中加点食盐，咸味没有了，甜味却增强。

其次，味的相克相生。就是说，由不同的两种或两种以上的调味品，按适当比例混合起来，烹制后，能减弱或辨别不出各自特有的味道，抑或产生出一种新的味道。如麻辣味中略微加点白糖，就能减弱辣椒的烈度。又如在烹制鱼类、牛羊肉腥膻味的原料时，加些酒、醋、葱、姜等调料，可以去除腥膻，增其美味，这就是滋味相克与相生的妙用。

以上两个方面，虽然它们各自有不同的意思，但两者都是矛盾着的同一过程的两个方面，它们不是互相分割、孤立存在的，而是相互联系、相互依存的矛盾对立统一体。正由于这种矛盾的对立，以致使用调味品的组合效果就大不一样。所以，五味之变，风味无穷也。比如说，人们常吃的糖醋味和荔枝味，前者口感甜酸味浓，回味咸鲜；后者口感酸甜似荔枝，咸鲜在其中。基调都是突出酸、甜二味，所用的调味品都有糖、醋、盐、味精、姜、葱、蒜，其变化就在于糖、醋数量的差别，前者用糖量大，后者用醋量大，由于这种组合差别存在，就形成了不同的特殊风味。可见，调味品如何搭配，应遵循以上两方面的因素，而进行量的组合，来形成其特殊风味。

（二）调味的差异与变化

"食无定味，适口者珍"。食物菜品滋味的好坏，只有相对的标准。不同的人存在着感受上的差异。如性别，女性对鲜味和酸味的感受能力一般就比男性强一些。又如年龄，成年人由于阅历较多，味觉的宽容度一般大于孩子。再如文化，文化水平较高者一般在饮食中能获得更多的审美愉悦。还有不同的性格、爱好和地区不同会给人们的口味要求打上不同的印记，产生一定的味觉偏差。

掌握好调味是创制菜肴的关键。在菜肴创新中,由于原料、季节和各地客源情况的不同,因而在菜肴创新中无法用统一的规定,但在调味时可遵循一些基本的原则。

1.根据原料的不同性质配制调味

"调剂之法,相物而施"(《随园食单》)。为了保持和突出原料的鲜味,去其异味,调味时对不同性质的原料应区别对待。

新鲜的原料应突出本身的滋味,不能被浓厚的调味品所掩盖。过分的咸、甜、辣等都会影响菜肴本身的鲜美滋味,如鸡、鸭、鱼及新鲜蔬菜等。凡有腥膻气味的原料,要适量加入一些调味品,例如,水产品、羊肉、动物内脏可加入一些料酒、葱、姜、蒜、糖等调味品,以解腥去膻。对原料本身无鲜味的菜肴,要适当增加滋味。如鱼翅、海参、燕窝等,烹制时要加入高级清汤及其他调味品,以补其鲜味的不足。

2.根据不同客源的生活习惯调味创新

东西南北中,经纬各不同。不同的地理环境,具有不同的自然条件,这种差异形成了各地区的风味差别,在菜品创新中,运用调味创新菜品,可使菜品具有广泛的适应性。如四川的"水煮鳝片"到江苏的餐饮业中,厨师们降低了麻辣味的烈度,减少了辣油的用量,便形成了江苏的水煮鳝片;到了广东更要减少麻辣味的使用量。江苏的"面拖蟹",到了东南亚增加了"咖喱味",到了欧洲中餐馆,投放了"黄油",增加了香味,这是口味变化与改进的结果。

到哪座山唱哪支歌,应用于不同场合的菜品应有不同的风味特色,如"炒软兜",饭店烹制与家庭烹制就存在了一些差别,这是宴会菜与家常菜的不同特点,宴会菜求淡爽雅致,家常菜求色重味浓。这些是味料分量的变化而体现其风味习惯的。

由于一个国家、一个地区随着气候、物产、生活习惯的不同,口味也不尽相同。如日本人喜欢清淡、少油,略带酸甜;西欧人、美洲人喜欢微辣略带酸甜味,喜用辣酱油、番茄酱、葡萄酒作为调料;阿拉伯人和非洲的某些地区的人以咸味、辣味为主,不爱糖醋味,调料以盐、胡椒、辣椒、辣椒油、咖喱粉、辣油为主;俄罗斯人喜食味浓的食物,不喜欢清淡。由于人们口味上的差别很大,因此在调味时必须根据人们口味的要求科学地调味。

3.根据季节的变化合理调味与创制

传统调味理论已说得十分清晰,人们的口味往往随季节、气候的变化而有所改变。例如,夏天清淡,菜色较浅,冬天浓厚,菜色较深。不同季节的调味理论也是随着人的生理变化而变化的。因此,应在保持菜品风味特色的前提下,根据季节的变化进行调味。

4.根据菜品的风味特色调味

我国的烹调技术经过长期的发展,形成了具有各种风味特色的地方菜系,在调味时必须按照地方菜系不同规格要求进行调味。尤其对一些传统的菜肴,不能随心所欲地改变口味,以保持菜肴的传统风味特色。当然,这并不是反对在保持风味特色的前提下发展创新。对于改良的传统菜,最好不要用传统的名称,可用新菜名或称改良菜,以防混淆是非。

北京国谊宾馆研制的"虾镶豆腐"一菜,是在江苏菜"镜箱豆腐"的基础上采用调味的变化改良而创制的新品。餐饮部经理经常发现不少宾客在吃"镜箱豆腐"一菜时会加一点辣椒酱,觉得这样更有滋味。这一发现,激发了他们对此菜变换口味的想法,他们运用川菜中家常味型烹制,这一口味的变化,赢得了许多宾客的赞赏。

三、味的组合与创制

时代发展需要新菜新味。俗话说:再好的菜,吃多了也会腻。广大顾客都时不时地要求烹调师们拿出新招,调出新口味。若将菜品从色、香、味、形方面化整为零后考虑分析,可能起到很好的效果。假如在原有菜点中就口味味型和调味品的变化方面深入思考,更换个别味料,或者变换一下味型,就会产生一种与众不同的风格菜品。

而今,全国各地的调味品和风味味型较多,加之外国引进的一些特色味型和调味品的应用,足够我们去开拓、创制和运用。我们不妨大胆地设想,将江苏的某一味型与四川的某一味型糅合或改变,或将广东与山东的某种味型进行改良,看一看,尝一尝,到底是什么滋味?有没有一些新意?把国外的奶油沙司、咖喱沙司运用到中餐菜品中,再加上中国的味料配合,又会是什么味道?把香茅、砂姜与肉桂一起烹煮调味又是什么滋味?只有敢于变化,大胆设想,才能产生新、奇、特的风味菜品。

我们的先人在调味变化上为我们留下了许多好经验、好味型,使古今各地人民都受益。如其咸,有鲜咸、香咸、甜咸、酱香咸、酱汁咸、五香咸等诸味;其辣,有香辣、甜辣、麻辣、咸辣、酸辣、甜酸辣等众味;加之葱、姜、蒜、椒的变化调配,可产生各不相同的味型。而今多种复合味的配置便可产生许多特色的味型。利用口味的交换使菜品变化出新又可分为"料变味不变法"和"味变料不变法"两类。

1.料变味不变法

事厨者掌握了某一味型之后,即可烹制出同一味型的不同菜肴。如掌握了"糖醋味型",用什么料就可以制作什么菜,糖醋排骨、糖醋带鱼、糖醋咕咾肉、糖醋瓦块鱼、糖醋丸子、糖醋藕片、糖醋茄夹、糖醋青椒、糖醋心里美……都是可以制成的,甚至可以写一本《糖醋菜谱》。鱼香、茄汁、酸辣等味型也可以照此创作新菜。

广东佛山市食品厂根据170多年前的梁柱侯师傅研制的"柱侯酱"而生产的酱品如今已流传全国,近几年来广东师傅写了一本《柱侯菜谱》,这些菜肴的制作过程和方法,都是借"柱侯酱"这个课题而研究发挥、创新制成的美味佳肴。可以说,每一特色味型和酱汁都可精心研究创造,写出一本像样的菜谱。

就某一种调料而言,可以任人去调配。但需要注意的一点,就某一种味型而言,一定要按照每种味型的风味特点去调制,不要更换得面目全非,除非是创制一种新味型。

2.味变料不变法

即使固定了某一种原料,而去变换使用不同的调味品,也可创制出一系列新创品种。若以"萝卜"为主料变换调料来开发菜品,可以产生如麻辣萝卜丝、糖拌萝卜丝、麻酱萝卜、五香萝卜、腌萝卜、辣萝卜条、红烧萝卜、白烧萝卜条、油酥萝卜、奶油萝卜球、开洋萝卜汤……只要把调味品换一换,还可以变换出许多品种。鸡鱼肉蛋、瓜果蔬菜都可以写一本本菜谱。

鸭掌如今成了人们的抢手货,从传统的红烧鸭掌、糟香鸭掌、水晶鸭掌到潮汕的卤水鸭掌以及走红的芥末鸭掌、泡椒鸭掌等,其口味不断翻新,又体现了鸭掌菜的筋斗滑爽的风味特色。潮汕正宗的卤水鸭掌以卤水、丁香、大料、桂皮、甘草、陈皮、大茴香、小茴香、花椒、砂姜、罗汉果、玫瑰露等原料配制而成,食之使人唇齿留香,回味无穷。芥末鸭掌以芥末粉为底料,与精盐、酱油、味精、醋、白糖、麻油、高汤调成咸味汁,食之质地软嫩,芥末香浓。

菜品的翻新从口味上入手,能产生特殊的效果。"银鼠鳜鱼"是模仿"松鼠鳜鱼"的制作方法而创制的,"松鼠鳜鱼"是油炸后浇制"糖醋汁"或"茄汁",而"银鼠鳜鱼"是清蒸后,浇制"咸鲜卤汁"而成菜的,其口感是鲜、嫩、滑、爽。由"油爆虾"到"椒盐虾"再到"XO酱焗大虾",都是由改变口味而创制的。

知识链接

私房菜

所谓私房菜,也就是在私密的自家厨房里烹制而成,无所谓菜系、章法,只要别家没有、味道独特。私房菜并不代表上层文化,相反,它更贴近老百姓和工薪阶层。

经营时并不是大张旗鼓地做广告,首先,熟客会自己找上门去;其次,餐位很少,客人光顾前需要电话预订;再次,通常只有几个掌厨人,他们会与食客沟通,大打感情牌;最后,掌厨人必须要有拿手好菜,而且这些菜在其他地方是绝对吃不到的。

私房菜不是大菜。吃私房菜,也就是大家在一个类似家的地方,吃主人的拿手菜,席间或吃罢,主人会出来应酬片刻,几次交道打下来,食客和主人就结成了好友。现在许多名菜其实都是从私房菜演变过来的,比如谭家菜等。

私房菜馆从环境到服务所蕴含的人情味满足人们对家庭温暖的需求,让人们在家庭的氛围中享用一份精细的美食。私房菜更是一种文化积淀,香港、广州、上海、北京的私房菜比较红火,它是近一个世纪内从深宅大院走出来的。现代人吃私房菜,不单在吃"身份",也是在吃"文化"。

第三节　味型的传承与创意

自调味品诞生之日起,人类就不同程度地享受着美的滋味。人们品尝食物产生滋味,其中一方面来自食物本身,另一方面主要来自调味品的调和之味。

一、时代需要多美味

(一)众艺结合的调味风格

千百年来,中国的烹调师在继承传统的调味方法时,也不时地调制些新的味型,使得我国的调味味型不断得到丰富。但从行业的变化来说,许多烹调师比较循规蹈矩,不敢跨越行规、帮系,一个厨师一辈子只做一个风味派系的菜肴,而现今,这种局面已满足不了现代市场与经营的需要,也满足不了宾客的需要。经济的发展,顾客的挑剔,菜品风味多样化已成为发展趋势。"磨砺扎实功底,顺应当地变化,紧跟形势发展,善用他人之长",可以说是当今烹调师取胜的立足点。打破地域,人用我用,善于调制美味,已成为当今调味技艺的新风格。而那些过于保守的、单一的调味技术已满足不了现代人们的饮食需求。对于广大烹调师来说,需要适时地学习、借鉴和变更,以满足市场变化的需求。

果香凤脯

交通的便利,为广大烹调师的技术交流带来了方便。多少年来,各地除保持传统特色风味以外,烹调技艺上的互相汇串和菜肴风味上的互相渗透,使粤、川、京、苏、鲁、闽、浙、沪等诸种风味流派兼容并蓄,并在西方饮食的影响下,演变化解为一种全面而独特的风格,这种风味,正是众艺结合、中外并举的调味技艺,也是未来餐饮发展较具生命力的创作途径。

（二）调味多变的制作特色

当今餐饮业除使用新的设备、餐具和原料的新、奇、特以外，新的调味品的使用及味型调制的变化亦十分普遍。中国菜"重视调味""以味为核心"，广大烹调师已充分意识到，单调的调味料所制作的菜肴，只能使人单调和乏味，而丰富多彩的变化味型，不但可以使菜肴变化幅度大，而且可以吸引不同层次的回头客。

优质的调味料，是制作好菜肴口味的基本保证。从某种意义上说，餐饮的竞争也排斥不了货真价实和新、奇、特调料的竞争，老面孔、老味型、老方法换不来老顾客、老朋友。随着我国市场经济的不断发展，调味原料的广泛开发，新的调料不断研制，海外调料不断引入，许多调料不受地域性的影响，只要人们多动脑筋，多调配新的味型，一心为宾客吃好、吃得有味着想，菜肴调味的水准都可处在优越的地位。上乘的调料，巧妙的调配，可为调制新味型奠定良好的基础。

把各种不同的调味品灵活运用、进行多重复制，制作出新型口味的菜肴，这是菜肴变新的一种方法，也是以味取胜、吸引宾客的一个较好的途径。

二、运用调味料创新菜

中国菜向来以味魅人、以味取胜。味从何来？在烹调过程中，从其原料本身出味和利用调味品入味。丰富多彩的调味品，不但可以使菜肴口味变化多样，而且可以使菜肴常变常新。应该说，菜肴的创新，除在技法、原料的变化出新以外，调味品的灵活运用，巧妙复合，创制与众不同的新的味型，同样是十分重要的技术关键。

（一）大量占有调味料

调味品占有的多寡，是形成菜肴风味多姿的重要一环。大量占有调味料，就需要我们了解和熟知不同调味品的特点，只有这样，我们才能调制出各不相同、各具风味的调味味型来。在使用中，调味品一般分为以下几类：

原始调味品

生姜	胡椒
辣椒	小茴香
花椒	八角
肉桂	砂仁
山柰	豆蔻
丁香	芫荽
辣根	莳萝
芥菜	姜黄
草果	洋葱
紫苏	薄荷等

粉末调味品

  辣椒粉   五香粉

  咖喱粉   粉末酱油

  口蘑汤料   番茄汤料

  海鲜汤料   牛肉汤料

  酱粉   鸡味鲜汤料等

油状调味品

  辣椒油   芥末油

  八角茴香油   姜油

  胡椒油   咖喱油等

酿造调味品

  虾油   鱼露

  黄酒   酱油

  白醋   豆瓣辣酱等

复合调味品

  叉烧汁   鱼香汁

  五香汁   怪味汁

  蚝油   海鲜汁

  糖醋汁   多味酱

  姜汁醋   蒜汁醋

  柱侯酱   蒜蓉辣酱

  涮羊肉调料   红烧调味汁等

西式调味品

  辣酱油   番茄沙司

  辣椒沙司   辣根沙司

  芥末沙司   酸辣汁

  甜酸汁   炸烤汁

  熏烤汁   蛋黄酱

  咖喱酱   芥末酱等

（二）运用调料复制新味

我们知道,菜肴的味型一般都不是一种调味品烹制的,而是通过多种工序、多种味料、多种调味方法制作而成的。由于调味方法的灵活变化,使得菜肴在品尝时,才能产生"味中有味",越嚼越有味。从调味品的制作和味型调制中不难发现,中国菜味美可口,关键是巧妙运用各种调味品,通过精心而合理配味、组味而成。只要我们做一个有心人，善于挖掘调味品的内涵，掌握它的个性，把不同风味口感的调味品有机地组合起来，定会调制出别具一格、味美无穷、出奇制胜的新型味汁来。

在调味的配制方面，运用调味品调制新味，这就如同色彩的搭配一样。色彩的基本色是三原色：红、黄、蓝三种。我们从色轮中看到了 12 个颜色都是从红、黄、蓝三种色混合而变化出来的。如果我们再把它互相混合又产生了许许多多的颜色。颜色的混合情况如下：

原色——红、黄、蓝三色是混合成其他各色最基本的颜色，所以叫原色，又叫第一色，别的颜色调不出这三种颜色。

间色——两种原色混合叫间色，亦称第二次色。如红与黄混合成橙色；黄与蓝混合成绿色；红与蓝混合成紫色。所谓混合并不意味着等量混合。

复色——亦称再间色或第三次色，两种间色混合即是。如橄榄绿、石板色、茶褐色。

补色——又名余色或对色，即取三原色的一色与其他两种原色混合的色，相对即成，如红与绿(黄与蓝)便是。补色的应用能增强画面效果和光度。

调料的调配原理基本与色彩的调配原理相似。我们可以借鉴颜色的搭配方法来调制和运用新的味型。实际上，调味原理和方法还要更加丰富得多。基本味有五味(或八味)，而每一种基本味中都包含许多调味品。这里我们以七种单一味进行配制，从这里可以打开人们的思路，去放下包袱，敢于调制和研究新的酱汁味型。

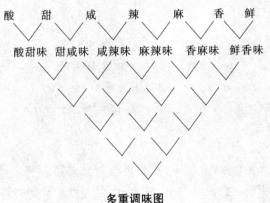

多重调味图

（三）自调新味

近几年来，从西方引进了一系列调味品，国内食品厂家又陆续研制、生产了许多复合调味品，这对调味的组合、变化、创新菜品提供很好的条件，如近来出现的

"复合奇妙酱""椒梅酱""辣甜豆豉酱""XO 海鲜辣酱""红烧酱""甜辣酱""复合橙汁""OK 酱"等,为菜品创新开辟了广阔的途径。

复合奇妙酱

用料

卡夫奇妙酱 1 瓶	黄油 100 克
花生酱 1 瓶	白糖 300 克
番茄沙司 1 瓶	红椒油 100 克
山楂片 50 克	甜酒酿 50 克

加工方法

山楂片用搅汁机搅打成粉末状。将卡夫奇妙酱、黄油、花生酱、白糖、番茄沙司、红椒油、山楂片粉、甜酒酿一起放于瓷盅内,调匀即可。成品为淡红色,味道香、甜、酸、辣,比较适合中国人的口味。

用途

主要用于冷菜,或煎、炸、烤、腊、熏的菜肴。浇在菜肴上或随菜肴上席蘸食。

辣甜豆豉酱

用料

豆豉 500 克	紫金椒酱 5 瓶
红油 250 克	米辣椒 100 克
生姜 100 克	花生酱 3 瓶
苹果酱 2 瓶	麦芽糖 500 克
植物油 100 克	

加工方法

将米辣椒、生姜(去皮)切碎;豆豉用植物油炸香。将上述调料用绞肉机绞成泥,与紫金椒酱、红油、苹果酱、花生酱、麦芽糖混合调匀即可。

用途

主要是随煎、炸、烤、熏、腊、卤、酱等菜肴上席蘸食。

果仁果酱

用料

腰果仁 150 克　　　　　　什锦果酱 5 瓶

奶油 100 克　　　　　　　色拉油 1000 克（耗 50 克）

加工方法

腰果煮熟捞起沥去水，入油锅炸酥，研成粉。将腰果粉、什锦果酱、奶油一起放入瓷盅内调匀，即可。

用途

主要用于油炸豆腐、油炸水果、油炸土豆等菜肴的蘸食。

案例分享

"迷宗海参"的研制与创新

山东是海参菜的发祥地，山东人做海参，曾经创造出许多种烹调技法，著名的有胶东派、济南派、鲁西派。除山东之外，江南各地菜系中也有海参精品，如江苏人就创造出煨海参、蝴蝶海参、八宝海参等著名菜肴。江苏人强调海参的配伍、造型和花样改制，其菜品色泽鲜亮，造型美观，主次分明，同时又香气四溢。山东高速建大师在充分认识海参菜历史文化的基础上，根据自身的烹饪优势，结合山东三派烹制海参的特长，同时参考了江南各地的某些花式造型方式，为打造鲁菜品牌而研制出了"迷宗海参"系列菜。

所谓迷宗，是指不宗一派，不拘一格，既保留传统技艺，又重新创造模式。迷宗之"迷"其实并不神秘，也不迷茫，关键在于把握时代走向，吸取各家之长，汇百川而于一流。这就是"迷宗海参"菜品创制的思路。

高速建研制的海参菜品包括：干揽海参、鸾驾海参、尚书海参、懿荣海参、参花乌鱼蛋、水晶海参、竹笙海参、烀酿海参、干焙海参、冰拌海参、焖烧海参、薯丝炝苹果参、荷香海参鸡、海胆海参、鸡包翅参等百余款。原料以刺参为主，兼用南海诸参。烹调技艺使用了拌、炝、烧、焖、煨、烩、炒、烀、炖等多种技法。整个操作过程从选料、发制、烹调到装盘造型，都采用了传统技艺与现代科技手段相结合的方式，从而把古老的海参菜推向更高的层次。

在海参菜的基础上，高速建又把"迷宗海参"的内涵全面扩充，连续研制出"四大拌""四大焖""四大烤"等系列菜。如"四大拌"指冰拌海参、陈醋海参、温拌海螺、凉拌海肠。这种拌菜系列已被济南各大胶东风味餐馆普遍引用。"四大焖"中的烧焖海参、香焖海螺、炒焖菘菜对虾、家焖黄花鱼也都成为顾客点名指要的品牌菜。

"迷宗海参"系列中的部分菜品还连续在国内外烹饪大赛中夺得头奖。如1996年,由18个国家和地区参加的第二届世界中国烹饪大赛上,高速建制作的"贝贝脯""子孙富贵""云片烩海参"菜肴,得到了国内外专家和评委的高度评价而荣获金牌。2001年山东省首届烹饪技能大赛中,高大师制作的"乌龙吐珠""烩参花乌鱼蛋"等菜肴更是独占鳌头,荣膺桂冠。

为了深化"迷宗海参"的品牌价值,由烟台中西餐合璧研究会倡导、山东省饮食文化学者参与,2001年在济南召开了第一次海参文化研讨会。在这次研讨会上,各路专家都对"迷宗海参"系列发表了建设性的意见,指出了这种鲁菜品牌的现实价值和未来价值。研讨会之后,"迷宗海参"系列菜品在济南城便掀起了一阵消费高潮。许多顾客前来品尝海参菜,已经不仅仅是追求美味享受,而是寻找其中的文化意味。这充分说明,营造鲁菜品牌,既要注意烹饪技艺的完美,更须讲究文化氛围的烘托。

本章小结

本章从中国传统的调味理论出发,系统阐述了中餐菜品在菜品创新中的重要作用。利用调味品的配制和研制新的味型可使菜肴风格多样,变化万端。通过对本章的学习,了解我国传统调味理论的精华与未来调味品的发展趋势,并从调味变化的角度多方位论述菜品创新的思路。

【思考与练习】

一、课后练习

(一)选择题

1.最有市场潜力的调味品是(　　)。

A.传统的调味品　　　　　　　　B.改良的调味品

C.天然的调味品　　　　　　　　D.化学的调味品

2."时序调和论"最早记载的书籍是(　　)。

A.《吕氏春秋》　　　　　　　　B.《礼记》

C.《孟子·告子章句》　　　　　　　D.《山家清供》

3."一物有一物之味,不可混而同之"出自谁的笔下（　　）。

A.袁枚　　　　　B.贾思勰　　　　　C.孔子　　　　　D.吕不韦

4.调味品"虾油"是（　　）。

A.油状调味品　　　　　　　　B.原始调味品

C.复合调味品　　　　　　　　D.酿造调味品

5.从"面拖蟹"到"咖喱蟹"再到"黄油焗蟹",它属于（　　）。

A.不同季节的变化　　　　　　B.不同客源的变化

C.不同时间的变化　　　　　　D.不同空间的变化

（二）填空题

1.利用口味变换使菜品变化可分为_____法和_____法两类。

2.人们对味的感觉,还由于滋味存在相互_____、_____和转换的作用。

3.传统调味理论主要有三个主要方面,即_____、_____和_____。

4.调味时必须遵循的原则是:第一,_____;第二,_____;第三,_____;第四,_____。

（三）判断题

1.原始调味料有花椒、胡椒、白糖、洋葱。　　　　　　　　　　（　　）

2.糖和醋组合成酸甜味。　　　　　　　　　　　　　　　　　（　　）

3.辣酱油是我国传统的调味料。　　　　　　　　　　　　　　（　　）

4."调剂之法,相物而施"出自《随园食单》。　　　　　　　　　（　　）

5.调味品优质精品化趋势将不断发展。　　　　　　　　　　　（　　）

（四）问答题

1.调味品市场的发展趋势有哪些?

2.中国传统调味理论的精华是什么?

3.试阐述"味"的基本特性。

4.如何掌握味的差异与变化去调制美味?

5.从口味的变换使菜品变化出新有几大类型?

6.运用各种调味品创制新菜有哪些思路可循?

二、拓展训练

1.根据"味变料不变法"创作5款新菜品,并分析其特色。

2.根据现有调料,制作2种复合调味品,并制作2种不同菜品。

第五章

乡土菜的引进与提炼

引 言

乡土菜品散布在全国各个地区,是中国菜品的根。不同的地区显现出不同的风格。它是中国菜品的源头活水,也是菜品创新不可或缺的元素。正确了解乡土菜品的原料、制作方法以及它特有的风格特色,才能把握乡土菜的真谛。本章将系统阐述乡土菜品地位、风格特色以及如何合理的运用、嫁接和提炼,并用代表性的菜品进行剖析,使学生对乡土菜品的利用和创新有一个全面的了解。

学习目标

- 了解乡土菜的概念及其地位
- 掌握乡土菜的主要风格特色
- 了解不同区域的乡土美食风格
- 了解乡土菜的深远影响
- 学会对乡土菜的提炼与升华

中国烹饪以其高超的技艺、精妙的调味和浓郁的民族特色而跃居世界烹饪前列。中国烹饪的发展,追根溯源,离不开那些各民族、各地方的"乡土菜"(包括乡土小吃)。正是这些民间的"乡土菜",经过历代烹调师的加工,才形成我国各地的地方名菜。乡土菜具有独特的地区性和乡土风格特色,它是中国老百姓饮食区域性的体现,是地方菜的根基,是中国菜的源头。它也是中国菜品不断出新的源泉。

第一节 乡土菜品的地位与风格

乡土风味菜品，它根植于各民族、各地方的乡野民间。所谓"乡土菜"，即是在一定的地域内，利用本地所特有的物产，制作成具有鲜明乡土特点的民间菜。"乡土菜"无论是过去、现在还是将来，在人们的饮食生活中，都占有极其重要的地位。

一、乡土菜品的诱惑力

中国数千年以农为主的文化史，决定了乡土饮食文化在整个中国饮食文化中所占的重要地位。地域广阔的中华民族，形成了中国乡土菜品所特有的风格特色。

（一）中国菜品之根本

乡土菜品分布在全国各地的村落。城镇从村落演进而来，城镇一经出现，市井、都市文化也便应运而生。如果说，都市菜品是一种都市饮食文化的表现形式，那么，乡土菜品就是一种与之相对应的乡村饮食文化，它与都市饮食文化在中国文化中处于同一层次，却居于不同的地域空间，扮演着不同风格的角色。乡土菜品是乡村之民所创造的物质财富和精神财富的一种文化表现，它包括各类谷物及其加工制品、主食以及饮料、食具等，也包括各种饮食礼俗、菜品文化的表现形式等内容。

中国菜品的产生，来源于乡野菜品的滋养。居于乡村菜品之上的官府菜品、繁胜于乡村菜品的市井菜品，都是乡村菜品发展到一定阶段才出现的历史现象，都保留着乡村菜品的胎记。可以这样说，乡村菜品乃是其他层次菜品包括宫廷、官府、市肆菜品的母体。乡村菜是各地方菜的根基，中国烹饪中千变万化的菜品，都是从这里发源而经厨师之手精心加工、发扬光大、不断成熟的。

几千年来，中国始终是一个以农业为基础的国家，占总人口十之八九的农民，是中国文化的创造者。乡村菜品的发展，直接影响着中国其他菜品的发展。乡村菜品虽然没有宫廷、市肆菜品的精工细作，但是它以其人口众多、覆盖面广的优势，对其他菜品包括宫廷菜品、都市菜品都起着不可抗拒的影响作用。

中国古老的传统面食制品无一不是乡村人民饮食制造的杰作。面条是历史久远的传统食品，面条的制作起源于乡村，而今分布在全国各地的煮面、蒸面、卤面、烩面、炒面、麻酱面、担担面、炸酱面、刀削面、拉面、过桥面、河漏面等，都是从乡村各地产生发展起来的。烙饼、煎饼、馒头、春饼、饺子、猫耳朵、拨鱼条等传统食品，也都是从乡村人地走上全国各地的餐桌的。

乡土菜品是不同地区的人们赖以寄托和生存的深层次文化，它不会轻易地被时代的变迁和外来的文化相左右。一般说来,或是地域的或是民族的独特的社会性行为为意向,较多地表现着人们维系一定范围内社会群体稳定的愿望。维系社群稳定是形成乡土文化的社会性心理根源。乡土饮食文化的特征就是这样永恒的维系着。

案例分享

秦淮河畔菜根香

生活在秦淮河畔的南京人民,以野蔬入馔由来已久,饮食上讲究质朴、简便、味美、清香,并保持着秦淮人家传统的乡土气息。

《儒林外史》中记载的南京秦淮人家乡土特色菜目很多,诸如醉白鱼、葱炒虾、盐水虾、煎鲥鱼、煮鲢鱼头、黄焖鱼、板鸭、糟鸭、火腿虾圆杂烩、炸麻雀、炒面筋、烩腐皮等。最具代表的秦淮乡土菜如第26回的"荠儿菜鲜笋汤"和第45回的"青菜花炒肉",这都是几百年来秦淮人民一直享用的家常便饭。荠儿菜不为罕见,秦淮农村水面上到处可觅,其味清香,秦淮人特别爱吃,农历二三月刚刚应市,人们便开始尝鲜了。如"三丝汤""鸡蛋汤""鲜笋汤"加上鲜嫩的荠儿菜,其味分外诱人。将荠儿菜与鲜笋做汤,芳香健胃,舒郁消痰,并有消渴、利尿、益气、祛热、爽胃之功效。秦淮人所说的"青花菜",不是指的"菜花",秦淮居民习惯将腌菜的茎切碎称为青菜花,亦称腌菜花。"青菜花炒肉",大多以肉丝、肉片配炒。而今,老南京人还特别嗜好这种吃法,此菜既可当小菜吃早餐,又可当下酒、下饭菜吃饱。老南京人在蔬菜紧缺的时期,青菜花即是一味必不可少的菜肴,可以与姜末单炒,也可以与辣椒同炒;既可拌着吃,又可切段烧炖排骨汤。腌菜味道鲜美,清香爽口,嫩脆且咸,价廉物美,四季咸宜,风味别具,并有清火、止咳、化痰之效。

一年四季,在秦淮居民的餐桌上可以说特色野蔬联翩,"马兰头拌笋""豆腐马兰羹""鸡丝马兰头""香椿拌豆腐""椿芽里脊丝""木杞头烧鸭丝""生炒木杞头""菊花脑蛋汤"等,十分可人。清代《随息居饮食谱》曰:"马兰头妙不可言,嫩者可茹,可馅,蔬中佳品,诸病可餐。"将嫩马兰头入沸水稍烫,挤去水分,与煮熟的嫩竹笋片加盐、糖、麻油、醋拌和,不但色美、味美,而且营养价值较高。与马兰头齐名的木杞头,此菜清香、鲜美,制作菜肴,凉拌、烧汤、单炒,秦淮人均由衷喜爱。秦淮乡间田埂上的菊花脑能烹制多种佳肴,它是秦淮大地上较有特色的佳蔬,秦淮居民多作蔬菜食用。春夏之际,它枝繁叶茂,丛丛翠色;金秋时节,簇簇黄花,清香远逸。取其嫩叶,或炒或汤,清爽利口。

秦淮河畔的菜蔬是美不胜收的,枸杞头、豌豆头、蕹菜、飘儿菜等都各有其味,冬季的瓢儿菜,以秦淮地区所产经雪后为佳。取其菜心用荤油下锅,稍放盐,干炒无汤,柔软可口。清代蒋虎臣有诗赞吟:"荒园一种瓢儿菜,独占秦淮旧日春。"

[资料来源:邵万宽.秦淮河畔菜根香.餐饮世界.2002(8).]

(二)乡村菜品的风格特色

我国是一个多民族的国家,幅员辽阔,崇山大川纵横遍布,自古交通不便。一山相隔,有声音之殊;一水相望,有习俗之异。这就造成了虽然同属乡村菜品,各地菜品风格却有很大不同,从原料的特性、加工处理、烹调方法到菜肴的风味,呈现着明显的地域差异性。饮食方面的地域特点同物质文化其他方面的特点相比,有着难以比拟的稳定性和长久性。

乡土菜品具有明显的地域性和民族性。一方水土养一方人,各地区、各民族的乡土菜品都以本地区所生产的经济作物在农村中所占的地位及其在饮食中所占的比重而突出自己的菜品特色。"靠山吃山,靠水吃水""就地取材,就地施烹",这是乡土饮食文化的主要表现。

黄河流域的人民普遍喜欢腌制食品,口味较重,如齐鲁地区的村民常吃的菜肴有:醢、菹菜、酱等腌制食物。长江流域的人民饮食习俗与黄河流域大相径庭,如长江中上游的四川,沃野千里,物产丰富,当地村民调制菜品时多用辣椒、胡椒、花椒和鲜姜,味重麻、辣、酸、香;长江中下游地区,由于水产禽类居多,牛羊奶品较少,蔬菜居多,当地村民制作食品鲜咸味佳,咸甜适度,酸香适口,少用麻辣。珠江水系,地处南方,气候炎热,水网交织,其乡村菜品讲究清鲜、淡爽的风格特色。各地由于自然条件的不同,形成了各区域乡村人民的饮食习俗,使菜品文化具有突出的地域特点。即使社会的发展变化,也难以改变乡村这种特有的地域风貌特色。

乡土菜品,既无都市商人的一掷千金的挥霍浪费,亦无都市官场饮食的雕龙画凤,乡土菜品的最大特色是:朴实无华,就地取材,不过于修饰,体现其乡土味,淡饭蔬食,聊以自慰。乡村菜品在朴实中蕴藏着丰厚,取自天然,犹如一曲淋漓酣畅的歌,一首和谐浑厚的诗,一卷气息清新的画,叫人陶醉,令人神往。

二、朴实清新的恬淡之味

淳朴厚实、恬淡宁静的村野人民,创造了朴实清新、恬淡自然的乡村菜品文化,使得乡村菜品具有质朴清新的乡土味,这是其他菜品所不可得的。这种取之自然、不加雕琢的制作方法,使得菜品充分体现其鲜美本味和营养价值,体现出本地特色和季节变化规律,形成了极强的亲和力和凝聚力,加深了在外游子对家乡的眷恋和对"乡村味"的希冀。

（一）淳朴乡土风味的魅力

自古以来，乡村风味令许多文人骚客及官僚所倾倒、所难忘。《晋书·张翰传》记载，晋代吴郡人张翰在洛阳做官，秋风起了，他突然想起家乡的鲈鱼烩和莼菜，家乡的美味促使他忘情时事，最终弃官回乡。

青山碧水，炊烟袅袅的广袤原野上的耕读人家，"孤舟蓑笠翁，独钓寒江雪"的渔翁渔婆，深山密林中的猎人庄户，都是乡土菜的中馈高手。不管是人烟稠密的鱼米之乡，还是偏僻的山沟山村，乡土菜总是吸引着远道而来的客人。就地取材的乡土菜，采用以传统种植、养殖方法进行绿色、无公害生态方法生产的食物原料以及当地自然生长的食物原料，无化肥、农药等污染，生态、绿色、原汁原味。如施农家肥而自然生长的绿色蔬菜，在山野敞放，喂自然饲料的土鸡、土鸭、生态猪，以及野生的河鲜、山珍等都是农家菜的常用原料。

在加工制作上，操作简便、朴实无华。在刀工处理上以大块、厚片为主，粗犷豪放，在烹制过程中常采用简便、易操作的烹饪方法，如煮、炖、蒸、烧、烤、炒、拌、煨等，制法上没有严格的规定，突出本土特色就行。在菜点装盘上自然、质朴，如用土陶碗、砂锅、瓦罐、竹器等直接盛装菜肴。制作成的菜品简单而独特、风味清鲜、土韵味香。

乡土风味不仅吸引国内客人，对于外国人也颇具魅力。1986年2月4日《人民日报》载，河北省首次举办国际经济技术合作洽谈会，在河北宾馆宴请外宾的宴席菜品是：烤白薯、老玉米、煮毛豆、咸驴肉等品种，外宾品尝后一致称赞这风味特色。正是这种乡村风味菜品的独特风味，赢得了好评。

（二）恬淡之味的影响

乡土恬淡之味常常激发起人们的无限情思，调动人们的饮食情趣。古今食谱中多见记载，文人著作也常有描述。像陆游《蔬食戏书》中写道："贵珍讵敢杂常馔，桂炊薏米圆比珠。还吴此味那复有，日饭脱粟焚枯鱼。"杨万里《腊肉赞》中写到的"君家猪红腊前作，是时雪后吴山脚。公子彭生（即螃蟹）初解缚，糟丘挽上凌烟阁。却将一胔配两螯，世间真有扬州鹤。"郑板桥在《笋竹》中记曰："江南鲜笋趁鲥鱼，烂煮春风三月初"等。

乡村菜能够根据各地的现有条件，重视原料的综合利用，尽管加工简易，风味朴实，但在不同地域、场所、季节中都能体现不同的特色。它既不寻觅珍贵，又不追美逐奇，处处显得恬淡而自然。且以乡野菜品为例，如北方鄂伦春族人民烹制食品所用的特色"吊锅"，现在各地厨师在开发菜肴时，将颇具鄂伦春族饮食特色的"吊锅"改造后，使此风味登上大众餐桌。在菜肴的搭配上，注意到各地的饮食习惯，使人在寒冷的冬季也能感受到暖暖的鄂伦春"吊锅"饮食之情趣。各地的家常餐馆甚至宾馆、饭店也作为特色菜奉献给广大市民，"吊锅"菜品，边食边加热，乡土气息浓厚,席间气氛浓烈,博得广大市民的喜爱。"豆豉炒地耳"是江南农村一带的村民常作的一种食法。地耳,又名地踏菇,有清热收敛、益气明目、滋养强壮的功效。如今,商家将此菜引入饭店,并在许多酒店大行其道,有些饭店进行了适当的改良,或添加某种原料,这些都是乡野菜品的吸引力。

乡村野菜清香风味浓郁,乡土的烹制方法独特而地道,只要我们深入了解,广泛收集,乡土菜品的巧妙利用与合理配制必将打动顾客的消费心理。

(三)充满活力的乡村农家味

在我国乡野农村,广大的老百姓并无多少商品交换,而只有自给自足的欢愉。尤其当村民们享受着自己的辛勤汗水浇灌出来的饭食时,所产生的那种别有香甜滋味之感,更是食不厌精的市肆大贾和达官贵人所无法体味的。

乡村田园菜,质朴无华,却蕴藏着诱人的真味。新收割的稻米刚刚舂出壳,呈透明状的新大米在灶上缓缓烘煮,揭开锅盖,那清新的米香弥散在村野所独有的清新空气中;将洗净的甘薯、芋艿、花生、红菱倾倒在一只大铁锅中,洒上适量的水,乡村的厨房里就会飘出一股浓浓的蒸气,那特有的甜甜的清香味,顿时使人忘掉了一天的疲劳。

淡淡的自然情调,浓浓的乡土气息,在乡野农村俯拾皆是。田埂上采来山芋藤或南瓜藤,去茎皮,用盐略腌,配上红椒等配料,下锅煸炒至熟即是下酒的美肴;去竹地里挖上鲜嫩小山笋,加工洗净后切段,与腌菜末烹炒或烩烧,其山野清香风味浓郁,且鲜嫩异常;捉来山溪水中的螃蟹,用盐水浸了,下油锅炸酥,呈黄红色,山蟹体积小,肉肥,盖壳柔软,入口香脆清馨,是上等的山珍美味;把鲜亮的蚕蛹,淘洗干净之后,放油锅内烹炒,浇上鸡蛋液,加鲜嫩的韭菜,搅拌炒成,上盘后相当鲜美;把煮熟的羊肉的各个部位切成小块放原汁肉里,加葱丝、姜末,滚几个开锅,再加香菜、米醋、胡椒粉,搅拌均匀,舀进碗里,吃肉喝汤同时进行,酸、辣、麻、香诸味皆有,别具风味,食后肚里十分舒适,令人妙不可言。

在全国各地农村,还涌现了一大批传统乡土席,如豆腐全席、三笋席、玉兰宴、全藕席、全菱席、白菜席、菠菜席、海带席、甘薯小席、茄子扁豆席等。在长期的历史发展中,各个民族也创造出本民族的乡村食品,而且有着本民族的制作风格、饮食习俗和饮食方法。如蒙古族的炒米、满族的饽饽、朝鲜族的打糕、维吾尔族的抓饭、傣族的竹筒米饭、壮族的花糯米饭、布依族的二合饭等,这些丰富多彩的地方、民族的乡土风味食品,体现出各地方、各民族独特的饮食文化,也大大丰富了乡村之民的饮食生活。

案例分享

农家菜美食节

苏州某店是一家拥有300个餐位的宾馆餐厅,经过半个多月的紧张筹备,于8月上旬隆重举办农家菜美食节。在餐厅布置了菜肴样品展示台,餐厅内点缀各种农家器具如斗笠、蓑衣、农具等,并贴醒目大红对联,形成一种休闲野趣的氛围。餐厅专门印制了一批富有农趣的单页美食节菜单——田园食谱,菜单品种如下:

热菜:辣炒南瓜苗　　竹筒石鸡　　蕨菜炒肉丝　　笋衣尖椒　　瓦罐鸡

　　　蒜泥芋艿茎　　清炒藕梗　　酸辣番薯藤　　笋尖烧肉　　炒鸡肠

　　　三椒蒸鱼头　　乡村豆腐炒青蒜

冷菜:家制小鱼干　　家乡腌笋　　凉拌野笋干　　腌豇豆干

　　　雪菜鞭笋　　凉拌蒜根

点心:烤玉米棒　　雪菜麦疙瘩

赠送农家"消暑饮"

还在菜单正面特别赋诗一首:

　　　　　禾田溪边牧歌声,农舍炊烟翠竹间,

　　　　　欲知农家盘中事,走进酒店把扇摇。

第二节　取之不尽的乡土美食之源

地域广阔的中华大地,显现了各自不同的乡土地域风味特色——东西南北中,风味各不同。不同的地理环境、不同的民族、不同的生活习惯,形成了各地自然的乡土风格。实际上,由于地理、气候、物产和习俗的不同,不同地区的人们的食品制作和口味特点存在着很大差异。

晋代张华在《博物志》中说:"东南之人食水产,西北之人食陆畜。食水产者,龟蛤螺蚌,以为珍味,不觉其腥臊也;食陆畜者,狸兔鼠雀,以为珍味,不觉其膻也。"自古以来,不同的食物原料、不同的制作方式、不同的口味喜好,孕育了不同的乡土地域文化,这种差异性的风物特色是因人类地理分布而形成的地域性群体文化。

一、海滨风味

中国有着悠长的海岸线,丰富的海洋资源,为无数沿海人民提供了极其丰富的饮食宝藏。人们"靠海吃海",生活于沿海的居民,从小到大,海鲜食品一直伴随着自己,作为一年四季食用和待客的常菜。那些各种各样的海产品,什么海螺、海蟹、虾蛄、黄鱼、扇贝、章鱼、银钳、鱿鱼、鲍鱼、牡蛎、海胆等都习以为常。每当鱼汛期一到,沿海渔民便扯起风帆,千舟竞发。海产原料丰富,自然海产的食法多种多样,水煮,烧烤,煎扒、串烧、涮烫、爆炒等。

"正月沙螺二月蟹,不羡山珍羡海鲜",这是古代渔民对海味佳肴的赞美。海边村镇和城市不仅海产鲜活,随买随取,而且价格便宜,随食随有。海滨地区海岸蜿蜒曲折,海洋渔业十分发达,当地的土菜主要以烹制各种海鲜见长,其得天独厚的海产优势,为当地人"靠海吃海"创造了优越的条件。

东部沿海的江浙地区,临河倚海,气候温和,沿海地区海岸线漫长而曲折,浅海滩辽阔而优良,蕴藏着富饶的海产珍味。沿海滩涂与群岛的鱼、虾、螺、蚌、蛤、蛏,海错佳品常年不绝。在江浙沿海,产量最多的是小黄鱼,沿海村民称之为"黄花鱼",鱼汛适值气温较高的季节,因而海滨渔民往往将捕获的大量黄花鱼,晒成鱼干,切成鱼块,用糯米酒酿腌制起来,作为一年四季改善生活时的佳肴,也是待客的常菜。

二、山乡风味

在我国,逶迤绵延的崇山峻岭甚多。全国从南到北,高山林立,栖息在山岭之间的村民,自然要"靠山吃山"。山野之中,无奇不有。小者如山鸡、斑鸠、野兔、蛇乃至山石之蛙类,都是山野之民习以为常、举手可得的家常便菜。

东北地区横亘在大小兴安岭之侧,这里有丰富的山珍野味,长白山人参、猴头、黑木耳、飞龙等物产殊异;云南、四川的山地,各种动植物丰富多彩,松茸、竹荪、虫草、天麻、鸡枞等特色原料为当地的饮食、烹饪谱写了新的篇章。

安徽山地较多,山区水质清澈但含矿物质较重。另外山区的人们喜用自制的豆酱、酱油等有色调味品烹调,加之木炭较多,人们习惯用木炭烧炖砂锅类菜肴,形成了微火慢制,使菜肴质地酥烂、汤汁色浓口重的山乡特色。另外如生长在山涧石缝中的蛙类石鸡、鱼类石鳜鱼。山中盛产的鞭笋、雁来笋,坠地即碎的问政山春笋,笋壳黄中泛红,肉白而细,质地脆嫩微甜,是笋中之珍品。山中还盛产菇身肥厚、菇面长裂花纹的菇中上品——花菇,这些都是当地山民的饮食特色。

湖南湘西山区崇山峻岭,当地山民以制作山珍野味、烟熏腊肉和各种腌肉而擅长,由于山区的自然气候特点,山民口味侧重于咸香酸辣,常以柴炭作燃料,独具山乡风味特色。山珍野味如寒菌、板栗、冬笋、野鸡、斑鸠等。山区人民的腌肉方法也十分特殊,有拌玉米粉腌制肉类的,大都腌后腊制。辣味菜及熏、腊制品成为其主要烹调特征。

山野之间,除了飞禽走兽一类的荤菜,还有满山遍野生长着的蔬菜,尤其是菌类植物,如野生的蘑菇、木耳等也成为山民做菜的好原料。

三、平原湖区风味

平原像一张地图,点缀着菜园、农田和花园,网似的交错着沟渠与河道。一片辽阔的平原,涟波荡漾的湖泊,在天空下伸展着,原野上散发出清新、潮湿的泥土气息,村镇、田庄在一望无际的茂密的平原上舒展着。

我国内地,江河纵横,湖泊遍布,广阔无垠的平原,生长着各种粮食,盛产各种水产鱼类。由于各地所处的地理位置的差异,全国各地形成了各自的风味特色。

就淡水鱼而言,诸多河鱼,滋养着一方人民。江河湖泊之中,除了鱼类,还有其他种类的水鲜,常为当地人民桌上佳肴,如田螺、虾、蚌、蟹,等等。此外,菱、藕、莲子等,也是水乡之民所钟爱之物。

江淮湖海之间的江浙一带,是鱼米之乡,常年时蔬不断,鱼虾现捕现食,水道成网,各种鱼类以及著名的芹蔬芦蒿、菊花脑、茭儿菜、马兰头、矮脚黄青菜、宿迁的金针菜、泰兴的白果等,为江苏的乡土风味菜奠定了优越的物质基础。浙北平原广阔,土地肥沃,粮油禽畜物产丰富,金华火腿、西湖莼菜、绍兴麻鸭、黄岩蜜橘、安吉的竹鸡等,都是著名的特产,使浙江乡土菜独成风骚。

湖南洞庭湖区的人民,饮食菜肴以烹制河鲜和家禽、家畜见长,善用炖、烧、腊的技法。当地人民的乡土菜品以炖菜最为特色,常用火锅上桌,民间则用蒸钵炖鱼,其烧菜色泽红润而汁浓,并以腊味菜烹炒而著称。

在黄河下游的大片冲积平原上,沃野千里,因而棉油禽畜、时蔬瓜果,种类品品质好。在山东西北部广阔的平原上,山东的花生、胶州的大白菜、章丘的大葱、仓山的大蒜、莱芜的生姜、莱阳的梨等,为当地乡土烹饪提供了取之不尽的物质资源。

四、草原牧区风味

"天苍苍,野茫茫,风吹草低见牛羊",在那蔚蓝的天空下,是一望无际的大草原。在那水草肥美的牧场上,当微风轻轻吹过,绿草低头时,你可以看见那一群群肥壮的牛羊,它展示了北方大草原壮阔美丽的景象。

广阔无垠的大草原,滋养着北部和西北部的广大人民,这里牛羊成群、骏马奔驰。这里的人民以肉食、奶食为主要食品。如蒙古族、哈萨克族、裕固族等人民,自古以来就从事狩猎和畜牧业,生活在辽阔的草原上,逐水草而居,所以"肉食""奶食"是当地人民社会中不可缺少的食品,也是他们强身健体的美食。

蒙古族人民在肉食中,主要是牛羊肉,其次是山羊肉和驼肉。当地人的吃法一般是手把肉,但也吃烤羊肉、炖羊肉、火锅,而宴席则摆整羊席。

　　草原牧区爱吃肉、爱喝奶,这是当地人"靠牧、放牧、食肉"的特点。现在,随着时代的发展,虽然蒙古族人民在吃法上开始注意烹调技艺和品种的多样化了,但这种食肉喝奶的地域民族特色却仍然保留了下来。这种饮食特点,在草原人民的文化生活中起着重要的作用。

　　哈萨克族人的马奶酒,被誉为草原上的营养酒;蒙古族的奶茶,被认为是健身饮料;藏族的酸奶子和奶渣等均为独具特色的奶食品。草原牧区的烹调方法,主要是各种各样的烤(火烤、叉烤、悬烤、炙烤等)和煮。除肉食以外的食品有蒸、炸、炒等。

　　草原牧区的人民在长期生活实践中创造出的烹饪方法和带有民族风味的食品,迄今仍然受到广大牧民的喜爱和欢迎,并且受到其他民族许多人士的赞赏和仿效。

　　不同的地理环境、物产资源和气候条件,有着不同的乡土饮食习俗,反映着饮食文化的地域性特点。不同地区有着不同的历史背景文化、不同的人文景观。若将自然的因素与社会的因素两者有机的结合,就可撞击出新的"餐饮特色"火花,开发出地域浓郁的乡土风味菜品。

　　每个地区都有自己的乡土特产与风味名食。其实,"只有地方的、民族的,才是世界的"。随着社会的发展,不同区域的文化通过多种形式进行交流,由封闭走向开放,全国各地的许多"土"得厚重而纯美的东西,成为各地人所追逐和探幽的区域文化,假如把这些乡土菜品拿来为我们所用,然后进行提炼和升华,就可取得可观的经济效益。值得注意的是,乡土美食产品绝不单单具有物质的属性,它也是一种文化的呈现,它凝聚着当地的劳动人民的精神创造,积淀了地区民众的心理愿望,研究和开发乡土美食菜品,无疑有着重要的文化和经济价值。

五、其他民族风味

　　"五十六个民族五十六枝花,五十六个兄弟姐妹是一家"。在这个民族大家庭里,一方面,由于各地的自然环境和人文环境不同,人们的生活、消费、饮食、礼仪等,都各具特有的风情。以牧业为主的民族,习惯吃牛、羊肉,喝奶类和砖茶;以农业为主的民族,南方习惯吃大米,北方习惯于吃面食及青稞、玉米、荞子、洋芋等杂粮。气候寒冷地区的民族爱吃葱、蒜;气候潮湿、多雾气的四川、云、贵等地的民族,就偏爱酸辣。各民族所留下的宝贵的饮食文化遗产,有些完整地保留下来了,有些进行了改良,有些也已被全国各地引进和移植。另一方面,随着各民族人口不停地移动或迁徙,民族之间的饮食文化也相互地影响与模仿着。事实上,人们的饮食生活是动态的,饮食文化是流动的,各民族之间的饮食文化都是处于内部和外部多元、多渠道、多层面的持续不断地传播、渗透、吸收、整合、流变之中。对于烹饪工作者来说,合理地利用和嫁接民族饮食文化精髓,也是我们今天菜品开发的一个不可忽视的内容。

鄂伦春人长期以来生活在我国东北地区的大、小兴安岭的原始森林中,主要以狩猎为主,采集和捕鱼为辅。因此,兽肉的加工和烹调以及食飞禽、鱼类在他们饮食中占有重要地位。回族是我国人口较多、分布最广的一个民族,其饮食习俗受伊斯兰教的深刻影响,饮食特点鲜明。美味实惠的回族传统小吃"牛羊杂碎",早在历史上就享有盛名。它是用牛羊内脏精心烹制而成的杂碎汤。风靡全国的新疆维吾尔族烤羊肉串,烤制时,油脂便滋滋作响,发出诱人的香味。特别是撒上辣椒面、盐和孜然,吃起来羊肉嫩香,别有一番风味。

在中国以稻米为主食的民族有:朝鲜、畲、壮、毛南、仫佬、苗、瑶、黎、彝、哈尼、拉祜、基诺、景颇、阿昌、白、羌、佤、德昂、傣、布朗、布依、侗、水、仡佬、土家、京、高山等族。这里除了朝鲜族分布在东北之外,其余民族均分布在长江之南。在这些民族中,壮族、布依族、侗族、傣族等壮侗语民族的"糯食"最有代表性。这些民族历史上属于"百越",百越分布地区是我国野生稻发现的地区,也是栽培稻起源的地区。代表食品有打年糕、各式糯米饭、二合饭、糯米糍粑等。

风味别具的朝鲜族泡菜,布依族的血豆腐、酸辣豆,回族清真名菜涮羊肉,傈僳族的烤乳猪等,以及满族的饽饽,朝鲜族的冷面,傣族的瓦甑糯米饭和青苔菜,布依族的粽粑、魔芋豆腐,门巴族的石板烙饼,达斡尔族的稷子米饭,藏族的糌粑,维吾尔族的馕等。各民族的乡土饮食为我国饮食的百花园增添了灿烂的篇章。

案例分享

农家金牌菜的推广

"南瓜乌饭""腌菜地尼""农家滋补汤""土鸡炖面疙瘩""南瓜葡萄羹"……20道满是乡土味的农家菜,荣获"南京市首届乡村美景——农家菜美食节"金牌奖。

评选金牌农家菜,是农业旅游产业发展迅速的必然结果。随着乡村游的升温,农家餐馆为了吸引客源,纷纷下功夫做好农家菜。

市旅游局负责人介绍说,结合国家旅游局确定的"2006中国乡村游"主题,市旅游局、市农林局联手市餐饮商会、各有关区县旅游局举办了"乡村美景——农家土菜美食节"。美食节吸引了大量市民和外地游客走进我市郊县体验农趣,扩大农家乐旅游在全市旅游市场的份额。该负责人说,这些农家土菜将作为农业生态旅游的招牌菜,向社会隆重推荐。

20道"金牌"农家菜是:雨花台区的"梅菜香包肉""南瓜乌饭""江村稻草鸭";溧水县的"鱼泡香酥鲫鱼""天生农家滋补汤""整狗爽口件";栖霞区的"马兰头干烧江支""材粑长生草";六合区的"长江一锅鲜""金牛湖砂锅鱼头";江宁区的"汉林袁枚炖羊肉""土鸡炖面疙瘩""新东新红烧老鹅";建邺区的"庄园小笼豆腐""筒子骨烧鱼""南瓜葡萄羹";浦口区的"年年登科""桥林臭豆腐";高淳县的"腌菜地尼"和"南瓜团子"。

第三节　乡土菜的引用与开发

中国菜品丰富多彩、技艺高超、调味精妙、特色浓郁被世人折服,追根溯源,它是全国各地区、各民族自然的风格体系、特色操作技艺会聚而成。反过来说,如果没有全国各地区那异彩纷呈的乡土风格特色,也就没有今天的中国烹饪的博大精深。所以,对于烹调师来说,就必须经常到全国各地区去采掘那些有价值的、有特色的地方菜品和技艺,发掘那些行将失传或已失传的菜点品种为我们现在所用。

一、乡土菜的影响与利用

乡土菜的独特风味,与市肆菜馆、酒店的精工细作是有相当大的差别的,乡土菜点使用的是土原料、土烹制、土成品、土吃法,有浓厚而独特的乡土气息。由于其特殊的风格特色,许多乡土菜品也一直在民间甚至都市相互传承着、发展着。

(一)对其他菜品的影响

在古代,乡村菜品具有十分复杂的社会阶层性,因为乡村有贵族、富豪、文人墨客和普通劳动者。尽管他们相互之间有着内在的联系,但也各自表现出不同的文化特征,这些都是中国菜的源泉。其实,乡村菜品使用的都是土生土长的地方原料,利用地方特色技艺和当地人喜爱的口味而烹制出的菜肴。

首先,宫廷饮食、官府食馔财富源于民众,这已无须多言。其次,乡村向宫廷、官府提供食源的同时,也提供了各种有关的技术和经验,如烹饪技术、贮藏技术、饮食卫生技术与经验等。在封建社会,御厨、官厨大多是由民厨充任,民厨进入宫廷和官府,自然输入了许多民间烹饪技艺,这是一种自下而上的影响,体现了高层次饮食对低层次饮食的依存性。再者,乡村饮食菜品也受到上层社会的影响。宋代开辟了许多规模宏大的饮食市场,《梦粱录》中收集了南宋都城临安各大饭馆的菜单,菜式计300余款,其中有不少菜式来自宫廷和官府。因而饮食市场的出现和繁荣,体现了乡村饮食对宫廷、都市饮食的依存性。

(二)与都市菜品的渗透、交融

乡土菜品与都市菜品,虽然所处的地方不同,但两者之间是相互沟通、相互渗透并交融的。乡村菜品不仅是都市菜品得以产生的母体,而且是都市菜品得以发展的源泉。它对于都市菜品的渗透与交融,主要体现在以下三方面。

一是菜品所使用的原料来源于广大农村和牧区,都市人每天使用的各种动植物原料,都是从乡村源源不断地运进都市,供给着城镇市民。原料的老嫩、软韧、新陈以及品种等,都受着生产条件、采集条件的影响。都市菜品的繁荣与稳定需要以乡村食物原料作为基础。乡村的食物原料源源输入城市,对于城市菜品的发展起着较大的影响。

二是随着城镇的不断扩大,乡村之民不断流向城镇,转变为市民。他们虽然转为市民,但乡村菜品的那些加工制作、风味特点不可能彻底改变,在日常生活、社会交往中,还不时食用乡村色彩的菜品影响其他市民,以此渗透进都市菜品,影响着都市菜品的发展。此外,还有众多的农村之民,因为种种原因,诸如走亲访友、小商品买卖、交换等,常来常往于城乡之间,这些人的饮食方式、制作菜肴的方法,也不可能不对都市菜品的发展起着一定的渗透和交融作用。

三是城镇居民不断返回到自然,到广阔的天地中去,加上一大批从乡村到城市定居的市民,每年因为探亲访友、考察、旅游、工作的缘故经常到乡村去吃和饮,他们像城市与乡村之间架起的一座座桥梁,使两者饮食相互连接、交融。他们一方面把城市菜品带入乡村,另一方面又把乡村菜品带回城市。

(三)乡土菜品的吸引力

乡土菜朴实无华的农家风味、自然本味,由于其鲜美、味真、朴素、淡雅,令当今都市人十分向往。特别是食品工业化的发展,人们更追求着健康食品,所以世界饮食潮又趋向"返璞""回归""自然"。

乡土菜品,在鲜明的乡村特点的基础上,田园风味浓郁,运用的是土原料,加工、烹制是土方法,这在今天则成了都市人追逐的时尚,人们在越吃越高级的同时,也更显现出越吃越原始。在街头,常常看到那些时髦的俊男靓女一边行走一边吃着烤白薯、煮玉米棒、羊肉串、老菱角、糯米藕等,而且是那么津津有味。

空前繁荣的都市餐饮业,对乡土菜产生了极大的诱惑力,乡村的风鸡、风鸭、腊肉、醉蟹、咸鱼、糟鱼等都成了宴席上时兴的冷碟;村民的腌菜、泡菜、酸菜、渍菜、豆酱、辣酱等成了宴席上的重要味盘;猪爪、大肠、肚肺、鸭胰、鸭肠、鸭血等成了宴席上的"常客";咸的芋艿、盐水豆荚、花生、老红菱,配上咸鸭蛋,简单又多样;臭干、咸驴肉、窝窝头、玉米饼、葱蘸酱、野菜团子等,竟也登上了大雅之堂……这些都是为了满足现代人的"尝鲜"心理,因而能诱发起人们的食欲。人们在品尝这些乡野菜品时,闻到了乡村的清香,吃到了山野的滋味,给平常生活添进了不平常的感觉,从而将饮食文化推向一个更高的层次。

相关链接

民族乡土菜品的采集与利用

现代饭店菜品制作中,不少创新菜运用了民族菜品的嫁接。如"香脆鲜贝串"是一款民族风味的改良组合菜。它吸取了新疆羊肉串的制作之法,改羊肉为鲜贝,变烤为炸,因鲜贝是鲜嫩味美之品,直接油炸会影响其鲜嫩和口感,取广东的脆皮糊,将脆皮鲜贝串后再炸,其色泽金黄,香脆鲜嫩,像一串糖葫芦,色、形诱人。

把民族的特色风味引进酒店,这是菜品出新的一个重要方面。如源自塞外大漠的蒙古族烤肉,可在食品柜台上摆放蒙古人爱吃的羊肉片、牛肉片、猪肉片和鸡肉片,供客人随心所欲地自行挑选;然后,随意搭配西芹、芫荽等菜,调上近似蒙古人口味的特制酱汁;最后把这些菜、肉交厨师烤制,以体现独特的风格特色。根据内蒙古菜肴手抓羊肉、羊锤而引进制作的"香炸羊锤",是一款香味扑鼻的美味菜品。如今,此菜已在全国许多城市的大宾馆的宴会上出现。此菜取料独特,许多饭店都是从内蒙古直接进货,以保证羊肉的口感和风味。将小羊锤腌渍入味,入高温油锅炸至酥松,捞出沥油,撒上孜然粉等调料,手抓食之,羊肉酥嫩,香味浓,口感诱人,极具民族特色。

傣族人民居住在我国的西南地区,傣家的竹楼都依竹、依树、依水而造,在他们的寨子里,四周竹林环绕,远眺傣家村寨,仿佛生活在一片青山绿水之间。傣族人爱吃竹筒米饭是远近闻名的。他们取用当地的香竹,按竹节砍断,再把米装进竹节里,距筒口约 10 厘米,然后将水渗满,待米泡上一段时间后,便用洗净的竹叶把筒塞紧,再放火上烧烤。竹筒表层被烧焦的时候,竹筒米饭也就做熟了。这一民族特色的饭品,现在被许多地方饭店引用。特别是利用竹筒、竹节盛装菜品已在全国大行其道,几乎每家餐厅都少不了竹筒、竹节的器具,以盛放炒菜、烩菜、烧菜等,这种民族盛具的运用,取得了很好的食用与观感效果。

有些饭店推出西双版纳傣族食品"香茅草烤鱼",以特有的香茅草缠绕鲜鱼,配以滇味作料,烧烤而成,外酥里嫩;竹筒、土坛、椰子、气锅等,都能体现出地道的云南少数民族的乡土风味。傣族的另一道传统菜品"叶包蒸鸡",肉嫩鲜美,香辣可口。将整鸡洗净用刀背轻捶,然后放上葱、芫荽、野花椒、盐等作料,腌制半小时,再利用芭蕉叶包裹,放到木甑里蒸熟。此蕉叶、粽叶包制之法,在南方地区应用十分广泛。

如今西藏的虫草、藏红花成了全国餐饮行业十分叫好的原料,许多大小饭店、餐馆纷纷推出虫草菜、红花汁制作的菜品,如虫草炖鸭、虫草焖鸭、红花凤脯、红花鲍脯等菜。虫草具有补肺益肾的功能,藏红花有安神、调血压等功能,是滋补身体的优良食物原料。西藏传统菜"拉萨土豆球",是以土豆泥为主,稍加面粉、青稞粉用水调成面团,另外用牦牛肉、冬菇、冬笋一起炒制成三鲜馅,然后用面坯包馅制成椭圆形,入油锅炸至外酥内香。目前,有些地区利用西藏的青稞原料制作菜品,如青稞炒鸡丁、青稞蔬菜汤、枣泥青稞饼等,都风味别具。

[资料来源:邵万宽.民族菜品的嫁接与创新.餐饮世界.2005(11).]

二、乡土菜的提炼与升华

在当今都市饮食生活十分丰富的时期,其加工性食品在都市饭店和家庭中占有相当的比例。随着食品工业化的发展,人们更追求着健康食品,所以饮食又开始大唱"返璞""回归""自然"的口号,而开发乡土菜正是在这股饮食潮流下而大受各地宾客欢迎和赞赏的。

一般来说,各省、各地区,甚至各县、市都有自己特殊的乡土风味肴馔,若将这些具有独特风味的乡土菜品开发并组成一个系列,在原料选择、调料运用、烹调技艺等方面都有自己的特点,各种肴馔的制作在内部又有一定的联系,使之构成一个特色整体。这些风味特色是以一定地区的食客为服务对象的,同时,它也是吸引中外各地宾客的最好的产品。

(一)广泛取材,体现风格

吸收民间乡土风味菜点之营养已经是现代都市饭店不可缺少的一种方法,它可以打开菜肴制作新的突破口,创造出新的风格菜品来。乡土菜虽然也讲究菜肴的造型、装盘,但并不执着地追求表面的华彩,更重视朴实无华、实实在在。只要适宜于佐餐,或者适宜于养生健身的需要,无论是菜肴的贵贱,都可以进入餐桌。从20世纪90年代起,这种乡土食风更得到广大人民饮食的重视。譬如粗粮玉蜀黍(玉米),取自于乡村田间,民间的一些食法都逐渐地走入酒店的餐桌。"煮玉米棒"不但在大饭店的餐桌上有供应,还走进了肯德基、麦当劳的餐厅。胡萝卜炒玉米粒、火腿炒玉米、金盅玉米鱼、彩色玉米虾、粟米汤等都已走上了高档宴会的菜单,"蜜汁玉米"可作甜菜,"玉米爽"又是当今开发的饮料,这些"玉米粗粮"菜品的开发和利用,正是当今返璞归真饮食潮流的体现。

时下许多上了档次的大餐馆、名饭店,却一改过去的一味"贵族化"倾向,迅速走上了"雅俗共赏"的路子。为满足客人要求,各家饭店都特别注重推出乡土菜品,使之实实在在靠近消费者,还将家常泡酸菜、臭豆腐、麻辣酱、凉拌野菜甚至煮苞谷(嫩玉米棒)、蒸红薯、玉米糊等摆上了"大雅之堂",这一切,分明使顾客产生浓浓乡情和在家的温馨之感觉。

在那些极体面的"园""庄""档""阁""城"里,乡村中常见的粗黑的砂锅、泥陶瓦缸,为顾客提供着返璞归真和地道、实在的感觉,冷不防服务小姐用几只大粗碗端来几道风味绝妙的乡土菜,令顾客顿生雅趣,平添几多亲切感。

从乡土菜中撷取有营养、有价值的东西为我所用,是摆在当今厨师手中的一份试卷。我国历代厨师就是在城乡饮食的土壤中吸收其精华的。如带有乡土特色的扬州蛋炒饭、四川的回锅肉、广东的炒田螺、福建的糟煎笋、山西的猫耳朵、河南烙饼、陕西的枣肉末糊、湖南的蒸钵炉子等品种,源自民间,落户酒店。火锅从民间进入大饭店,并经厨师改良,发展成为双味火锅、各客火锅。如今的猪爪、猪肚、肚肺、大肠等物料也已从民间的餐桌上纷纷进驻大饭店,并经厨师们精心加工,成为人人喜爱的菜品。

乡土菜朴实、美味,也顺应了人们对饮食返璞归真的追求。在我们的烹饪实践中,广大烹调师们应打开

奶黄荞麦团

思路,放宽眼界,到民间去吸收、引进和移植,为我所用,只要人们去做一个有心人,善于学习、移植和改良,定会开发出新颖别致的菜品来。

(二)挖掘素材，提炼升华

乡土菜品的开发,首先需要到民间去采集、挖掘那些用之不竭的烹饪素材,来创作出新颖别致的作品。全国各地的乡土民间菜有许多耐人寻味的好素材,像"麻婆豆腐""西湖醋鱼""东坡肉""水晶肴蹄""夫妻肺片""干菜焖肉""东江盐焗鸡""荷包鲫鱼"等名菜,无一不是源于民间,经过历代厨师的不断改进提高,才登上大雅之堂。

到各地去采掘新鲜素材,从民间千千万万个家庭炉灶中撷取营养,是一个能够取得成功的路子。合肥地区民间喜食"红烧鲫鱼",成菜红润酥烂,庐州名厨梁玉岗老师傅在总结当地烧鱼技法的基础上加以提高,选用6.6厘米左右长的乌背小鲫鱼烹制出享誉南北的庐州名菜——"荷花酥鱼"。洪泽湖畔的广大地区,自古以来,当地人靠捕捞洪泽湖里盛产的各种鱼虾为生,"活鱼锅贴"是当地具有浓厚乡土风味的一种美味佳肴。近几年来,在南京的许多饭店把这乡村之味搬至大饭店,厨师们纷纷去洪泽县采集第一手资料,通过调查研究,将"鲜鱼+锅贴饼"的"活鱼

锅贴"写进了大饭店的菜单,给城市居民带来了浓郁的乡村风味。

民间的乡土风味菜品,这朵烹饪王国里盛开的小花,开遍了祖国的山山水水、江南塞北,开放在华夏大地村村寨寨、万户千家,正散发着沁人心脾的芳香,这是现代烹饪采掘不尽的源泉,是菜品创新的无价之宝。民间风味的采掘不是依样画葫芦地照搬,而是通过挖掘采集后使其提炼、升华。但是,这种提炼、升华是万变不离其宗,基本风格、口味是绝对不能乱变的。据调查了解,许多饭店生意兴隆的秘诀是将乡土民间菜细做,前面所提到的许多地方名菜之所以能够流行并畅销,正是因为食精脍细技术提炼,是从民间家庭走向社会食肆的。

杭州市许多私营餐饮店在初创阶段,他们就是以乡土民间菜为基础采掘改良一些创新菜,以此来调动人们前往就餐的兴趣,他们在苦心经营下,创出了许多乡土特色的菜肴,像张生记酒店的千张咸肉笋丝、萝卜丝虾儿、奶油萝卜块、梅菜梗蒸猪脑、淡菜扣肉、草莓西芹、枸杞炒鱼圆等。这些菜品采掘民间,土料细做,色味俱美,吸引了一大批的中外顾客。

东北地区的许多酒店、餐馆,厨师们采掘了许多带着浓郁的乡土气息和地道的农家风味,通过提炼制作,已在关东城镇的饭店餐馆中唱起主角,颇受欢迎。如猪肉炖粉条,小鸡炖蘑菇、鱼头炖豆腐、酸菜五花肉火锅、白肉血肠、玉米楂子粥、白面疙瘩汤等,这些饭菜,不仅风靡东北城镇,而且也打进了京、津、沪、穗。

在南京的城乡家庭中,各种时令野蔬是当地人常用的佳品。芦蒿,南京人习惯将其腌、凉拌、炒、煸等,还可作其他荤菜的配料,可作围边、垫底或镶衬。这种清香爽脆的民间野蔬,而今成了南京各大饭店的特色时令佳蔬菜品,许多饭店也卖起了"咸肉臭干炒芦蒿"的村野菜肴,并开发出芦蒿鸡丝、芦蒿拌春笋、芦蒿肉丝、芦蒿料烧鸭等系列品种。荠儿菜、菊花脑、马兰头等乡间野蔬都从民间百姓的餐桌上,搬到了大酒店,在广大厨师的精心研制下,并发展成一系列的美蔬佳馔。如荠儿菜炒鸭丝、荠儿菜拌豆米、裹烧荠儿菜、荠儿菜面饺、菊叶玉板、油炸菊叶、凉拌菊叶、鸡丝马兰头、香干拌马兰、马兰豆腐羹,等等。

民间是一个无穷的宝藏,山区、田间、乡野、市井,不妨我们去走一走,尝一尝,采掘些适合我们制作菜品的素材,只要我们努力吸取,敢于利用,并迎合当地客人的口味,进行适当的提炼升华,创新菜就会应运而生。

【菜例】

酸菜肥肠

"酸菜肥肠"是贵州民间乡土风味酸菜系列菜品中的代表菜肴。酸菜是黔味菜品中常用的调味料,有去油腻、开胃等功效。它以青菜为原料,用温水、米汤做汤料浸泡,使之自然发酵而成。贵州人四季食用,并做出系列的酸菜佳肴,它可以与不同的主料搭配,产生不同的爽口效果。如酸菜鱼、酸菜熘肉片、酸菜肉丝、酸菜蹄髈、酸菜鳝鱼卷、蝴蝶鱼片、酸菜小豆汤等。

主辅料

酸菜 200 克,肥肠 500 克,大蒜 25 克,香菜 10 克。

调味料

精盐 3 克,味精 1 克,酱油 3 克,干辣椒 20 克,料酒 15 克,芝麻油 1 克,色拉油 500 克(约耗 35 克)。

制作方法

(1)将猪肥肠洗净,翻出内壁,用精盐揉搓,清除黏液污物,用清水漂洗干净。然后放入沸水中焯一下(锅中放入料酒)捞起。

(2)炒锅上火,倒入色拉油,待油锅烧至四成热(约 130℃)时,放入肥肠片,边炸边翻动,炸至大红色,倒入漏勺中沥去油。

(3)炒锅再上火,放底油,下干辣椒煸炒干香后,倒入肥肠、酸菜,加精盐、味精、酱油、料酒继续煸炒,投入大蒜煸炒后,淋上芝麻油,装盘,在盘边围上香菜一圈即可。

成菜特点

肥而不腻,酸菜开胃。

本章小结

乡土菜品是乡村之民所创造的物质财富和精神财富的一种文化表现。乡土菜品朴实无华、清新恬淡,是中国菜的源头活水,也是中国宫廷菜、官府菜、市肆菜发展的基础。在当今越吃越高级的同时,回归自然的"返祖"食风也使得乡村菜品越来越有市场。吸取民间乡土风味菜之精华,充分利用乡土原材料来制作新的菜品,将是菜品创新的较好的方法。

【思考与练习】

一、课后练习

（一）填空题

1.乡土菜品的最大特色是：_____。

2.山乡风味特色是_____，海滨风味特色是_____，草原牧区风味特色是_____。

3.利用乡土菜风格创新需要把握好两个方面：一是_____，二是_____。

4."五谷丰登"是取用 5 种不同的五谷杂粮原料直接蒸煮而成，这种简易的风格体现了乡土菜的_____。

5.乡土菜体现的是"土"，运用的是_____，加工、烹制是_____方法，人们在越吃越高级的同时，也更显现出_____。

（二）选择题

1.最原始的乡土菜是（   ）。

A.烤鱼　　　　　B.风鸡　　　　　C.咸鱼　　　　　D.腊肉

2.乡土宴席"全菱席"的特色是（   ）。

A.海滨风味　　　B.山乡风味　　　C.平原湖区风味　D.草原牧区风味

3.乡土菜品有明显的季节性，下列属于春季的乡土菜是（   ）。

A.煮芋芳　　　　B.盐水豆荚　　　C.蒸南瓜　　　　D.扁豆炖肉

4.下列属于乡土菜的是（   ）。

A.佛跳墙　　　　B.松鼠鳜鱼　　　C.东坡肉　　　　D.枸杞鱼米

（三）问答题

1.什么是乡土菜？

2.试阐述乡土菜在烹饪发展中的地位。

3.为什么说乡土菜是菜品制作的源泉？

4.乡土菜的主要风味特色有哪些？

5.乡土菜的提炼创新要把握哪些关键？

二、拓展训练

1.小组讨论：介绍本地乡土菜的特色，并用代表菜品进行分析。

2.每小组设计两款乡土风味菜品，并介绍其设计特色。

第六章

菜点合一的创作风格

引 言

　　菜肴与点心的结合是菜品创新的特色手法。在菜品创制中，利用菜肴和面点不同风格的有机组合，既可以在菜肴中借鉴面点的元素，也可以在面点中借鉴菜肴的元素，使其成为一种全新的菜品风格。这种借鉴组合的手段是多样的，原料、外形、烹调、调味等都是可以巧妙出新的。本章将从多角度利用菜品的实例加以分别介绍，便于学生在学习中理解和设计菜品。

学习目标

● 知晓菜肴如何借鉴面点工艺
● 知晓面点如何借鉴菜肴工艺
● 掌握菜点结合制作的几种方式
● 熟悉菜点结合的制作特色与类型

　　翻开中国烹饪书籍，查找有关饭菜合一的菜例还是显而易见的。两千多年前的周朝，周天子食用的八种菜肴（号称周代"八珍"），前两味"淳熬""淳母"，即是稻米肉酱饭和黍米肉酱饭。在清代的《调鼎集》中，记有"鲚鱼饼"和"鲥鱼鱼会索面"等品种。"鲚鱼饼"，"鲜鲚鱼刮肉，如法去细刺，入蛋清、豆粉加作料拌匀，做饼，用铜圈印如钱大，煎"。"鲥鱼鱼会索面"，"鱼略腌，拌白酒糟煮熟，切块配火腿片、鲜汁、索面、姜汁脍。鳜鱼同"。经过历代的烹饪演变，饭与菜结合的品种在全国各地也出现了许多。如"珍珠丸子"的猪肉蓉与浸泡糯米的结合，广东"糯米鸡块"的烧鸡块与糯米饭一起包入荷叶之制法，特别是"八宝馅"在菜肴上的普遍运用后，饭菜结合的菜例便层出不穷，如八宝鸡、八宝鸭、八宝鹌鹑、八宝肉、八宝鳜鱼、八宝布袋鸡、八宝鳝筒、八宝豆腐、八宝梨罐、八宝金枣等。这里暂且不谈饭菜结合的菜例，而就菜肴与面点方面作一论述。

第一节　菜点互鉴拓展新品种

菜肴烹调与面点制作是中国烹饪行业的两大部分。至迟在汉代,我国就出现了两者的分工。人们习惯把菜肴烹调称为红案技术,而把面点制作称为白案技术。两者的差异也是比较明显的。红案多用血生(红色)原料,而白案主要用白色面粉。从加工手段来看,红案注重刀、勺,白案讲究手工捏制。从调味方面来看,面点味型比较单调,菜肴味型则比较复杂。从烹调方法来看,白案基本上以蒸、煮、炸、煎、烤、烙等几种烹调方法为主,变化不大,而红案的烹调方法竟多达数十种。由于这些差异性的存在,菜肴烹调与面点制作遂成为烹饪行业中两个相对独立的生产部门。

长期以来,由于这两者的性质的差异,在生产经营上都分得比较明显,烹调师和面点师之间缺少交流,面点与菜肴两者互不相干,形成了各自相对封闭的生产模式,在技术上各行其艺。随着社会进步、技术的交流、烹饪的融合,原有的菜点封闭模式逐渐被打破,菜肴烹调与面点制作之间出现了彼此的借鉴、相互融合的趋势,这种趋势不仅会大大丰富中式菜点的内容,而且给菜点制作开辟了一条宽广的创新之路。

菜点的相互借鉴,使菜中有点,点中有菜,不但拓展了菜与点的创作思路,而且也为菜点风格特点增添新的色彩,为传统的菜点制作开创了一种制作风格。

一、菜肴借鉴面点工艺

菜肴借鉴面点变化多样的制作手法,并使菜肴的外形具有面点的特征,也就是"菜肴面点化""看似面点吃是菜"。

不同的面点品种,各有不同的形状特征,如烧卖、饺子、面饼、面条等形状各异。人们在制作菜肴时,有意借鉴面点的外形特征,将其制成烧卖、饼子、面条等形状,以假乱真,以菜充点,这不能不说是一种创意。

(一)借烧卖形成菜

南京"马祥兴"清真菜馆的四大名菜之一的"蛋烧卖",是以虾肉作馅,用鸡蛋皮包成烧卖状蒸熟淋薄芡和鸭油而成。此菜形似点心,实是菜肴,造型别致,鲜嫩味美,营养丰富。

鄂菜名厨王义臣有一道创新菜叫"鱼脯烧卖",它是将纯净鱼肉(每块约20克)放在撒有淀粉的案板上,用面棍捶打成圆形面片状,用盐腌渍,逐一包上馅料制成"烧卖"状,然后置盘中入笼蒸熟,起锅勾薄芡,在"烧卖"上撒少许火腿末点缀。

此两菜分别以蛋皮和鱼肉充当面皮制成的假"烧卖",其形态逼真,风味迥异,可谓匠心独运,别出心裁。

（二）借饺形成菜

山东孔府菜有"豆腐饺",以豆腐作皮,内包馅心制成与饺形一样的"豆腐饺",此饺非面皮,创意独特,形似而质非,蒸熟后口感具有独特的风格。

"三鲜鱼饺",用鳜鱼肉制成鱼蓉,取中号饭碗一个、净纱布一条,将碗底朝天,纱布打湿后抹少许油,置于碗底凹处,挑少许鱼蓉涂在碗底,呈圆状,然后将调好的三鲜馅取适量置鱼泥中央,再把纱布叠过来,做成半圆形的"饺子",逐一做好放在盘中,蒸熟后,或烩或扣均可。

以上两菜制作方法相似,都是用纱布折叠成饺,而无锡名菜"鱼皮馄饨"、常州名菜"鲜鱼饺",是以鱼肉切丁,放入干淀粉中,用擀面杖轻轻地敲打成鱼肉皮子,再包入虾肉馅,对折成半圆形,沿边捏拢成馄饨形和饺子形状。

以上借饺形成菜肴,是以豆腐或鱼蓉充当面皮包成饺子,使其吃"饺"不见面,吃鱼不见鱼,吃豆腐不见豆腐,举箸品尝,耐人寻味。

（三）借饼形成菜

江苏盐城地区的特色菜肴"鲸鱼饼",取鲸鱼去掉头、鳞和内脏,抽去脊骨和长刺,剖开留尾,冲洗干净以后,在鱼中间放入猪五花肉蓉加调味品和制的馅心,使鲸鱼两面合起,制成椭圆形鱼饼10只,仍呈原鱼样,在鱼身裹入面粉、鸡蛋和成面蛋糊,放入平底锅煎至金黄色。鱼饼香脆,味特鲜美,蘸以香醋,其味更佳。

江苏南通地区的"文蛤饼",取洗净文蛤肉,用刀剁碎,掺入肥瘦肉蓉、荸荠末,加料酒、葱姜末,与鸡蛋、湿淀粉、面粉一起拌和上劲制成文蛤饼胚,上锅用油煎制两面金黄,烹料酒、肉汤、麻油即可食用。此饼色泽金黄,形如金钱,入口软嫩清香,味鲜异常。

"摊鱼饼"是选用沙丁鱼肉切成细小颗粒与火腿、香菇和黄瓜皮小粒一起加入鸡蛋、料酒、水淀粉、盐、味精搅成糊,将其倒入滑油的锅中,用小火摊成鱼饼状,煎至两面金黄拖入盘内,改刀成条状即可食用。此饼色泽金黄,味道鲜美。

（四）借面条形成菜

鲜鱼肉去刺,剁成蓉泥,可烹成鱼圆、鱼饼或作缔子、馅心使用,把鱼蓉制成鱼面条更是风味独特。这里介绍两味不同的鱼面制作法。

"四色鱼面"。将净鳜鱼肉搅打成蓉,加入干淀粉拌至起劲,放一裱花口袋中,挤入清凉水锅中,成线状,待全部挤完,将锅置火上,徐徐加热,成熟后过冷水激凉,沥去水。然后与火腿丝、熟鸡丝、香菇丝、嫩韭菜和鸡汤一起略煮片刻即成。此菜四色分明,鲜爽润滑,鱼面白净,汤汁清醇。

"韭黄鱼面"。将鳜鱼制蓉加盐、味精、料酒、葱姜汁拌和上劲。将鱼蓉用小面杖摊成 3 毫米厚的薄饼状(上下可撒干淀粉以防粘连),轻轻放入热水锅内养熟,取出,漂净表面粉质,切成鱼丝,泡在清水中,然后捞起沥水,放入四成热的油锅中拉油,最后与韭黄一起烹炒而成。此菜鲜美滑嫩,柔软爽口,能理气降逆,温肾壮阳。

菜肴借鉴面点工艺技法,模仿面点造型是菜点变化创新的一个方面。另一方面,越来越多的菜肴被"馅心化"。也就是把某些特定风味的菜肴当作馅心包进各种包子、饺子、烧卖及各式团、饼之中,是菜也是点,是点也是菜,菜点浑然一体,主副食合二为一,产生出一种似点非点、似菜非菜的新的格式。这正是"菜肴面点化"的制作特色风格。

案例赏析

宝玉想吃馎饳汤

《红楼梦》第 35 回写贾宝玉被父亲责打后卧床不起,众人去探望,王夫人问他想吃什么,宝玉说:"也倒不想吃什么,倒是那一回做的那小荷叶儿、小莲蓬儿汤还好些。"

于是,"贾母便一迭声的叫人做去"。原来这是面模子制出的面馎饳汤。汤用鸡汤,蒸面馎饳时要以荷叶垫底,借其清香。馎饳熟后,氽入鸡汤。

凤姐认为吃这东西,"口味不算高贵"。人们把放模具的小匣子找来,薛姨妈接过来瞧时,"原来是个小匣子,里面装着四副银模子,上面凿着有豆子大小,也有菊花的,也有梅花的,也有莲蓬的,也有菱角的。共有三四十样,打得十分精巧。因笑向贾母、王夫人道:'你们府上也都想绝了,吃碗汤还有这些样子。若不说出来,我见这个也不认得这是作什么用的。'"

【赏析】

这是《红楼梦》中一道菜点结合的菜品。其制作是用银质汤模子将湿面皮子轧制出如同豆子大小的若干花形,再配以好汤烧制的,因还要"借点新荷叶的清香",名曰"馎饳汤"。这不是一道凭空虚构的菜品。宋代人林洪撰写的《山家清供》中有一种叫"梅花汤饼"的食品,与此颇有相似之处:"浸白梅、檀香末水和面,作馄饨皮,每一叠用五出铁凿如梅花样者凿取之。俟煮熟,乃过于鸡清汤内。"

二、面点借鉴菜肴工艺

所谓面点借鉴菜肴工艺,主要是指"面点菜肴化",借鉴菜肴的烹调方法,调味手段,改进传统面点制作工艺,使面点具有菜肴的某些特征和功能。

（一）借鉴烹调方法

面点制作的烹调方法一般比较单调，常用的蒸、炸、煮三种烹调方法约占面点整个烹调方法的 60% 以上。这在一定程度上束缚了面点品种的发展与创新。近几年来，人们在改进面点工艺、创新面点品种的时候，首先选定了烹调方法作为突破口，把变化多端的菜肴烹调方法引进到面点制作工艺中来，创新了一批面点品种。

"挂霜馒头""挂霜仔粽"，即是利用我国传统面食小馒头和小粽子作为挂霜的原料。12 克一只的小馒头、10 克一只的小粽子，将其蒸熟后油炸，再熬糖挂霜，使之具有酥脆香甜柔软的特点，既可作点心又可作菜肴，确是一种新的创举。

"珍珠汤"，从名称和形状来看，都像一份汤菜，其实它是用面皮包肉馅，制成如同小指甲大小、形似"珍珠"的馄饨，借用菜肴"氽"的方法烹制而成的一道面食。

传统面食制作通过借用菜肴烹调方法之后，改变了原来的风味特征，使其食用功能也相应起了变化。

（二）借鉴调味手段

中国菜肴口味丰富，其常用的复合味型就有数十种之多。相比之下，我国面点的调味手段则比较简单，主要味型无外乎咸鲜、咸甜、香甜等少数几种，没有多大变化。近几年来，我国不少面点师大胆创新，在面点小吃品种上把眼光从形状的变化转向了调味，使面点品种的味型得到丰富。

西安"饺子宴"。饺子宴的产生打破了饺子从古到今、从北到南几乎都是一个咸鲜味的格局。这种普通饺子之所以能闻名全国，就因为在饺子馅心的调味上大胆借鉴菜肴的调味手段和模式，研制出了茄汁味、鱼香味、五香味等多种味型的饺子，大大丰富了饺子的品种。许多人受西安饺子宴的启示，对包子馅心的调味也进行了大胆改革，改变了包子馅心"一把盐调味"的老传统，使许多风味独特的包子应运而生。

南京"小吃宴"。小吃宴近几年来在全国许多城市盛行。南京夫子庙地区的小吃宴闻名遐迩，特色分明。特别是在口味的调配上跌宕起伏，变化较大。它把点心的普通口味与小吃的变化之味两者有机地糅合起来，在味型上，咸、甜、麻、辣、酸、鲜多味并举，其搭配也有章可循，一般的规律是干配稀、软配硬、甜配甜、咸配咸，原味配清淡、冷配热等，其编排与创意是值得人们大力推广的。

（三）用米、面、杂粮原料做菜

米、面粉、杂粮粉等属于主食原料，以往有些菜肴虽偶尔用到，但大多是作为挂糊拍粉之用，一般不作菜肴主料。随着菜点制作技术的不断融合，面粉、大米、杂粮粉等也开始作为主料用来烹制菜肴。

主食原料做菜，一般采取两种形式：一是运用菜肴的加工手段和烹调方法，将面粉直接做菜。如"豌豆麻辣糕"，用豌豆粉加清水和开，然后徐徐倒入沸水，用竹片不停地搅拌均匀,倒入方瓷盘内冷却。待冷却后切成 3 厘米见方、1 厘米厚的方块,拌入咸胡萝卜、咸萝卜干,再浇上稀辣椒酱、蒜泥、酱油、麻油搅拌而成。显然是一味"凉拌菜"。"玫瑰锅炸"一菜,它是将面粉与鸡蛋等用清水稀释成浆,然后倒入锅内搅拌至熟,起锅后置于抹油的平盘内铺平,待冷后切条,拍豆粉入油中炸,然后入锅粘玫瑰糖即成。"香蕉锅炸"亦然。

二是将加工成型的面点制品,改变其原料的加热方式,借助菜肴的烹调方法,再加上一定的辅助料,制成"似菜非菜、似点非点"的食品。如利用淮安传统食品"茶馓"而精心制作的"两鲜茶馓",已将过去只作茶菜点的茶馓搬上宴席作为肴馔。今淮安宾馆以虾仁、蟹肉为作料,加高汤等调成卤汁,浇入刚炸好的茶馓之上,上桌食之,馓子酥脆,配料鲜香,令人口鼻为之一新,真有回味无穷之感。

"响铃鸡片"也是一款独特的佳肴。它是将包好的普通馄饨经炸熟后,浇上烩好的鸡片,具有香、酥、鲜、嫩的风味特色。类似的还有"虾仁锅巴""什锦锅巴"等。利用主食原料做菜的潜力很大,随着人们饮食思维的变化,这条路将越走越宽广。

脆皮鱼饺

主辅料

净鲜草鱼肉 200 克,黄豆芽 50 克,冬笋 40 克,金针菇 50 克,鸡蛋 1 个,面粉 50 克,干淀粉 10 克,泡打粉 2 克。

调味料

料酒 20 克,精盐 6 克,胡椒粉 2 克,味精 1 克,姜葱各 10 克,色拉油 750 克(约耗 75 克),鱼香汁、椒盐味碟各一碟。

制作方法

(1)鱼肉用斜刀切两刀断连刀片,用盐、料酒、姜葱汁码味 10 分钟,黄豆芽摘取两头切成粒、冬笋、金针菇同样切成粒,锅内加 25 克油,下黄豆芽、冬笋、金针菇加盐、味精、胡椒粉炒熟做鱼饺的馅。

(2)鱼片包上馅,用鸡蛋液封住口,取一中碗加面粉、淀粉、泡打粉、盐、水调成脆皮糊。

(3)锅加油烧至六成(约 165℃),将鱼饺拖过脆皮糊,入锅炸熟捞出,等油温升至七成热(约 185℃)时再将鱼饺复炸,成金黄色时立刻捞出装盘即可。

成菜特点

鱼饺皮酥,鱼肉鲜嫩,馅心清香,味型多变。菜肴借鉴面点的饺形,使菜肴多姿多彩。

椰香如意卷

主辅料

米粉400克,香肠100克,红萝卜条50克,葱段40克,椰奶60克,鸭蛋8个,香菜少许。

调味料

白糖20克,精盐4克,味精1克,色拉油750克(约耗75克)。

制作方法

(1)将米粉400克,下盐、味精、清水适量,拌匀倒入铝盆,上笼屉蒸熟,冷透后倒出,切成长条。鸭蛋8个去壳,打入碗内,下盐、味精调拌拌匀。

(2)炒锅洗净,上火放入色拉油,下鸭蛋液煎成大蛋饼1个,切成多块,将米粉条块、葱段、红萝卜条、香肠段卷成卷,用湿淀粉封口,备用。

(3)炒锅放油上火,待烧至五成热(约145℃)时,将蛋卷下油锅,逐块炸脆熟捞起,装盘。洗净锅,下椰奶、白糖烧沸,勾薄芡,起锅淋在如意卷上,用香菜点缀上桌。

成菜特点

卷色金黄、乳白,味感香脆、甘甜,营养丰富。此菜用米粉原料做菜,口感变异,清爽雅淡。

相关链接

馒头巧入菜

20世纪初,随着西餐进入中国,面包以及一些用面包做的菜开始在中餐中出现,由于当时的面包还算是稀罕物,面包不够时,可能便会用馒头来"顶"一下。时下武汉餐饮业中大量馒头菜的出现,可算是馒头这个餐桌老藤绽出了新枝。如某酒店推出的"馒头炒脆骨",是将馒头切成小丁,炸后与猪脆骨一起炒,脆嘣嘣的,不比花生炒脆骨的味道差。还有的酒店将馒头切成细粒,加进鸡蛋,与猪瘦肉一起做成"四喜馒头丸",再用旺火蒸,浇上烧好的海参片、冬笋片、菜心等,色泽红亮,咸鲜味醇,入口即化。

馒头菜中最妙的,是这种"国粹"面食的西化。汉口某酒店有一道"荷叶馍夹肉",是将馒头做成开边荷叶状,吃时夹进蒸好的粉蒸肉,被人称为"中式汉堡",别有一番风味。而"茄汁馒头夹",则是馒头切成夹刀片,中间夹上果酱,炸好后放在调好的番茄沙司里,红艳一片,甜酸酥脆爽口。再如"橙汁馒头鸡",是用馒头切成大薄片,抹上鸡肉泥做成卷,炸成金黄后吃,中西合璧。"拔丝果奶馒头"则细丝缕缕,果香、奶香浓郁。

时下流行的"菜点合一"风,使三鲜锅巴、方便面鳝丝、鲫鱼北方水饺等大行其道,也为馒头做菜增添了活力,比如与桂花米酒羹有异曲同工之妙的"开胃馒头羹",它们似菜非菜,似点非点,你中有我,我中有你,情趣无限。馒头菜只是这种食风的一种具体反映,在当今这个求新图变的年代,人们在饮食上自然更加不拘常法,适时创制出新的花样,既丰富了口味,又带来了乐趣,在精神和味觉上得到双重享受。

[资料来源:易先勇.馒头巧入菜,开胃又开怀.餐饮世界.2010(1).]

第二节　菜点交融开创新风味

菜肴和面点结合的思路,是中国菜肴变新的一种独特风格。它们之间除了相互借鉴、取长补短之外,有时面点和菜肴还通过多种方式结合在一起。中华人民共和国成立以来,特别是近几年来,我国厨师在这方面做了许多的探索和努力,而且也做出了许多贡献,创作了不少新的品种。究其菜点之间的结合方式一般有组合式、跟带式、混融式和装配式四种。

一、组合式

组合式是指在加工过程中,将菜、点有机组合在一起成为一盘合二为一的菜肴。这部分菜肴是菜点合一极有代表性的品种,而且构思独特,制作巧妙,成菜时菜点交融,食用时一举两得,既尝了菜,又吃了点心;既有菜之味,又有点之香。代表品种有馄饨鸭、酥皮海鲜、鲜虾酥卷、酥盒虾仁等。

虾果茶微

淮扬传统菜"馄饨鸭"。取用去皮嫩母鸭,加工后焖约3小时,直至酥烂;另和面擀成面皮,包入肉馅做成24只大馄饨。半煮熟的馄饨捞入砂锅内与已经炖焖至酥的整鸭为伴,鸭皮肥美,肉质酥烂,馄饨滑爽,汤清味醇,别是一番风味。此菜菜点合一,食用时,一碗双味。

近年来,厨师们利用新鲜的大河虾或基围虾与明酥皮一起制作的"鲜虾酥皮卷",正是菜点合璧的典型菜例。取新鲜大河虾去虾须,洗净后沥水,略腌渍片刻,另取水油面和黄油酥,擀叠成明酥中的直酥皮,将擀成的酥皮切成长条,然后将酥皮按顺序绕住虾身,放入温油锅中炸熟,成品红红的虾体,绕着一身层次分明的酥皮,面皮酥脆,虾肉鲜嫩,外形别具,甚为独特。

(一)用面袋装

目前许多厨师别出心裁将面粉做成面饼或口袋型,大多是制成发面饼、油酥饼、水面饼,将其做成椭圆形面饼后加热成熟,然后用刀一切为二,有些饼由于中间涂油自然分层成口袋,如没有层次,可用餐刀划开中间,然后将炒的菜品装入其中。如麻饼牛肉松,是将面粉掺入油做成酥饼后,撒上芝麻,入油锅炸至金黄色捞起,一切为二成口袋状,放入炒制的蚝油牛肉丝。有些菜品干脆用面坯包起整个菜肴,然后再加工成熟,食用时打开面坯,边吃面饼边吃菜,如酥皮包鳜鱼、富贵面包鸡等。

(二)用面盏载

用面粉可做成多种盛放菜肴的器皿,如做成面盏、面盅、面盒、面酥皮等,然后,将炒制而成的各式菜品盛放其中。如"面盏鸭松"是将炒熟的鸭松盛放在做好的面盏内;"五彩酥盒龙虾""酥盒虾仁"是选用面粉与油和成酥面,制成盒状,放入烤箱内烘烤成金黄色,用以作盛器,再炒制龙虾肉和虾仁于酥盒中,盒中有菜,菜与盒皆可食,以菜肴治味,点心装潢,颇具风格,别开生面。吸收西餐风格制作的"酥皮海鲜",它是用面粉与黄油和成酥面,擀成酥皮;诸海味加汤及调料小火煮熟后倒入汤盅内,凉透后封上方形酥皮一块,刷一些蛋酱,利用油酥皮盖在汤盅上一起入烤箱烤制成熟,食用时,汤烫酥皮香,扒开点心酥皮,用汤勺取而食之,边吮汤边嚼皮,双味结合,点心干香,汤醇润口。

(三)点心浇着菜汁

以点心为主品,在成熟的点心上浇上调制好的带汁的烩菜,就如同"两面黄炒面"一样。江苏淮安的"小鱼锅贴"是一款民间乡土菜,如今改良后的风格即是用烙好的锅贴饼,浇上红烧鱼卤汁,使小鱼锅贴酥脆中带着鱼的鲜香味,特别诱人。西安特色小吃"牛羊肉泡馍",用掰碎的面饼与牛羊肉合煮或冲泡,其特点是料重味醇,肉烂汤浓,馍筋光滑,有暖胃耐饥的功能。这正是菜点结合创新菜品的特有的特点。

相关链接

"酸菜炒汤圆"的热卖

2001年,川籍贵州名师杨荣忠在点心汤圆的加工上不煮、不煎,而用配料去炒,创制出新花样,开发出了新菜肴。此菜在西南地区乃至全国产生了很大的影响。"酸菜炒汤圆怎么做?"乍一听,谁会将我国传统的小吃——汤圆,与毫不起眼的酸菜联系在一起!初次面对这个问题许多人是丈二和尚摸不着头脑!后来经调查才终于对它有了大概的了解:"酸菜炒汤圆"是将主料——汤圆经高温油炸后与酸菜一同炒制而成的一道具有酸、甜、酥、脆口感的菜肴,原为中国烹饪名师杨荣忠近年来在重庆一个度假村推出的具有浓郁乡土风味的菜肴,后经喜欢琢磨烹饪的好事者万得修大师在《贵州商报》的美食版披露其做法,迅即以燎原之势在贵州、四川、重庆、北京、上海、江苏等地蔓延开来!而此菜被引进到桂林,则为原本静如止水的桂林餐饮市场吹来了一股新的气息,注入了新的活力!

时代潮流,日新月异;食客口味,追新逐异;出新方可制胜,菜新才能店旺!新自何来?吸古可出新,推陈可出新,博采可出新,独创可出新,原料、调料、刀工、火工、食雕、盘饰处处可悟新,环环可出新,用心做,则新出不难,新出不穷。

"酸菜炒汤圆"之所以在菜品繁多的当今餐饮市场取得成功,就在于一个"怪"字,迎合了人们追新求异猎奇的心理。汤圆与酸菜,在常人看来简直就是风马牛不相及的两种原料,而酸菜的酸、汤圆的甜与干辣椒的辣相结合起来的独特味道足可以与川菜当中人人称道的"鱼香味""怪味"相比肩。

二、跟带式

跟带式是菜品上桌时随菜带上某一配套的面食品,用面食包夹菜肴食用。如"北京烤鸭"带薄饼上桌、"鲤鱼焙面"是"糖醋黄河鲤鱼"带焙面上桌、"酱炒里脊丝"带荷叶夹上桌等。

(一)用面饼包

具有悠久历史的南京传统名菜"金陵叉烤鸭"是金陵"三叉"(另有叉烤乳猪、叉烤鳜鱼)之一。叉烤者,系用炭火明炉烧烤,此菜选用南京出产的湖熟鸭,经过圈养谷喂育肥,鸭子膘肥体壮、体形完整、肌肤洁白。鸭烤成后,在席面上当场下叉,当场开片,这样可为整个席面增添不少欢乐气氛。食用时佐以葱段、甜面酱,并配以荷叶薄饼,可令人口味一新。此肴既有烤鸭皮酥光亮、芳香扑鼻的特色,又有面饼越嚼越香的美味,使人食而不腻,品而不厌,一盘鸭馔两种香味,使人回味无穷。扬州传统名菜"烤方",清代就是宴席上品,经烘烤后成品皮面松脆,肉质干香酥烂,食用时亦取"空心饽饽"蘸调料夹而食之。

这种方法一直比较流行,如传统的北京烤鸭,用面饼包一直没有淘汰,更增添了韵味和趣味。如用饼包榄菜、鸭松、牛肉松、鱼松以及扣肉等。面饼用水面、发面均可。水面用铁板烙制、发面用蒸气蒸熟;上桌后包着吃、卷着吃都别有风味。近年来人们利用跟带式的方式制作的"蚝香鸽松",是取烤鸭的吃法,将乳鸽脯肉切成鸽米,上浆拌匀后,与蚝油等调味料一起爆炒至香,上桌时跟荷叶薄饼和生菜,供客人一起包而食之,香、嫩、脆、滑、韧等多种口感荟萃,却有一种特殊的风格。而新创制的"夹饼榄菜豇豆""生菜鸽松薄饼",取用荷叶夹、薄饼包菜食之,都别有风味。

薄饼丁香鱼

(二)点心跟着菜肴

这是一种配菜的点心跟随菜品一起上桌食用的菜肴。河南名菜"糖醋软熘黄河鲤鱼和焙面",系用黄河鲤鱼一尾,洗净后剁去鱼鳍的1/4,鱼身两面解成瓦垄形,入油锅炸至鱼熟透捞出。锅内留油少许,下葱末、蒜末等作料和炸好的鱼用大火熘制,并用勺推动鱼身,不断撩汁浇鱼上,待熘透(汁成丝线一样不断),起锅装盘,另配焙面一盘,略加点缀而成。两者配套一体,风味特色鲜明。

"鲤鱼焙面"是糖醋鲤鱼跟带油炸焙面一起上桌配食;"瓦罐烤饼",是江西地方风味特色品种,它取用瓦罐类菜品,如瓦罐鸡、瓦罐鸭以及牛、羊肉、猪肉及内脏之罐品,口味浓郁、鲜香、汤汁醇厚,配之煎烙或烤之油饼,将饼撕成碎片,与其罐品一起佐餐,食之或浇卤之,或蘸食之,均别具风味。

三、混融式

混融式是将菜、点两者的原料或半成品在加工制作中相互掺和,合二为一成一整体。如"粽粒炒咸肉""紫米鸡卷""珍珠丸子""砂锅面条""荷叶饭"等。

(一)菜点混合烹制

"紫米果味鸡卷"是将鸡脯肉片成大薄片,用调料码味,紫糯米饭加柠檬汁、菠萝粒、白糖、猪油拌匀做馅。用干净纱布蘸湿,鸡脯片摊在纱布上,放上紫米馅心卷成2.5厘米直径的卷、拍上干淀粉,蘸鸡蛋液,裹上面包屑,入油锅炸至金黄色捞起改刀而成。利用同样的方法可制作成"糯米鸭卷""糯米鸡卷"等。

"珍珠丸子"即是将经泡制的糯米掺入少许肉蓉调味的馅中,做成丸子后再滚入糯米,上笼蒸熟。"砂锅面条",先将砂锅料在炉上炖好,然后放入煮制面条,两者合并加热为一体。"三鲜烩面"等皆然。

"荷叶饭"是用粳米加水煮或蒸熟。锅上火放油,加葱姜、洋葱爆炒,放入虾仁、冬菇丁、冬笋丁、鸡脯丁、腊肠丁、叉烧丁烧制后,倒入米饭,放五香粉、胡椒粉等调味炒匀后,用新鲜荷叶包上米饭等料,上笼旺火蒸 15 分钟即可取食。多种荤素料与米饭结合,饭菜混融,并有荷叶的清香,饭料味美、炒饭松爽。

"年糕炒河蟹",是取用水磨年糕和河蟹两者炒至交融,此为混融组合法。将河蟹一剁两块,刀截面蘸上淀粉,入油锅略煎后,与水磨年糕片加酱油、糖、盐等调料一起炒至入味,食之河蟹鲜嫩入味,年糕糯韧爽滑,两者有机交融,家常风味浓郁。由其演变创新的有:年糕炒鸭柳、年糕炒牛柳、年糕炒鸡片等。

(二)菜点技艺融合

把菜肴制作技艺与面点制作技艺有机融合,经过特殊加工制作成的特色菜品,可给人耳目一新之感。如"酥皮鱼片""松皮虾蟹盒""黄面糟香鸡""酥皮鱼松""酥贴干贝"等。"酥贴干贝"是引用南京名菜"锅贴干贝"而创制的,即将油酥皮擀成薄片,四边修齐,刷上蛋黄,涂匀虾蓉、刮平,上面再撒干贝丝和火腿末、松子末,用手按一按,然后中间切 2 刀,入平底锅煎至两面成熟,切成骨牌块,食之酥松适口,清香鲜美。

四、装配式

装配式是将菜点分别烹制成熟后,把两者组合装在一个菜盘中,即菜、点双拼式。成菜时菜点结合,食用时一碗双味,既有菜肴佐餐,又有点心陪衬,如菊花鱼酥、绿茵白兔、虾仁煎饺、玉带鳜鱼等。

"菊花鱼酥"是取用青鱼肉制成菊花形,拍粉入油锅炸酥后,调制番茄酱甜酸汁浇至菊花鱼上。另用纯蛋面团,摘剂、擀皮制成菊花酥,入油锅炸酥后,捞起装入菊花鱼盘边上,在菊花酥上点缀玫瑰糖。一盘菊花盛开怒放,粗看相似,食之双味,酥嫩与酥脆交相辉映。

"绿茵玉兔",用澄面包入馅心制成 10 个小白兔,围在炒好的豌豆苗周围,素菜与点心双拼配成,淡雅素净,既能食用,又起到相互点缀的作用。

"虾仁煎饺"是炒虾仁与煎虾饺的双拼,清炒虾仁滑嫩爽口;虾蓉馅制饺,油煎后外香里嫩,两者搭配相得益彰。

"玉带鳜鱼",即是红烧鳜鱼与宽的面条两肴相衬,既食鱼又吃面,长长的鱼配上筋爽的宽长面条,将面条装成长条形,色香味形的搭配要比单单的鱼装盘美观得多。

案例分享

菜点合璧又养生

近年来,各地饭店用小米、荞麦、麦仁等原料与其他动物性原料一起烹制成汤菜,颇受人们的广泛欢迎。这是菜点两者有机结合得很好的范例。许多菜品营养互补,口感独特,将小米、荞麦、麦仁等主食原料加工成粥,干稀搭配,合二为一,亦汤亦菜,老少皆宜。

苦荞,是当今著名的健康食品。一般生长在无污染高寒山区,绿色天然、纯净无污染,富含蛋白质、矿物质、维生素等营养物质,尤其含有其他粮谷不含有的维生素 P(芦丁),是 21 世纪健康食品的重要资源之一。苦荞,集七大营养素于一身,不是药,不是保健品,是能当饭吃的食品,却有着卓越的营养保健价值和非凡的食疗功效,是国际粮农组织公认的优秀粮药兼用粮种,是我国药食同源文化的典型代表,被誉为"五谷之王"。其芳香诱人、软化血管,清热解毒、活血化瘀、拔毒生肌,有降血糖、尿糖、血脂、益气提神、加强胰岛素外周作用。苦荞与海参相配,是糖尿病人和"三高"人员的首选菜品。(注:用苦荞茶米比用苦荞仁更方便、色泽更美、香味更好,但二者营养价值相当。)这里介绍两款菜点结合的苦荞菜品。

养生苦荞辽参

主辅料

辽参 1 只,苦荞仁(苦荞茶米)50 克,苦荞粉 25 克,广东菜心 15 克。

调味料

家乐鸡汁 1 克,精盐 2 克,鸡汤 125 克,水淀粉 10 克。(以 1 客计)

制作方法

(1)将苦荞仁清洗后用热水浸泡 1 小时(苦荞茶只需 10 分钟)。

(2)苦荞粉加一半泡软的苦荞仁,再加 1 克盐搅上劲,用味勺剔入温水锅中,做成苦荞疙瘩。

(3)另一半苦荞仁(若是茶连汁一同)放入鸡汤中调味,加入广东菜心碎粒,煮开,兑芡加苦荞疙瘩入盛器。

(4)辽参发好洗净,入沸水锅中加盐、酒、葱姜汁焯水后放入苦荞疙瘩汁中,加盖入蒸箱加热 5 分钟即可食用。

成菜特点

海参软糯,苦荞芳香,营养丰富。

苦荞鳕鱼狮子头

主辅料

鳕鱼肉 300 克,苦荞仁 150 克,南瓜 150 克,老鸡 1 只,凤爪 25 克,马蹄 200 克。

调味料

葱姜汁 50 克,精盐 15 克,鸡汁 3 克,白胡椒粉 2 克,水淀粉 50 克,绍酒 8 克。(以 10 位量计)

制作方法

(1)锅上火放水,将老鸡、凤爪置入锅中焯水,苦荞仁、南瓜和焯水后的老鸡、凤爪一起煲粥,等稠时粉碎过滤,取汁待用。(注:在熬制苦荞粥水时,南瓜应迟点放,火要小,至蛋白质及胶质充分溶解,使其酥烂、稠黏时,风味更佳。)

(2)鳕鱼、马蹄均切成黄豆大小的粒,调味打上劲,做成狮子头,下温水锅余 15 分钟至熟。

(3)苦荞粥水放入诸调料调味,兑芡后装入盛器中,再放入鳕鱼狮子头即可。

成菜特点

色泽诱人,营养丰富,老少皆宜,入口即化。

第三节　菜点结合的制作特色

菜肴与面点的有机结合,为中国菜品的制作开辟了新的途径。菜点结合,需要我们广大烹调师不断开拓和追求,以使其制作风格有更大的突破。应该说,菜点合一的思路是十分广阔的,就点心的运用与巧妙的组合方面,有酥皮类、夹饼类、面包类、面盅类、煎饼类、烤饼类、粽子类、年糕类、面条类等,只要我们合理利用与有机融合,都可创制出独特的风味菜品。

一、酥面结合类

1.酥皮类·酥皮鱼片

利用 150 克水油酥,包入 150 克干油酥,制成油酥面坯皮。将鳜鱼净肉 200 克片成大的薄鱼片,用盐、料酒、葱花、味精、蛋清、辣酱油上浆拌好;另将猪肥膘 50 克剁细加虾仁 100 克一起剁和,用盐、料酒、味精拌成虾蓉待用。将油酥面皮擀成大薄片块,两端折拢,再合拢成4层,再擀成长薄片,两端再折拢,合拢成8层,擀成大薄片,厚度像大馄饨皮子一样。修去边角成正方形,擦上蛋黄1个,再涂上一层薄虾蓉,然后把鱼片贴在虾蓉上面,要贴平涂匀撤牢,切成四块放平底锅中煎熟,先煎酥皮,后煎鱼面,切成骨排块,撒上白胡椒粉即成。此菜皮酥鱼嫩,底黄面白,入口酥嫩。

2.酥盒类·松皮虾蟹盒

将火腿、葱、姜切成末,锅上火加油50克,放入葱、姜、蟹粉煸炒,再加料酒上盖焖一下,然后加鸡汤、调味烧透,勾芡加明油,撒上胡椒粉使其冷却。土豆去皮切成细丝,入油中炸脆;虾仁入油中制熟同蟹粉一起拌和而成。取面粉250克,扒成窝形放入油,加蛋黄、糖、清水少许及盐、泡打粉掺和搅匀,揉成团,搓成条,揪成剂子,擀成圆皮,在皮上放蟹粉,用另一张皮子覆盖,四面捏紧,用夹花钳夹好边。锅放火上,加色拉油烧至七成热(约185℃)时,投入蟹盒炸至金黄色,垒在盘中,用土豆丝围边,并在土豆丝上撒花椒盐后上桌。此菜外皮松酥,内藏虾蟹,口味鲜爽,菜点融合。

3.酥盅类·酥盅虾仁

取新鲜河虾仁750克洗净,用净布吸干水,加精盐、味精、蛋清、料酒、淀粉上浆拌匀。另取香菇、青椒、胡萝卜均切成丁。用300克面粉加150克黄油制成水油酥和干油酥,按广东擘酥的方法,使其叠制成多层的酥皮,然后用圆模具制成圆形,中间挖去小圆形,上火烤制,成为酥盅10只。

炒锅上火,放油烧至四成热(约130℃)时下虾仁滑油,倒入漏勺内,留余油煸炒香菇丁、青椒丁、胡萝卜丁,加少许鸡汤和味精,勾芡,下虾仁,翻锅炒匀后,分别装入酥盅内。把装好虾仁的酥盅排列在大盘中,盘边用草莓一剖二点缀围边即成。此菜造型美观,肉质鲜美,菜点组合,酥香鲜嫩。

4.酥饼类·瓦罐焖鸭烤饼

将活鸭宰杀处理干净,放入冷水锅中煮沸至断血,捞出洗净。将煮过的光鸭放入瓦罐内,再把煮鸭原汤用筛滤过、倒入,放入火腿片、冬菇片,加精盐、料酒、葱姜,加清水,用旺火烧开,再移至小火煨1.5小时,拣去葱姜,加味精后上桌。另用油和面制成油酥面,下剂,擀成圆饼,用油锅炸制或干烙的方法制成油酥饼,一同上桌。食用时,将饼撕入碗中,再盛入瓦罐焖鸭的鸭肉和汤一起食用即可。此菜鸭肉酥烂,汤醇味浓,烤饼酥香软滑。

二、水面结合类

1.面兜类·面兜牛肉丝

将牛肉切丝加入嫩肉粉、盐、味精腌制30分钟。取面粉加水和好,饧放30分钟后,搓成长条,下剂,擀成长12厘米、宽8厘米的长方片,对折后分别捏住两边做成口袋形,上笼旺火蒸5~6分钟至熟,再放入加少许油的锅中,用小火煎至两面金黄取出。将煎好的面兜塞入生菜丝、葱丝备用。

另取锅放油烧至六成热（约160℃）时，放入牛肉丝滑油至其成熟，取出后沥油。锅中再放入少许油，待油温烧至七成热（约180℃）时放入甜面酱炒香，加入牛肉丝至其裹匀面酱后放入味精、糖调味，撒上炒香的芝麻翻炒均匀，填入面兜内装盘即成。此菜酱香味浓，牛肉鲜嫩。

2. 面夹类·雪菜扣肉夹饼

将精选的五花肉放入沸水中煮至六七成熟后取出，将五花肉切成宽0.5厘米、厚3厘米的长片；雪菜洗净后切成4厘米的段备用。锅内放入色拉油，烧至七成热（约180℃）时倒入葱段、姜片、川椒爆香后，倒入用高汤、叉烧酱、排骨酱、柱侯酱、沙茶酱、海鲜酱、花生酱、芝麻酱、腐乳调成的酱汁，大火烧至出香后，放入五花肉，倒入料酒，加入焦糖色、盐、味精、胡椒粉调味后，放入雪菜炒匀，改用小火煨3小时至五花肉充分吸收雪菜的香味，出锅后装入盘中。上桌时，取用发酵面团搓条，下剂，擀成厚的圆皮，按出花纹，做成荷叶夹，上笼蒸熟后，装入五花肉四周，食用时用夹饼夹食即可。此菜五花肉细嫩而不腻，并带有雪菜的清香。

3. 面盅类·鲜奶虾盅

取面粉加少许可可粉，用沸水调制成热水面团，下剂，擀成圆皮共12张。另取蛋挞小盅，将12张面皮压入盅内，垫平，放入烤箱内烤制成熟，取出面盅。取河虾仁250克，洗净、漂白、沥干水分，放入碗中，加精盐、蛋清、干淀粉上浆。将蛋清4只放入碗内调散，加鲜牛奶150克、水淀粉、精盐、味精调匀成奶料。锅上火烧热，倒入色拉油，烧至四成热（约130℃）时放入虾仁拨散，滑油至色白断生时倒入漏勺沥油。原锅至中火烧热，放色拉油，烧至三成热（约90℃）时，倒入奶料，滑至奶料成片上浮，放入虾仁搅匀后再倒入漏勺沥净油。原锅加鸡汤，放入鲜奶虾仁，用水淀粉勾芡，颠翻出锅，装入做好的面盅内，撒上火腿末，上桌即成。此菜白褐结合，蛋奶香鲜，虾仁滑嫩，清淡可口。

4. 煎饼类·八宝卷煎饼

分别取用熟火腿、水发海参、水发冬菇、熟鸡脯肉、熟鸡肫、冬笋、蘑菇、姜、葱各25~50克，并将其分别切成细丝。炒锅上火，放入色拉油，把姜丝、葱丝、海参丝、笋丝煸炒一下，放入冬菇丝、蘑菇丝、鸡丝、鸡肫丝、虾仁和适量的清水。待烧沸后加入酱油、虾籽、精盐、味精，勾入湿淀粉，撒上胡椒粉，起锅装入盘内，冷却成馅心待用。

取2只鸡蛋磕入碗中，加少许精盐。锅上火，倒入1/10蛋液，烙成15厘米直径的圆皮，共烙10张。面粉放入容器中，打入另1只鸡蛋，加适量清水和成糊状。把馅心均匀地摆在10张蛋皮上，包成5厘米宽、8厘米长的长方形蛋卷，收口，沿边抹上蛋糊。平锅上火，放入麻油，烧至五成热（约145℃）时，把蛋卷拖上蛋糊，排列在平锅中，煎至两面呈金黄色，起锅装盘即成。此菜多料搭配，多味融合，色呈金黄,香酥鲜美。

三、面包制作类

1.面包夹·鲜虾面包夹

取中等明虾10只,去头、壳,留尾,挑去泥筋,从腹部剖一刀,背部断筋横剖,用料酒、味精、精盐、胡椒粉腌拌;鸡蛋磕入碗内调散备用。咸方面包用刀修成比虾身略大的长方片共20片;将每片夹入一只明虾,使其尾壳留在面包的外端,虾肉藏于面包夹内;将面包夹蘸满鸡蛋液,再在外表沾面包粉,按实。炒锅上火放色拉油,待油温升至七成热(约185℃)时,将面包夹放入油锅中,炸至色泽金黄、虾肉成熟,用漏勺捞起沥油,装入盘中。在盘边围上黄瓜片,随跟花生酱和番茄酱两小碟调料。此菜造型美观,色彩悦目,外脆里嫩,其味鲜香,逗人食欲。

2.面包卷·龙眼酥卷

取发菜50克,先用水淘洗干净,去净杂质,放在清水内,下入精盐、味精、料酒上笼蒸20分钟后,捞出沥水备用。咸面包切去四边,修成长5厘米、宽3厘米的片6片。熟咸肉切成1厘米见方、5厘米长的粗条6根。将面包片放于案上,撒一层干淀粉,抹一层虾蓉,将蒸好的发菜均匀地粘在其上,再撒一层干淀粉,将咸肉条放在面包片的一边,卷成圆筒状成生坯。锅上火放色拉油,烧至四成热(约130℃)时将龙眼酥卷生坯放入炸制,至内部熟透、外部金黄时捞出沥油,顺长切成斜刀片,成龙眼状,然后围着番茄半圆形片,整齐地放在盘中即成。此菜形似龙眼,造型别致,口感独特,外金黄酥脆,内鲜香软嫩。

3.吐司类·锅贴龙虾

将750克的活龙虾去须、爪、外壳、肠;取虾仁洗净,沥干水分,砸成蓉,以熟肥膘肉30克斩成蓉,与虾仁一起放碗内,加精盐、味精、蛋清、料酒、葱姜汁、湿淀粉一起拌匀成虾蓉。咸方面包去边皮,再切成0.5厘米厚的片,修理整齐,平放在瓷盘内,撒上干淀粉,抹上虾蓉约0.5厘米厚,再撒上干淀粉。将龙虾肉用刀对开片成大片,加葱姜汁、精盐、味精、料酒略拌,平铺于虾蓉上,使其摆放整齐。取平锅上火,放油烧滑,将生坯以龙虾面向下,用少量油,中小火煎制,待其一面煎熟,翻身将面包一面煎至香脆,捞起即可。可配上番茄沙司或甜酸汁调味碟一起上桌。此菜面包松脆,虾蓉软嫩,龙虾鲜美,是宴会高档佳肴。

特别提示

烹调师要不断提升自我价值

在当今竞争激烈的社会中,让社会充分地认识自己的价值,无疑是立足社会、成就事业的充分必要条件。对于烹调师而言,除了不断在厨艺上精益求精,在个人文化素质上的提升也是一项重要的事情。人的内涵是提升一切的根本,对于厨艺的提高能起到相辅相成的效果。而提高文化素质并非一件难事,只要在生活中的闲暇时间,多读书、多学习,汲取各种有益的知识,日积月累,日后肯定能成就个人的事业。根据自己的兴趣和业余爱好学点其他知识,对自己日后的工作肯定也有许多帮助,总之是借助各种媒介来学习新东西,这样的生活必然受益匪浅。自己的视野不要简单地局限于灶台前的一亩三分地,深厚的文化素质是成为名厨的一大重要条件。

四、成品点心类

1.粽子类·清香小炒

取50克一只的咸味小粽,煮熟后,切成小三角块。西芹、胡萝卜刨去外皮,均切成菱形片;冬笋、水发香菇分别切成长方形小片。取一小碗,放入鲜汤、料酒、精盐、水淀粉调匀成调味芡汁。锅上旺火烧热,放入色拉油,投入西芹片、胡萝卜片、冬笋片、香菇片略炒,放入粽子翻炒后,倒入调味芡汁,颠翻均匀后淋芝麻油出锅装盘。此菜粽子软糯、韧爽,蔬菜色泽鲜艳,滑嫩香鲜,清爽可口。

2.年糕类·甲鱼炒年糕

鲜活甲鱼宰杀,去净内脏、衣膜、尾、趾、甲壳等,洗净,斩成块。锅上火,加入色拉油、芝麻油,下葱段炝香,倒入甲鱼块略炒,放入长条小年糕,烹入料酒、姜汁水加盖焖片刻,再加酱油、白糖、精盐、蚝油、鲜汤,烧至卤汁紧包时,加芝麻油、蒜泥出锅装盘,撒上胡椒粉即成。此菜色泽淡红,肉质鲜嫩,年糕糯爽。

3.元宵类·荠菜丸子

荠菜用开水烫熟,用冷水冲凉,挤去水,斩成末。红烧肉、冬笋均切成细末,猪五花肉绞成蓉,加精盐、鸡精,一起拌匀成馅,挤成20只小丸。虾蓉加料酒、蛋清、精盐、味精、生粉,拌均匀上劲,挤成同样大小的丸子。将两种丸子一起放水锅中氽熟,捞起。另取锅上火,放入鸡清汤,加入白、褐两种小元宵,煮熟,放入荠菜丸、虾丸,勾薄芡后,撒上少许荠菜末、熟花生末,点上芝麻油,装入每人一客的小盅内即成。此菜鲜香味美,色泽诱人,营养丰富。

菜点结合的成菜方法,是中国烹饪技艺一朵独特的、色彩缤纷的灿烂鲜花,也是菜品开发创新的一条理想之路。对于此类菜品的创作过程,要求烹调师和面点师必须掌握菜点制作技艺的基本技术,并充分考虑到它们结合在一起后的成菜效果,否则较难达到最佳境地。利用面包制作,取用方便,风格突出,口感较佳,而对于酥皮制作的菜肴,酥皮折叠擀制是关键,既要使制品层次清晰可见,又要防止在煎制过程中两层脱离,所以常常借助于蛋糊、生粉作黏合剂。水面制作也有其独特的风格,成形多种多样,不拘一格,灵活多变。

从以上所选的菜点相配的品种中,我们可以看到,只要搭配巧妙、合理,符合菜点制作的规律,便会取得珠联璧合、锦上添花的艺术效果。从菜肴制作本身来说,菜肴与面点巧妙地结合,对扩大菜品制作的思路,开拓菜品新品种,无疑是具有深远意义的。

本章小结

　　本章从菜肴与面点两者有机结合的角度探讨菜品制作的风格特色,并就菜、点两者互相借鉴和菜点交融的制作分析新品种的开发思路,并从菜、点两者组合的多方位入手,利用大量的菜例阐述,以启发人们的创作灵感。

【思考与练习】

一、课后练习

(一)填空题

1.菜点结合的方式一般有_____、_____、_____、_____四种。

2.菜肴借鉴面点工艺主要以面点的形状为主,通常借鉴的形状有_____、_____和_____、_____。

3.面点借鉴菜肴工艺,主要借鉴的是:_____、_____、_____。

4.列举菜点组合式菜品四个:_____、_____、_____、_____。

5.酥面结合类菜品常使用的酥面是:_____、_____、_____、_____四类。

(二)选择题

1.我国菜点结合最早的菜品是(　　)。

A.淳熬、淳母　　　B.珍珠丸子　　　C.八宝鳜鱼　　　D.烤鸭两吃

2.“北京烤鸭”的吃法采用的方式是(　　)。

A.组合式　　　　　B.跟带式　　　　C.混融式　　　　D.装配式

3.“雪菜扣肉夹饼”采用的是(　　)。

A.面兜类　　　　　B.面夹类　　　　C.面盅类　　　　D.煎饼类

4.采用“点心浇着菜汁”方法的菜品是(　　)。

A.毛蟹炒年糕　　　B.两鲜茶馓　　　　C.馄饨鸭　　　　　D.鲜虾面包夹

（三）问答题

1.用菜例说明菜肴借鉴面点工艺的制作特色。

2.利用米、面、杂粮原料做菜有哪几种形式？

3.菜点结合的方式一般有几种？试分别说明之。

4.菜点结合的类型有哪些？并举例说明。

5. 现代快餐中如何借鉴菜点合一的菜品进行创新？

二、拓展训练

1. 按小组制作：根据所学知识，每组创制2~3个新菜品。

2.设计2款菜点合一的快餐食品。

3.每组根据现有的菜点结合菜品进行举一反三的操作练习：

（1）一组以鱼为原料。

（2）二组以肉为原料。

（3）三组以鸡为原料。

（4）四组以蔬菜为原料。

第七章
中外烹调技艺的结合

引 言

改革开放的不断深入,中外菜品相互借鉴、交融已成为现代餐饮的一大趋势。在当今的都市餐饮市场上,经常会看到不同风格的外国风味餐厅,各地烹调师也在技艺上互相学习、取长补短,中外烹饪技艺交流已成为当代烹调师的工作常态。本章主要从原料引用、调料借鉴、技艺融合诸方面进行探讨,并利用大量菜例介绍,便于初学者领会和运用。

学习目标

- 了解中外饮食文化交流的历史发展
- 熟悉中西餐各自的特点与有机交融
- 熟悉中西合璧菜式的制作风格
- 了解中西结合菜品的影响并把握其运用方法

我国几千年的饮食传统,随着对外通商和对外开放的政策,中国传统烹饪冲出了国门,近百年来,在世界许多国家安家落户。鸦片战争以后,西方的一些烹饪菜式也涌进了封闭的中国市场,特别是近十多年的开放机遇,中国人的饮食再也不是单纯的传统模式。许多国家餐式在我国落脚生根,并大有发展的势头,这是不可抗拒的饮食潮流。

第一节　中外饮食文化的交流

在中国饮食发展史上,中外饮食交流是其重要的乐章。中国烹饪从原料到菜点很早以前就有过吸收和借鉴外来饮食长处的历史。

一、西域"胡食"的引进

秦统一中国以后,特别到西汉文、景、武帝这一时期,大汉帝国国力强盛,与外国的文化交流活动逐渐多了起来。汉武帝时期,朝廷就派张骞多次出使西域各国。张骞于前138年,奉命第一次出使西域,到达大宛、康居、大月氏、大夏诸国,至前126年始返,历时13年。其时,大夏为希腊人所建的王朝统治,张骞的出使可算是中国人与希腊人的第一次接触。前119年,他第二次出使西域,到达乌孙,并分别遣副使到大宛、康居、大月氏、大夏、安息、身毒(印度)诸国。张骞通西域是我国中西文化、交通史上首次重大事件,从此我国中原地区与西北地区乃至南亚、西亚有了频繁的交往,促进了经济文化的交流和发展。

后来班超再次出使西域,还有江都王刘建之女细君远嫁乌孙国王等友好活动,在中国与中亚、西亚各国之间,开辟了一条"丝绸之路",中国文化迅速向外传播,西域文化也流向中原。这一时期,传入我国的西域食物也很多,有安石榴(即安息石榴,安息,古之伊朗)、胡桃(即核桃)、胡麻(即芝麻)、胡瓜(即黄瓜)、胡豆(即蚕豆)、胡荽(即芫荽)、胡椒、胡葱(即洋葱)、葡萄、葡萄酒、苜蓿、茄子、豇豆等。在都城长安有胡人经营的酒店,有胡姬卖酒献食。两汉两晋时期,胡人的烹饪技术也相继传入中国。胡羹、胡饭、外国豉法、外国苦酒法因而融入了中国的农书《齐民要术》。同样,中国的吃粽之俗也在汉时开始传入东南亚。我国和日本的交往可追溯到很久以前,有人说秦始皇派徐福海上求仙之船,把中国文化带到了日本,也有人说至少在东汉时中日两国已有交往了。

161年,东汉桓帝即位,大秦国(古罗马帝国)皇帝安敦命将东征安息,打通了经波斯湾头诸地往东的道路。《后汉书·西域传》记载大秦国"其王常欲通使于汉,而安息欲以汉缯彩与之交市,故遮阂不得自达。至桓帝延熹九年(166年),大秦王安敦遣使自日南缴外献象牙、犀角、玳瑁,始乃一通焉"。延熹九年,大秦与东汉通使乃是当时东西方两个最大国家之间的第一次通使往来。

东晋僧人法显,常慨叹经律舛阙,誓志寻求,于晋隆安三年(399年)与同学慧景、道整、慧应、慧嵬等从长安出发,西渡流沙,经葱岭,至印度取经,游经三十余国,历时十三四年。后著有《佛国记》一书,记其取经历程,为研究古代中西文化及印度历史的重要资料。

二、中国食品的外传

隋唐时期,特别是大唐帝国国力强盛,多方吸取各国优秀文化,外事活动空前频繁。唐代高僧玄奘"西天取经",他游学各地,并与当地一些学者展开辩论,名震印度,外国王孙来唐朝受聘人员众多,波斯胡商云集长安、广州、扬州等地。仅日本一国先后派出九批"遣唐使",大批留学生来到中国,其中就有专门学习制造食物的(包括造酱)味僧。鉴真东渡时,又把中国的佛学、医学、酿造、烹饪等文化艺术带到了日本。他携带了多种中国食品,其中有干胡饼、干薄饼、干蒸饼、落脂红绿米、甘蔗、蔗糖、石蜜等。豆腐也约在此时传入日本,至今日本人还奉鉴真为豆食始祖。至于粽子、年糕之类,大约也不迟于隋唐传入日本。中国筷子唐时尚称箸,宋时有筷子之说,日本保留了中国古俗,仍称箸。隋唐时期海上丝绸之路畅通,我国也引进了莴苣、菠菜、豌豆等蔬菜。

元代,成吉思汗的大帝国横征欧、亚两洲,大陆上人口空前流动;元世祖忽必烈"用夏蛮夷",搜罗各国人才,广加任用,大大推动了中外文化大交流。元世祖中统元年(1260年),马可·波罗随父亲和叔叔至黑海北岸的克里米亚经商,后由北向东来中国,受到元世祖的礼遇,此时年仅15岁。马可·波罗旅居中国凡17年,曾任扬州总管3年。他勤奋好学,通蒙、汉语,常奉命巡视各省、出使外国,足迹遍历长城内外、大江南北的重要城市。他归国后,由自己口述、友人鲁思蒂谦用法文记录而成著名的《马可·波罗游记》。该书除详叙元初政事外,还记载了东来中国的风土人情、各地的物产、文化的发达。马可·波罗将中国制面食的方法也传入了意大利。元代,中国的大量瓷制餐具通过海运、陆运,进入海外的市场,扩大了在世界上的影响,而中国菜谱中也加进了大量的"四方夷食"。

三、中外交流与"番食"引入

明代航海家世称"三保太监"的郑和,在1405—1433年的29年间,率众7次远航。据《明史》记载,郑和第一次下西洋时所率部众就有27000多人,船舶长44丈、宽18丈的就有62艘,规模之大,可以想见。前后7次所经国家凡37国。由太平洋而达大西洋彼岸,这样的空前壮举,在当时之航海史上确是一件了不起的大事。它加深了我国和所到各国人民的友好交往,扩大了相互间的贸易和文化交流。

明代基督教进入中国,中国食品从东南沿海一带引进了"番食",如番瓜(南瓜)、番茄、番薯(山芋)、番椒等。印度的笼蒸"婆罗门轻高面",枣子和面做成的狮子形的"木蜜金毛面"等,也在元明传入。

清代康熙至乾隆年间,号称康乾盛世,我国对外文化交流范围更广,北疆的俄罗斯,大洋彼岸的非洲,都与大清帝国有交往。到了晚清,不仅欧、亚、非、美四大洲,而且大洋洲也有了中国移民,中外饮食交流遍及全球。

四、"西洋"食品的传入

在中国饮食发展史上,19世纪中叶至20世纪30年代,可被称作"西洋"饮食文化传入时期。鸦片战争以后,列强瓜分中国,中国沦为半殖民地,帝国主义列强的"炮舰"政策打破了大清帝国闭关自守的局面,"洋务运动"使近代西洋科学引进中国。在帝国主义势力所及的大城市和通商口岸,出现了"西餐"行业,并且以前所未有的规模传入古老的中国。一些"西洋"原料进入中国,如洋山芋、洋姜(菊芋)、洋白菜等。到了晚清,不仅市上有西餐馆,甚至西太后举行国宴招待外国使臣有时也用西餐。同时,大量侨民外流,把中国饮食技艺也带到了世界各地。

在这以前,西洋饮食曾在明末清初由传教士献艺款客和使节进贡的方式传入中国。例如明朝天启二年(1622年),来华的德国传教士汤若望在北京居住期间,曾用以"蜜面和以鸡卵"为原料的"西洋饼"来款待中国同事,食者皆"诧为殊味"。清朝康乾盛世时,杨中丞的"西洋饼"使一代风流才子袁枚留下了"白如雪,明如绵纸"的赞语。一些舶来品如葡萄黄露酒、葡萄红露酒、白葡萄酒、红葡萄酒和玫瑰露等西洋名酒及其特产,当时只可在宫廷、王府和权贵之家的宴席上才能见到。这些舶来品在当时既未摆脱"舶来"的特点,也未对中国饮食界产生广泛的影响。

到了近代,情况就迥然不同了。起初,西洋(还有日本料理)菜肴、糕点、酒类等在外国饭店、公使(领事)馆、教堂等一切有外国人的地方制作,然后或自食、或款客、或出售。显然,这些西洋美食的享用者,仍限于外国人和清朝权贵。随着时间的推移,到清光绪时,以盈利为目的的"番菜馆""咖啡店"和"面包房"等陆续出现在中国的都会商埠中。上海、北京、广州是中国最早建立番菜馆和咖啡店的地方。

这些番菜馆制售的,皆是西洋名菜,如"炸猪排",是将"精肉切成块,外用面包粉沾满入大油锅炸之。食时自用刀叉切成小块,蘸胡椒酱油,各取适口"。许多西餐的烹饪术语如"吐司""沙司""色拉"之类名词也带进了中国。"面包""布丁"等西式点心都带进了中国饮食市场。由此便可以看出当时西餐在中国市场传播之广。

几千年来的中外饮食文化史表明,随着社会的向前发展,国际交往就不可避免。千百年来,我国食物来源随着国际交往而不断扩大和增多,肴馔品种不断丰富,饮食质量不断得到改善,我国的烹饪技术在不断吸收外国经验丰富自己,同时也扩大了我国烹饪在外国的影响。中国烹饪在不断借鉴他山之石、"洋为中用"的同时,始终保持中国烹饪自己的民族特色,而屹立在世界的东方。

知识链接

中西合璧　食材先行

西餐与中餐,从烹制手法到食材选用,曾经几乎没有任何交集的两种烹调方式,一个盘饰简单精美,一个味道醇厚鲜香,不知不觉中二者互为融合,从盘式到味道各方面互相借鉴。

菜品的制作除了继承优秀饮食文化精髓外,不断引进新技术、融合新方法、尝试新食材、调和新口味也是烹饪文化得以长足发展的重要因素。

西餐的食材选用以营养素、蛋白质含量丰富等特点闻名,其对食材之苛求,烹饪方法取简求精的态度,让食客对其尤其偏爱。

西餐菜肴在烹制中,讲究半熟或生食,注重食材营养素的保留。如牛排、羊腿以半熟鲜嫩为特点,海味生蚝生吃等。调味方面以多样化、原始化为特点,用酒和天然香料调味是西餐调味的一大特色。

西餐中的食材,无论按烹调方法,还是成菜种类划分或是食材功能,都数以百计,其多样性、丰富性令人目眩。

随着信息多元化的发展,异国的饮食文化已不再神秘,食材也不再为一种烹饪技法所独享。在相互交融中,"中西合璧"似乎已成为国内餐饮业的一种风尚和趋势。

金枪鱼

产地和分布

金枪鱼也称鲔鱼、吞拿鱼。分布在太平洋、大西洋和印度洋的热带、亚热带和温带广阔水域,包括蓝鳍金枪鱼、马苏金枪鱼、长鳍金枪鱼、鲣鱼等6种。蓝鳍金枪鱼是金枪鱼家族中生长速度最慢、价格最高的品种,分布在北半球温带海域,以北太平洋的日本近海、北大西洋的冰岛外海、墨西哥湾和地中海为主要渔场。

烹饪、加工方式

金枪鱼多用于制作生鱼片。但长鳍金枪鱼和鲣鱼主要用来做金枪鱼罐头,很少作为生鱼片原料。

按成品生鱼片的质量,由高至低分别为蓝鳍金枪鱼、马苏金枪鱼、大眼金枪鱼、黄鳍金枪鱼。

牛肉

产地和分布

目前市场上美国的安格斯牛肉或神户牛肉都是牛肉中较好的品种。国内的牛种除1957年起分别从瑞士、西德引入的西门塔尔牛,1974年引入我国的原产于法国中部的利木赞牛和原产于法国中西部到东南部的夏洛来省和涅夫勒地区的夏洛来牛外,山东的鲁西黄牛、陕西的秦川牛、河南南阳牛、呼盟三河地区的三河牛、草原红牛等肉质也很好。

烹饪、加工方式

西餐在牛肉的使用上很讲究,一般把牛肉分为5级,烹饪中按牛肉的不同身体部位,根据不同的肉质采用恰当的烹饪方式。

特级肉：指牛的里脊。这个部位肉纤维细软，是牛肉中最嫩的部分。在西餐中用来做各种高档菜品，如煎里脊、奶油里脊丝、铁扒里脊等。

一级肉：是牛的脊背部分，包括外脊和上脑两个部位。这部分肉肥瘦相间，肉质软嫩，仅次于里脊，也是优质原料。用来做上脑肉扒、带骨肉扒、烤外脊等最为适宜。

二级肉：是牛后腿的上半部分。包括米龙盖、米龙心、黄瓜肉、和尚头等部位。米龙盖肉质较硬，适合焖烩；米龙心肉质较嫩，可代替外脊使用；和尚头肉质稍硬，但纤维细小，肉质也嫩，可做焖牛肉卷、烩牛肉丝等。

三级肉：包括前腿、胸口和肋条。前腿肉纤维粗糙，肉质老硬，一般用于绞馅，做各种肉饼。胸口和肋条肉，肉质虽老，但肥瘦相间，可用来做焖牛肉、煮牛肉。

四级肉：包括脖颈、肚脯和腱子。这部分肉筋皮较多，肉质粗老，适宜煮汤。腱子肉还可酱制。

牛尾：筋皮多，有肥有瘦，可以用来做汤或做烩牛尾、咖喱牛尾等菜。

另外，西餐选用牛肉的最大特点是非常讲究用小牛肉和奶牛肉。

小牛肉：小牛是指出生后半年左右的牛。这种小牛肉质细嫩，汁液充足，脂肪少。小牛的后腿，除用于煎、炒、焖、烩外，还可以做烤小牛腿。小牛的脖颈和腱子可以煮吃，清爽不腻。

奶牛肉：出生后两个月以内的牛犊。这种牛肉质极嫩，同样具有汁液充足、脂肪少的特点。在西餐中被认为是牛肉中的最上品，煎、炒、烤、焖等均可。

法国鹅肝

产地和分布

鹅肝质地细嫩、风味鲜美，被欧美人士尊为世界三大美味之首。

鹅肝，最早由古埃及人发现可以通过强行喂养以增加鹅肝鲜美度的方法，而后才逐渐传到罗马，再传到法国。

目前，除法国西南部外，法国的其他地区、欧美其他国家（如匈牙利）和我国的安徽、浙江、山东等地也都有鹅肝出产，但由于气候条件、家禽品种等方面都与法国西南部有所不同，所以口味也稍显逊色。

烹饪、加工方法

法国鹅肝通常采用小火微煎的方式制熟，配盘时佐以波特酒或深色的酱。

但现在鹅肝也可以混合其他材料，经煮熟、冷却后切片成冷盘，淋上调味酱食用。通常这样处理鹅肝时，会加入白兰地、波特酒和松露。

烹制鹅肝对于厨师的烹饪技巧要求颇高，火候掌握是尤其重要的方面。

[资料来源：名厨.2008(12).]

第二节 中西合璧菜的制作特色

菜肴需要出新,这也是事物发展的必然规律。出新需要适时适地,顺应时代的步伐。随着当前经济的发展,厨师们走出国门以及将外国厨师请进国内的机会越来越多,东西方饮食文化交流的发展,其菜肴制作也将呈现多样化的势头,如西方的咖喱、黄油的运用;东南亚沙嗲、串烧的引进;日本的刺身的借鉴等,这些已经进入到我们的菜肴制作之中,不可否认,这已成为一种新的菜肴制作方法。

一、中西交融谱新篇

近年来,随着西方菜肴风味进入国内,传统菜肴制作便不断地拓展,无论是原料、器具和设备方面,还是在技艺、装潢方面都掺进了新的内容。菜肴的制作一方面发扬传统优势,另一方面善于借鉴西洋菜制作之长,为我所用。20世纪60年代以前引进西餐技艺出现在宾馆、饭店的"吐司"(toset)菜、"裹面包粉炸"之法以及兴起的"生日蛋糕"等,就是较早的例证,以后便传遍大江南北、城镇乡村,被广大人民所接受。

翻开北京菜谱,北京"又一顺饭庄"在几十年前首创的清真菜肴"奶油鸡卷",用黄油和精白面包屑制作,具有浓郁的奶油香味,这正是运用中国传统技艺、借鉴西餐制作方法烹制而成的一道特色菜肴。20世纪80年代初期,旅游饭店用西餐包饼"开酥"制成外实中空"擘酥合"盛装中餐炒制之菜肴,也是中西技艺互为融合的一个范例。

高档的饭店已将许多西餐菜肴借用于中餐菜肴制作之中,如风靡西欧的"酥皮焗海味""酥皮焗黑菌汤",中餐引用后,盅内海味及黑菌汤已再不是原来的西味,而改用中餐的味与料,只是酥皮保持原来的风貌而已。

西式调料中的番茄酱,被借用到中国菜肴,出现了番茄大虾、茄汁鱼片等。近代中国的"糖醋鱼",本是以中国醋、白糖烹调而成,但在近十多年的制作中,几乎都改以番茄酱、白糖、白醋烹制了,从而使色彩更加红艳。与此相仿,"瓦块鱼""咕咾肉""菊花鱼""松鼠鳜鱼"等一大批酸甜味型的传统菜肴也改用番茄酱烹制,在这种风格与潮流中,许多番茄酱烹制的采用相继而生。这种变化的根源,可说完全是西式饮食影响的结果。

在菜品的造型装潢上,西餐的菜点风格对中国菜的影响很大。中国传统的菜肴,向以味美为本,而对形历来不重视,新中国成立以后,中国菜开始从西菜中吸收造型的长处。西式菜点，造型多呈几何图案，或多样统一，表现出造型的多种意趣。主菜点以外，又以各种可食用原料加以点缀变化，以求得色彩、造型、营养功能更加完美。西式饮食色香味形营养并重，这对中国饮食产生了一系列的影响。

20世纪中叶以后，以广东菜领头，特别注重菜点的盘边装饰，如用萝卜花、黄瓜、番茄、香菜叶、芹菜叶等点缀在菜肴之中、旁边和四周。近年来，香港菜肴装饰风格更加突出，甚至有超过西式菜肴之势。这也是西式饮食风格直接影响的结果。

最早且大量将中西菜技艺融合在一起的应该是有"美食天堂"之誉的香港，这里是中西方人士会聚交集之地，也是东西方饮食杂处之所，当地厨师们吸取中餐菜肴制作之优，并博采众长，互为借鉴，便形成了中西结合的港式中餐。中菜在香港受到西洋风气的影响，不论在食物选材方面或是菜肴的卖相，同样是变得多样化。在内地，广东菜技艺是中西菜技艺结合的典范，他们以传统中餐为基调，掺入大量的西餐制法，使菜肴另辟蹊径，"集技术于南北，贯通于中西，共冶一炉"，形成了中西合二为一的菜点制作特色，其调味技法既运用传统中餐之"入味"，也有西餐烹制之"浇味"，常常使味与料分开，并预先调制好许多复合调味汁，如果汁、西汁、糖醋汁、柠汁、沙律汁等，不少调味汁是根据西餐技法模仿演变而来。广东菜也最早使用了番茄酱、咖喱、奶油、柠汁、黄油等。目前，广式菜肴中的许多称谓，也直接引用西餐之叫法，如用面包屑的炸制技法，却运用"吉列炸"之谓。所谓"吉列炸"，是cutlet 的音译，它原是指带骨的炸肉排，现已讹传引申为一种香炸，且有流传全国之迹象。而广式点心广采西点制作之长，大量运用西餐包饼制法之优势，来丰富广式点心的技艺和品种，这在烹饪领域是一个较有代表性的例子，如面包皮、擘酥皮、班戟皮、挤花蛋糕、挞、卜乎、曲奇等。西点广泛应用于各大饭店中，在全国各地影响颇大，并有蔓延的势态，特别是西点饼屋已在全国各地扎根、开花。

二、中西菜肴的有机结合

中西餐结合的意义是很广的，目前流行于全国各大饭店的自助餐式，即是从西方引进而来，而提倡的"中餐西吃"，实则也是受西方饮食之影响，"西餐中用""西菜中制"之法，已在全国各大城市普遍应用和效仿制作。纵观各地的菜肴制作，中西合璧的范例主要有以下几种：

（一）西料中用

即广泛使用引进和培植的西方烹饪原料，为中餐菜肴制作所用。如蜗牛、澳洲龙虾、象拔蚌、皇帝蟹、鸵鸟肉、夏威夷果、荷兰豆、西兰花、微型西红柿等。其菜肴有蒜香蜗牛、油泡龙虾、夏果虾仁、奶油西兰花等。

三色龙虾球

主辅料

澳洲龙虾 1 只（1000 克），西兰花 300 克，香橙 100 克，苦瓜 100 克，胡萝卜 100 克，青红辣椒 80 克，蒜片 10 克，葱片 10 克。

调味料

精盐 6 克，料酒 10 克，味精 3 克，葱姜汁 20 克，湿淀粉 10 克，清汤 100 克，芝麻油 10 克，色拉油 500 克（约耗 50 克）。

制作方法

（1）先将鲜活龙虾用长竹筷插入尾部肛门，使其放尿，再用尖刀插入其头至死，剁去头、尾，把龙虾身肉取出，片去虾筋，将龙虾肉用刀片成球形洗净。

（2）取西兰花切成小朵，西芹、青红辣椒分别切成象眼片，香橙、苦瓜、胡萝卜分别切薄片摆在盘的两侧。取小碗 1 只加入鸡清汤、精盐、味精、料酒、湿淀粉、葱姜汁，搅和制成芡汁。

（3）炒锅上火加入色拉油，待油温升至四成热（约 130℃）时，下入龙虾球，迅速滑散，出锅沥油。待油温升至 160℃ 时，放入龙虾头、尾炸熟捞出，摆在鱼盘的两端。

（4）炒锅重放旺火上，留油 50 克，下入葱片、蒜片、西芹片、青红辣椒片、龙虾球，翻炒后加入碗中调味料，边炒边翻锅，淋入芝麻油，把龙虾球盛在长腰盘中间，西兰花焯熟调入味围在两侧，即成。

成菜特点

色彩绚丽，配料清雅，造型美观，鲜嫩味美。

（二）西味中调

在中菜制作中，广泛吸取西方常用调味料，来丰富中餐之味。如西餐的各式香料及各种调味酱、汁和普通的调味品等。代表菜有咖喱牛肉、茄汁明虾、黄油焗蟹、黑椒牛柳、沙律鱼卷、XO 焗大虾等。

咖喱扇贝

主辅料

鲜扇贝 250 克,黄瓜 2 条,水发香菇 1 片,红辣椒 1 根,蛋清 1 只,洋葱 10 克,椰糕 10 克。

调味料

咖喱粉 5 克,白糖 4 克,精盐 2.5 克,味精 1.5 克,湿淀粉 15 克,料酒 6 克,牛奶 25 克,色拉油 30 可。

制作方法

(1)将鲜扇贝整理干净,厚者批分两片,用清水漂清后,沥干;黄瓜刨去皮,切成厚段,挖去内瓤留底座,放入开水中略烫捞起,即投入冰水中激凉,捞起沥干。

(2)将沥干的鲜贝用洁净的干布拭去水分,用料酒、精盐、味精、蛋清、淀粉上浆。洋葱、红辣椒、香菇均切成末。

(3)锅上火放清水烧开,将黄瓜段下水锅烫热后捞起沥水,摆入盘中。鲜贝放入开水中烫熟,捞起后沥干水分,分别放入黄瓜中。

(4)另取锅上火,放油,加洋葱末煸炒至香,加汤少许,加咖喱粉、牛奶、椰糕,放入香菇末、辣椒末,烧开后用湿淀粉勾芡、淋油,浇入扇贝上即成。

成菜特点

咖喱椰香味浓,扇贝鲜嫩,黄瓜碧绿爽口。此菜是取用西餐咖喱沙司的风味特色而治味。

知识拓展

西餐调味技艺与引用

西餐基础汤

基础汤(Stock),又称底汤,是制作各种汤(Soup)、少司或焖烩菜肴的基本液体原料。基础汤的主要原料是动物的骨头、蔬菜香料、调味料和水。骨头是最重要的原料,它确定基础汤的基本滋味、颜色。用牛骨制汤需炖制 6~8 小时,而用鸡骨需炖制 5~6 小时,其他还有用鱼骨、火鸡骨和火腿骨等。蔬菜香料是指洋葱、胡萝卜和芹菜这三种蔬菜的混合物,用于基础汤的制作中,可增进滋味和香气,其标准比例为:50%的洋葱、25%的胡萝卜、25%的芹菜。基础汤主要调味料有:胡椒籽、香叶、百里香、番茜枝、蒜头等,一般制成"香草束"或"香料包"使用。

西餐少司

西餐在调味时,不仅要使用各种基本的调味料,如咸味、甜味、鲜味、辣味、香味等调味料,还使用一些特殊的调味料,如酒和少司等。少司,即沙司,是 Sauce 的音译,即调味汁,一般是具有丰富味道的黏性液体。在西餐中,有许多菜肴如开胃菜、配菜、主菜甚至甜点,都需要少司来调味和装饰。可以说,少司是西餐调味中最重要、最具特色的原料,而调制少司是西餐调味技艺中最重要的内容。

少司的构成,主要由液体原料、增稠原料和调味原料三种原料构成。液体原料是构成少司的基本原料之一,常用的有基础汤、牛奶、液体油脂等。增稠原料也称稠化剂或增稠剂,也是制作少司的基本原料。一般来说,液体原料必须经过稠化产生黏性后才能够成为少司。西餐中的增稠原料种类很多,常用的有 6 种,即油面酱、面粉糊、干面糊、蛋黄奶油芡、水粉芡、面包渣。调味原料主要有盐、糖、醋、番茄酱以及各种香料、酒等。

少司的类型很多,它们在颜色、味道、黏度、温度、功能等方面都各有特色。按照颜色的不同,少司可以分成白色、黄色、棕色、红色等多种;按照温度的不同,少司可以分为冷少司和热少司,冷少司主要用于冷菜,热少司一般用于热菜;按口味的不同,又可分为咸少司和甜少司,咸少司用于菜肴,甜少司用于甜品。

调味技艺的合理引用

西餐与传统中餐的调味方法不同,传统中餐讲究的是一菜一调,一菜多调,现炒现调,手工操作,随心而调。而西餐的少司大多是提前调制好的,这样既可以保证菜肴的口味,又提高了出菜速度,这也是中餐应该学习和引进的。凡是调味酱汁都是可以改变的,少司也不例外。我们可以借鉴其制作原理和制作方法,根据顾客的口味和原料的性质进行调配,通过改革、变通、创新,会使中餐变得更加丰富多彩。

(三) 西烹中借

借用西餐烹饪技法,拿来为中餐服务,使其中西烹调法有机结合,在创作中增加新品。如运用"铁扒炉"制作扒菜,铁扒鸡、铁扒牛柳、铁扒大虾等;采用"酥皮焗制"之法,如酥皮焗海鲜、酥皮焗什锦、酥皮焗鲍脯等;以及许多"客前烹制",利用餐车在餐厅面对面地为宾客服务之风格。

铁扒大虾

主辅料

带壳大对虾 20 只,绿芦笋 250 克,罐装蘑菇 100 克。

调味料

精盐 3 克,味精 2 克,料酒 10 克,胡椒粉 2 克,卡夫奇妙酱 1 小碟,番茄沙司 1 小碟,色拉油 50 克。

制作方法

(1)将带壳大虾用刀从脊背切开成片(腹部连着),除去沙肠和杂物,用刀尖点剁其筋(每只剁 2~3 刀),撒精盐、胡椒粉、料酒、味精腌制片刻。

(2)将铁扒炉清理干净,接通电源后,在炉条上刷些油,待铁条发烫,将带壳虾肉面放入扒炉上,在虾壳上刷一层油,待虾肉扒熟且有炉条印时,翻身将虾壳朝下。

(3)取炒锅滑油,放底油,将芦笋段、蘑菇放入锅中煸炒,加盐、味精、清汤,炒熟后放入盘的一边(共 10 盘)。另将扒熟的大虾取出,每两只分别放入芦笋的另一边,上桌时跟上卡夫奇妙酱和番茄沙司 2 调味碟(最好每客 1 碟)即成。

成菜特点

西烹中用,成菜味美色佳,食之鲜爽嫩香。

(四)西法中效

这是吸收西餐菜肴中的基本加工、制作方法,来应用于中菜制作之中,使其显示中西融合的风格特色。如"贵盏鸽脯",即是用西点擘酥之盒烤制后,盛装炒熟鸽脯等菜料;"千岛石榴虾",是将千岛汁拌虾成沙律,然后用威化纸包裹成石榴形,油锅炸制成熟;"沙律海鲜卷",用威化纸包虾仁沙律,挂糊拍面包粉炸至金黄色而成。

西汁龙利

主辅料

比目鱼 1 条,蟹肉 20 克,海虾仁 50 克,蘑菇 30 克,面粉 15 克。

调味料

番茄酱 30 克,奶油 25 克,白糖 25 克,精盐 1.5 克,味精 1 克,鸡汤 50 克,雪梨酒 10 克,胡椒粉 1 克,蚝油 6 克,湿淀粉 10 克,黄油 10 克。

制作方法

(1)将比目鱼从头部眼处撕去两面鱼皮,去鳃及内脏,在清水中冲洗干净,用洁布抹干鱼身内外。

(2)炒锅上火烧热,放黄油待溶化后,改用中小火,将整条鱼放入锅中,使其两面煎熟至金黄色(大约煎6~7分钟)。

(3)另取炒锅1只,擦干,加黄油略溶化后,加入面粉炒香,加入鸡汤,放雪梨酒,加番茄酱、蚝油、白糖、精盐、味精,然后放入蘑菇、海虾仁和蟹肉,烧开后,勾入湿淀粉,倒入奶油,用手勺略翻动,起锅装入沙司盘中(或浇淋于鱼身上)。

(4)将煎熟的鱼倒去煎油,再将鱼倒入漏勺中沥干。取长鱼盘一只,在一边摆上装饰花草,将鱼拖入盘中,与沙司盘一起上桌。

成菜特点

龙利鱼肉酥嫩,色泽金黄。此菜西式风味浓郁,食之可口耐回味,独具黄油奶香。

案例分享

引进新元素大胆演变中国菜

改革开放后,世界各地来沪人员日益增多,信息的交流和物流的畅通为我们带来了更多的技术和原材料。这既是机会,也是挑战,如果能积极吸收世界各地美食文化为己所用,兼容并蓄,集采众长,就可以独领风骚;否则,在激烈的竞争中止步不前,就会被市场淘汰。

我们也看到了西餐中有许多值得我们可以借鉴的东西,如西餐中新的调味料、烹调方法、菜肴盛器以及经营理念等。随着国外企业的大批入境,这些积极因素也随之被引进到中国市场,并在一定程度上影响着中国餐饮业的发展。在上海到处可以看到装修别致的外国餐厅,如德国的宝莱纳、法国的乐美颂、意大利的VABENE和VENICE、西班牙的格瓦拉、泰国的金象苑等。这些餐厅风格不一,口味不同,带给我们更多启示和菜肴开发的新思路。

在这些因素影响下,我对中餐菜肴进行了一系列的改良尝试。首先,从调味料、烹调方法及盛器上加以改良,其中不乏自己的满意之作。如"金丝富贵虾",传统中餐中虾仁以清炒或结合其他辅料混炒,而我在制作中大胆加入了西餐沙律酱,用西餐的烹制方法加以改良,成型后菜品改变了原有的口味。又如"果味熘龙虾",我们一改传统将龙虾取肉清炒的制作方法,而是将龙虾肉与新鲜水果改刀成粒,一起熘炒,这款新菜色泽鲜明,果味浓香,口味特别,深受消费者喜爱。再如"泰式牛排",此菜运用了泰国鸡酱调味料,将牛排拍上面包糠,淋上泰国鸡酱,运用新口味,满足了客人求新、求变的消费需求,收到了意想不到的效果。

〔资料来源:陈建新.引进新元素大胆演变中国菜.中国烹饪,2004(6).〕

第三节　中西结合肴馔的运用

菜肴制作中西合璧,相得益彰,是当今菜肴创新的一个流行思路,其成品既有传统中餐菜肴之情趣,又有西餐菜点风格的别致;既增加了菜肴的口味特色,又丰富了菜肴的质感造型,给人以一种特别的新鲜感,并能达到一种良好的菜肴气氛,使菜肴的风格得到了变化。如"翡翠鸡腿",用西菜中惯用的沙司、土豆泥、黄油、牛奶、菠菜泥,加中菜中的鲜汤,制成沙司,浇在蒸烂的鸡腿上,既有中菜"五味鸡腿"的特色,又具浓郁的"西菜"风味,为中外宾客所喜爱。

随着经济的发展、交通的便利,一些菜肴也"拥"进原来的封锁线,"走"出原来的安居地,菜肴的地域性束缚将逐渐减少。对外开放政策,又使广大厨师们开了眼界,取"他山之石"为我所用,来丰富自己,将成为势不可挡的潮流,在保持传统菜肴精髓的基础上,不断出新,并善于借鉴别人之长将是新时期广大厨师所要完成的任务。

一、番茄酱、番茄沙司制菜

番茄酱是以番茄为主料与糖、盐、辣椒和醋由食品工厂制作生产的。番茄酱本是西菜的调料,而听装或罐装的番茄酱则是现代食品工业的产物,在此之前,欧美人是直接使用新鲜番茄的,因番茄属脂溶性物质,用油煸炒后,能变成红色。秋冬以后没有新鲜番茄,人们即在夏季番茄大量上市时,把新鲜番茄绞烂,装在有盖的瓶中,连瓶放入水内煮上几个小时,酱体一经受热,便会凝结,排出水分,将水分去掉,就能得到优质的番茄酱。

番茄沙司,是以番茄酱或新鲜番茄为底料,经加热、调味制成的汁,其色淡红,浓度稀稠。番茄酱一般作为调料,不宜直接食用;而番茄沙司大多作为餐桌上的作料,因其已先行调味(口味以甜为主,略带咸、酸),可以直接食用,两者虽有一些小的差别,但时见有人混淆。

番茄沙司制菜,其色感较好,一些高档的原料大多用质量较高的番茄沙司,许多菜肴是将沙司盛入小碟中,供客人蘸食吃。利用番茄酱或沙司做菜,绝大多数是炒、烩、烧、熘等菜类,如茄汁大虾、茄汁牛肉、京都肉排、咕咾肉、酸甜鱼块、瓦块鱼、西汁龙利、荔枝肉、菠萝鸡片、菠萝笋片等。这些菜肴都程度不同地带有番茄酱或沙司,菜肴风味各有特色。

茄汁牛肉饼

主辅料

嫩牛肉 400 克,洋葱 50 克,鸡蛋 1 个。

调味料

精盐 1 克,生抽 6 克,味精 2.5 克,白糖 15 克,噢汁 15 克,料酒 10 克,茄汁 50 克,胡椒粉 1 克,干淀粉 125 克,小苏打 4 克,清汤 200 克,色拉油 750 克(约耗 100 克)。

制作方法

(1)将牛肉用刀剁成蓉,放入钵中,加入料酒、生抽、小苏打、干淀粉、味精、鸡蛋液一起拌匀,团成四个圆饼,底面拍上干淀粉。

(2)炒锅置旺火上,放油烧热至七成(约 185℃)时,放入肉饼炸熟,倒入漏勺中,沥去油。

(3)将炒勺置炉上,留底油,下入洋葱切成的粒,烹料酒,加入清汤、牛肉饼,下精盐、味精、白糖、噢汁、茄汁、胡椒粉煨透,再加入湿淀粉推匀,加芝麻油和熟油炒匀装盘便成。

成菜特点

肉饼酥烂软滑,茨汁味鲜香醇,茄汁味浓。

二、奶油、黄油制菜

奶油是从牛乳中分离出来的高级脂肪液体乳制品。它是集中牛奶脂肪的表层牛奶,通常标准含脂率不低于 18%(黄油脂肪)。离心分离器依据重力原理,用于分离牛奶和奶油。奶油有稀奶油(也叫单奶油)和稠奶油(也叫双奶油)两种。稀奶油一般不能打成泡沫状,但可用于各种汤、菜、点心中。稠奶油含脂肪高于 30%以上,能打成泡沫状(即掼奶油)装饰点心。

黄油是西餐中的主要调味品,其独特的风味是任何油脂类皆无法替代的。在西餐中,它可以使用于所有的菜肴。黄油是将奶油用搅乳器加工而成。2000 克奶油大约可制出 500 克黄油。黄油只需 32~33℃,便能完全溶解,过度加热会烧焦和蒸发,而全然失去其味道。因此,制作菜肴时除了把黄油和其他原料同时放进去煮以外,还要十分留意火势。黄油一般为两类,一是含百分之二盐分的加盐黄油,一类是没有盐分的无盐黄油。烹调时,最好使用无盐黄油,保存时,要以5℃以下的温度来冷冻保藏。

借用奶油、黄油制作中式菜点已有几十年的历史。菜点制作中添加此物是一股十足的西餐味。近10年来,许多涉外旅游饭店使用量在逐年上升,一方面是满足海外宾客的饮食习惯,另一方面借鉴西方烹调技法,来不断扩大和丰富菜点品种。其代表菜点有奶油白菜、奶油鸡卷、奶油一棵松、奶油海鲜汤、黄油焗膏蟹、黄油煎鳕鱼、原壳焗蜗牛、牛油蒜蓉虾及各式奶油蛋糕、擘酥点心等。

黄油焗鸡片

主辅料

鸡脯肉300克,蒜头10克,红辣椒1根,黄瓜100克,干淀粉5克。

调味料

黄油50克,蚝油10克,生抽3克,甜辣酱10克,精盐0.5克,味精1克,料酒8克,蛋清1只,胡椒粉0.5克,白糖15克。

制作方法

(1)将鸡脯肉去边、皮,用刀顺丝片成鸡肉片,用精盐、味精、胡椒粉、料酒、蛋清、淀粉上浆腌拌。红辣椒切成丝,蒜头斩成蓉。

(2)炒锅上火烧热,放黄油,烧至融化后加入鸡肉片煸炒至八成熟,投入红辣椒丝、蒜蓉炒香,加甜辣酱、蚝油、生抽少许,加白糖、味精,点上胡椒粉和料酒,烧至成熟、干香即起锅装盘,成旺油状。

成菜特点

色泽淡红,鸡肉片油黄干香,甜辣并重,嚼之香味悠长。

三、吐司菜肴

吐司菜,英文toast。西餐菜品中常用的一种制作菜式。它是以方片面包切片作底层,用虾蓉、鱼蓉或加辅助料酿入面包上作面层,亦有在鱼、虾蓉上再点缀或酿入原料的,入油锅煎或炸后,上桌时外用味碟装上沙司。吐司菜色泽金黄、鲜香、松脆。20世纪五六十年代以前,各宾馆、饭店用以款待外国来宾。70年代就在许多饭店盛行,被我国饮食业引进并广泛采用。中餐引用后,在吐司菜的制作中,呈现出丰富多彩各不相同的外形,出现了方方形、三角形、长方形、鸡心形、圆形、梅花形、菱形、半圆形等外形。主要品种有:虾仁吐司、炸鱼吐司、炸虾吐司、鸽蛋吐司、吐司菊花肫、肉桂吐司等。

鱼肉吐司

主辅料

净鱼肉(以黄钻鱼、鳜鱼最好)100克,面包2片(约重50克),洋葱25克,圆生菜叶2片,鸡蛋1个。

调味料

精盐1克,白胡椒粉0.5克,味精1克,鸡汤25克,黄油25克,色拉油250克(约耗50克)。

制作方法

(1)将鱼肉切成两块;洋葱切细末;鸡蛋磕入碗内,搅成蛋液;生菜洗理干净。

(2)煎锅内放黄油,烧热投入洋葱末,炒熟加入鱼肉块煸炒,放入绞肉机(或搅碎机)中绞两遍,制成鱼肉泥,盛入盆内,倒入鸡蛋液,用木铲使劲搅拌,然后加少许鸡汤,搅到上劲时,加精盐、味精、胡椒粉继续搅匀,再把剩余的鸡汤加入鱼泥中,制成鱼肉馅。

(3)把鱼肉泥分两份,抹在面包片上,边缘抹平,制成鱼肉吐司坯。

(4)煎锅内倒入油,烧至五成热(约145℃),把鱼肉吐司坯鱼肉朝下放入油内,煎炸上色,翻过来,将两面炸至呈金黄色,滗去油,盛起沥干,用刀修去四边,斜刀切成三角块。

(5)取一长盘,将鱼肉吐司放盘中间,配上生菜叶即可上桌。

成菜特点

菜色美观,吐司鲜美适口,酥脆味香。

四、裹面包粉与吉列炸

面包是舶来品,是西餐包饼房生产的主要食品。利用面包粉制作菜肴,是西餐中较常用且普遍的一种工艺手法。所谓裹面包粉法,就是将加工成形的原料加入调味品,拍上面粉,裹上鸡蛋液,沾上面包粉,投入油锅中炸制成熟的一种操作方法。它源于法国,但很快被西方国家普遍采用。中餐在20世纪50年代就开始利用。

中餐早期使用的面包粉,都是各饭店西厨房利用面包边、皮、片屑烘焙自制,使其“废物利用”,也有用面包片烘焙揉碎的。自改革开放在海外引进现成的“面包炸粉"以后,这种自制的面包粉就显得黯然失色,其口感、成色都较逊色。而袋装的现成"炸粉",色泽乳白,颗粒粗爽,食之酥脆,在荤、素原料的表层挂蛋糊、面糊后,裹上面包粉,入油锅炸熟捞起,食之外酥脆,内松嫩。

吉列炸是广东厨师最先引用西式的称谓。《粤菜烹调教材》释曰:"吉列炸是先把经过腌制的生料,在其表面拌以蛋浆,再拍上面包粉,然后放入五至六成沸(热)的油锅中进行炸制的一种方法。"此意与原西餐(吉列,音译)之意相悖。粤菜中的吉列炸,实则类似传统中餐中的"香炸"之法。吉列,是 cutlet 的音译,而今在中餐中广为流传,其意已面目全非了。这里不去论述词义的变化,就吉列炸菜肴的特点来说,其制品具有色泽金黄、酥化甘香的特点。吉列炸制品干上席,不要另跟芡汁。由于面包粉比较"抢火",易焦黑,因而不宜应用猛烈的火候烹制菜肴。

吉列斑块

主辅料

净石斑鱼 500 克,面包粉 300 克,鸡蛋 40 克,干淀粉 40 克。

调味料

精盐 2 克,芝麻油 5 克,色拉油 750 克(约耗 75 克)。

制作方法

(1)将新鲜石斑鱼去鳞、去鳃,剖腹去内脏、头尾,改两片,切成长 5 厘米、宽 3 厘米的长方块,用精盐、麻油腌过。

(2)将鸡蛋打散加淀粉,搅打成蛋糊,均匀地裹在鱼块上,然后每块拍上面包粉,粘牢。

(3)炒锅上旺火烧热,加色拉油,烧至五成热(约 145℃)时,放入鱼块,用中火炸浸至金黄色至熟,捞起沥去油,装盘即成。

成菜特点

鱼块金黄,外酥脆,里软嫩,鲜香适口。

案例分享

中西餐结合必须保持自己的特色

谈中西餐结合的问题,首先要注意的就是要保持自己的特色。如果空谈中西结合,就会失掉自己的特色。这里讲中西餐融合,延伸到各菜系间的融合问题,其实也是一样的。融合的基础是什么呢?就是一定要通过融合使自己的特色日臻完善。在这个基础上我们去借鉴别人的一些东西,如原材料、烹饪技法、调味品,去丰富自己的特色。不是去为了融合而把自己修改一遍,而是必须要保持自己的本质,然后再考虑如何用其他的技巧来丰富自己,使自己更加圆润、丰满,更加多元化。只有保持住自己的特色,才能发挥自己的特色。

在全球经济一体化的形式下,中西餐融合是一个发展趋势。这种融合得益于当前飞速发展的信息流和物流,过去我们如果想用西餐的原材料,没有发达的物流体系作保证,那简直就是奢谈。而完全开放的市场使融合成为一种必然的趋势,作为我们厨师就要认识这种趋势,更要认识它的必然性,这样我们才能提早进行学习,去丰富自己的知识。与别人进行融合交流,首先我们得了解人家,这样才能有意识地取长补短。那么,我们具体在实践中是怎样去融合? 在保持自己特色的基础上,明确融合的目的,就是为了服务于更广泛的人群,让我们做出来的菜适合更多人的口味。比如,大董烤鸭店的烤鸭完全是一道中国菜,且具备自己的特色,现在经过研制我们把它叫作酥密烤鸭,怎么让它能酥呢? 从工艺上进行改进,我们选用了一些西餐炉具,从原料配比上我采用了一些西餐的调味品,这样就使我们的烤鸭在脆的基础上又达到了酥。不但没有使我们菜品的特色消失,还使这种特色更加鲜明,而且让这道菜更加符合了现代饮食观念。再比如,我们这里有一款牛肉菜叫豉椒澳洲牛仔粒,是采用澳洲纯正的小牛肉制作的,可以说这是地道的西餐原料,我们在制作时却采用的是中餐烹饪手法,这道菜可以说结合得非常完美。过去中餐牛柳是采用老黄牛的肉,要想使肉嫩,就要加嫩肉粉等来破坏肉质的纤维组织,而这种小牛肉很嫩,连上浆都不用,只需下锅爆香就行,非常香,非常滑嫩,最主要是不破坏它的纤维组织,不损失它的营养成分。

中西餐结合的目的是学习别人的先进技术手段从而完善我们自己的特色,更加突出自己的特色。但最忌的是丢掉自己的个性和特色,盲目地去学习别人,这是一种得不偿失的做法,是买椟还珠的行为,在中西餐结合这个问题上,我们必须把握好这个问题。

[资料来源:董振祥,阎虹斐.中西餐结合必须保持自己的特色.中国烹饪,2004(6).]

五、裱挤技术

蛋糕是西点中较常见的品种之一。生日蛋糕是西风东渐取代传统的寿桃、寿面的生日寿辰食品。蛋糕的品种很多,归纳起来可分为清蛋糕、油蛋糕两大类。中餐制作蛋糕向来以蒸为代表,而西餐制作主要是烤制成熟。生日蛋糕是利用烤制的清蛋糕经夹层或不夹层通过裱挤技术装饰而成。

利用烤箱烘焙蛋糕,对烤炉的温度、烘烤的时间尤为重视。西餐要求,蛋糕烘烤成熟后,如条件具备,所有蛋糕制品都应装饰和点缀。装饰蛋糕的目的是为了增加制品的风味特点、美好外观,吸引宾客,丰富面点品种,给人带来美的享受。同时,蛋糕装饰的本身也是某些蛋糕制品所必需的一道工序,是喜庆节日人们饮食中不可缺少的需求,如各式生日蛋糕、圣诞蛋糕、婚礼蛋糕等。

裱挤技术是蛋糕装饰的一门艺术。它的技术性很强,质量要求也很高。因此,它是过硬的操作基本功、较强的审美意识和较高的文化修养三者的结合。

裱挤技术是装饰西点的常用操作方法,欧、美等国家的人擅长的饮食烹饪风格。西点中的不少蛋糕、花饼类,便是将奶油和糖调制后,用特制的工具在糕、饼上挤出各种花款图案,也有用蛋白等原料挤上各种图案,以作装饰。它是将用料装入裱花袋(或裱花纸)中,用手挤压,装饰用料从花袋的花嘴中被挤出,形成各种各样的图案和造型。即可裱挤出动植物造型,又可裱成一朵朵花卉或书写文字等。

西点的裱挤技术被中餐借用,并广泛在我国饮食行业中盛行,主要是20世纪50年代开始在国内影响的"生日蛋糕"。在城市,过生日吃蛋糕,西风东渐,慢慢地取代了中国传统的"长寿面"和"寿桃",如今此风已深入民间,影响各个家庭。裱挤技术和生日蛋糕,从西方而来,现已和我们的生活紧密相连,甚至是连我们高级面点师升级考核也离不开的技术和品种。

寿字裱花蛋糕

主辅料

鸡蛋8个,面粉200克,琼脂5克。

调味料

白糖750克,香草香精少许,红、黄、蓝色素少许。

制作方法

(1)把鸡蛋搅打与面粉一起制成圆清蛋糕1只。取用6只蛋清,打成发蛋,将糖徐徐冲入发蛋中,加入香精,搅拌成蛋白糖。

(2)锅上火放清水100克,再放入洗净的琼脂,待琼脂溶化后,加入白糖500克。至糖液能挑出糖丝时,即上微火保温。

(3)将清蛋糕片成2片,在片中间涂上蛋白糖,再将蛋白糖涂在表面抹平。取部分蛋白糖加入红色素,用裱花嘴在蛋糕表面裱一"寿"字。在其周围裱一螺纹状的大五角星。取部分蛋白糖加入黄色素,用牙齿形裱花嘴在五角星的五个角上各裱上一个小桃子。取部分蛋白糖加入黄、蓝色素,用裱花嘴裱上桃叶。再取部分蛋白糖用牙齿形裱花嘴在蛋糕四周裱上波浪式花边,在蛋糕周围裱上锥体宝塔形花边即可。

成品特点

香甜可口,外形美观,松软香糯。若将蛋白糖改成打起鲜奶油或白塔油,忌淋,则口感味道更佳。如为了保证蛋糕的规格档次,可用天然色素代替,则效果更为理想。

六、清酥与擘酥

清酥面点,又称松饼,英文统称"puff pasty"。香港、广东人称其为"擘酥"。广东人制作的擘酥是沿袭西点制作工艺方法而成的。要制作出符合质量标准的清酥面饼,是一项技术较强的工作。

清酥面的制作用油,通常都使用黄油和玛琪淋(人造黄油),因为这类油脂中含有一定水分,在烘烤过程中可产生蒸汽来帮助产品膨胀。

擘酥面团又叫千层酥、多层酥。它是广式面点制作中吸收西餐清酥面的一种特色面团。它是由两块面皮组成,一块是用凝结的熟猪油或黄油掺入面粉调制的油酥面,另一块是由水、糖、蛋等与面粉调成的面团,通过多层叠折的手法制作而成。由于它油脂量较多,起发蓬松的程度比一般酥皮都要大,各层的张开位比其他酥皮要宽要分明。因为它有筋韧性,当受热时产生膨胀,成为层次分明的多层酥,因此有千层酥之称。其品松香、酥化,可配上各种馅心或其他半成品,如广式点心鲜虾擘酥夹、鹌鹑焗巴地、冰花蝴蝶酥、莲子蓉酥合等。

鲜虾擘酥夹

主辅料

黄油250克,中筋面粉250克,净鸡蛋40克,鲜虾250克。

调味料

白糖25克,精盐1克,味精0.5克,葱花3克,料酒4克。

制作方法

(1)制酥皮。取1/3面粉与黄油搓匀后,放在特制的铁箱一边;再将2/3面粉放案上,加鸡蛋、白糖、清水75克和匀,搓至软滑有劲为水皮,放在铁箱的另一边。将铁箱加盖后放入雪柜或冷库中冷藏,使油酥变成硬质,取出,放案板上,用通心槌压薄,再取出水皮压成与油酥一样大小,放在油酥面上,用通心槌棰开呈日字形,将两端向中间折入,轻轻压平,折成四折,称为蝴蝶褶(第一次),再开成日字形,用以上的方法进行第二、第三次,最后用铁箱载起,放入冰柜冷藏约30分钟,便成擘酥皮。

（2）制馅心。将虾仁冲洗干净，沥去水，放砧板上，用刀粗斩几下，放入碗内，加料酒、精盐、味精、葱花和少许糖，放入锅中炒制即成虾馅。

（3）取出擘酥皮放在案板上开薄成厚约 5 毫米，用刀切成长方形酥皮 20 件，每件 30 克。鲜虾馅分成 20 份，将酥皮包上熟馅 15 克，制成书夹形，放入烤盘上，用鸡蛋液扫酥皮入烤箱中烤熟便成。

成品特点

酥夹层次分明，呈浅金黄色，甘香酥化，其形呈书夹形，馅心味鲜。

七、水果酱、汁与水果菜

近十年来，由欧美到香港、广东继而影响内地的运用果汁制菜之风愈演愈烈。新鲜水果酱、汁，营养丰富，果香浓郁，清鲜爽口。柠檬汁、橙汁、苹果汁、菠萝汁、椰汁（海南传统）制菜，特别是成为南方人的时尚。而樱桃酱、苹果酱、酸梅酱、草莓酱等也被中餐吸收和利用。利用各式水果制菜也已成为人们所钟爱的食品，特别是夏季，各饭店利用充裕的水果，纷纷推出各种风格的水果菜肴，不少宴会菜肴也相继穿插 1~2 道时令水果菜和果汁菜，为我国餐饮业增添了新的特色。

晶莹色拉

水果制菜，我国古代早有制作，清代的《随园食单》《调鼎集》就记载多款菜肴。如炸樱桃、梨煨羊肉、梨煨老鸭、拌梨丝、桃酱、苹果煨猪肉、香橙饼等，但都不够普遍推广。改革开放之后，受西方饮食风气的影响，这股食风已传至全国，遍布各地各店，并成为一种独特的饮食风格。特别是柠檬汁、橙汁的普遍推广、水果酱的借鉴，加之水果菜的发展，使我国的菜点制作更加绚丽多姿。如"时果鱼柳"，风味独特。采用伊丽莎白香瓜、猕猴桃、鲜杧果、土豆、红椒与新鲜鳜鱼肉条一起烹制，令食者耳目一新。"炸贵妃球"，取用新鲜荔枝，去其外壳、内核，在荔枝肉中间放入浆好味的河虾仁，外用脆皮糊挂糊，再下油锅炸至金黄，食用时外层酥脆，内里甜爽鲜嫩。"菠萝鸭"则选用新鲜菠萝肉与烤鸭肉片同炒，用番茄酱治味，鸭香甜美。"蜜瓜鱼米"以蜜瓜粒与鳜鱼粒同烹，橙白相间，脆嫩结合。加之传统的西瓜冻、蜜汁香蕉、拔丝苹果、雪梨山楂露等菜，为我国餐饮奏出新的乐章。

缤纷玉带

主辅料

西瓜半只,菠萝3片,绿樱桃6只,胡萝卜1段,水发香菇3只,虾仁150克,鲜贝50克,蛋清1个。

调味料

精盐1克,白糖3克,味精0.5克,料酒5克,葱8克,生姜5克,干淀粉5克,麻油1克,色拉油25克。

制作方法

(1)用专用小匙挖西瓜瓤,挖成小球状(去种子);菠萝、胡萝卜、香菇、姜切成片块,葱切小段。

(2)虾仁从脊背中间用刀剖开,不要切断,将虾仁、鲜贝洗干净,沥干,加盐、味精、料酒、蛋清、淀粉上浆拌匀。

(3)炒锅上火加油烧热,放入胡萝卜、香菇、葱段、姜片煸炒片刻,再将拌匀的虾仁、鲜贝放入,加水、糖、盐、料酒、味精,翻炒一下,接着放入菠萝、樱桃、西瓜球,淋上麻油、翻炒均匀,盛出装盘。

成菜特点

多味水果入菜,色彩缤纷;海味、果香并举,甜咸适中。

菜肴的发展与更新,是社会的需要,引进新菜,淘汰不喜欢的菜,这是正常的,各个菜系都是这样形成、发展的,这方面的事例有很多。但这种变化发展并不是去抹杀和取消传统。烹饪是艺术,各菜系都已有自己独特的风格。这种发展,也是在保持原有风格的基础上完善,并不是失去风格,而是使人们的饮食思路拓宽、口味更加丰富。就像今天的麦当劳、肯德基的出现,不会取消传统中餐一样;就像进入21世纪,不会湮没几千年历史的烤乳猪、烤鸭以及人们近几年又畅销的扒猪头、大肠煲、臭豆腐干、窝窝头一样;就像中国菜馆在海外成千上万,并不能替代法国餐、意式餐、阿拉伯餐的影响一样。新的原料、新的口味、新的技法,人们从引进到适应再到习惯,是有一个过程的,以上许多吸取西式风格的菜品其中不少品种已经与我们的饮食生活水乳交融了,适应的都将保留下来,不适应的也都被人抛弃。中国菜在海外也是如此。"适者生存",这是今天人们食饮的总的趋势。中西菜技艺结合的思路只是在民族特色、传统特色的基础上的一种菜肴制作风格。

本章小结

　　本章系统地阐述了传统中餐菜品广泛吸收外国菜品技艺而创造新品种的思路。中国烹调师的菜品创作,从古到今就有善于吸取的传统,特别是改革开放以来,中西菜烹饪技艺的结合已走向繁荣发展的地步,从原料引用、调味品的引入,到烹饪技法的学习与变化,使中餐菜品不断发扬光大,新品迭出。

【思考与练习】

一、课后练习

(一)选择题

1.汉代引进的代表食品是( )。

A.胡食　　　　　　B.番食　　　　　C.洋食　　　　　D.西餐

2.早期我国引进的食品主要是( )。

A.海产品　　　　　B.香料　　　　　C.胡麻　　　　　D.西餐

3.明代到外国扩大交流和贸易的人是( )。

A.张骞　　　　　　B.班超　　　　　C.鉴真　　　　　D.郑和

4."黄油焗牛蛙"菜品的制作属于是( )。

A.西料中用　　　　B.西味中调　　　C.西烹中借　　　D.西法中效

5.属于面点技艺借鉴的菜品系列是( )。

A.奶油菜品　　　　B.吐司菜品　　　C.裱挤技术　　　D.拍粉技术

(二)填空题

1.汉代出使西域,在中国与中亚、西亚各国之间开辟了一条"_____"。

2.中餐烹制菜肴常常采用"烹汁",而西餐通常采用的方法是"_____"。

3.吉列炸是引进西式烹调的称谓,类似于传统中餐的_____。

4.中西菜肴有机结合的方法通常有4种:第一,_____;第二,_____;第三,_____,第四_____。

(三)判断题

1.咖喱粉是从外国引进的调味品。　　　　　　　　　　　　　　　( )

2.裱挤技术主要是制作点心,对菜作用不大。　　　　　　　　　　( )

3.香港是中外烹饪技艺结合的典范。　　　　　　　　　　　　　　( )

4.中外烹饪技术的结合会影响传统中餐的发展。　　　　　　　　　( )

5.水果做菜来源于国外,中国是学习别国的。　　　　　　　　　　(　　)

(四)问答题

1.在中外饮食文化交流中,最主要的是哪几个时期引进的哪些品种?

2.简述中华人民共和国成立以后中国菜品引进西餐的主要内容。

3.中西合璧菜式主要体现在哪几个方面?

4.如何理解继承传统与"拿来"我用之间的关系?

5.试论述黄油、奶油、水果酱制作菜品的风格特色。

二、拓展训练

1.按小组制作中西合璧菜品。分别以黄油、咖喱、面包、果汁等原料制作不同风格的菜品,并进行分析说明。

2.利用西式扒炉制作大虾、牛肉两种风味菜肴。

3.学会用裱花模具裱挤花卉、花饼、鱼面等技术。

第八章
热菜造型工艺的变换

引 言

菜品的设计与造型已经成为现代餐饮经营的关键点,一份菜的外观卖相决定了它的价值。干净、简洁、完整的菜品带给人的效果肯定要比乱糟糟的菜品卖相好、价值高,过于花哨、平庸的菜品也跟不上时代的潮流。简洁的热菜造型菜品,突出技术含量和整洁美观定能得到客人的认可。本章将从热菜的基本工艺出发,为你介绍和分析通过热菜造型工艺而带来的创新品种。

学习目标

- 掌握热菜造型的制作原则
- 熟悉各具特色的包菜系列
- 掌握卷菜工艺的制作技巧
- 掌握蓉塑工艺的变化革新
- 了解夹、酿、沾工艺的技巧

中国菜肴花样繁多,技艺精湛,在很大程度上表现在热菜造型工艺的巧妙变化上。近年来,在不断提高和丰富的物质文化生活中,对外经济文化交流不断扩大,促进了中国烹调技艺向着更高的科学性与艺术性方向发展,中国菜品的热食造型菜也不断涌现出新的风格。数以千计的制作精巧、栩栩如生、富有营养的热食造型菜,像朵朵鲜花,在中国食苑的大百花园里竞相开放。这些千姿百态、外形雅致的"厨艺杰作",在中高档宴会的餐桌上,与其他菜点一起,构成了一种完美的、具有中国特色的烹调艺术。

第一节 热菜造型的制作原则

中国菜品工艺精湛,独步烹坛著称于世,与变化多端的制作造型工艺有密切的关系。中国烹饪经过历代烹调师的苦心钻研,新的工艺方法不断增多,新的菜肴品种不断涌现。许多烹调师在菜品制作与创新中,都善于从工艺变化的角度作为菜肴变新的突破口,通过这条道路向前探索,人们摸索出了许多规律,开拓出许多制作菜品的新风格。而菜肴主要的功能是供人食用,它与其他工艺造型有质的区别,既受时间、空间的限制,又受原材料的制约,因此,在创新时应遵循以下几条原则。

一、食用与审美相结合

我国菜品制作有其独特的表现形式,它是通过烹调师精巧灵活的双手经过一定的工艺造型而完成的。创制造型菜品的根本目的,是为了具有较高的食用价值,因为,菜肴是专供食用的,而不是其他。它通过一定的艺术造型手法,就是使人们在食用时达到审美的效果,食之觉得津津有味,观之又令人心旷神怡。它在食用为本的前提下,展现在宾客面前,以此增加气氛,增进食欲,勾起人们美好的联想,感到一种美的享受。

食用与审美寓于菜肴造型工艺的统一体之中,而食用则是它的主要方面。菜肴造型工艺中一系列操作技巧和工艺过程,都是围绕着食用和增进食欲这个目的进行的。它既能满足人们对饮食的欲望,又能使人们产生美感。

造型热菜与普通菜肴的根本区别,在于它具有经过巧妙的构思和艺术加工,制成了一种审美的形象,对食用者能产生较好的艺术感染力。而普通菜肴一般不注重造型,菜肴成熟后直接从锅中盛入盘、碟中即可。造型热菜,它提供给人们的不仅是一盘菜肴,而且具有美的视觉形象,在人们还没有品尝之前,还可诱发人们的食欲。它在营养、美味、内容美的基础上,还体现了外在的形式美,使两者有机地交融。

在创作造型热菜时,制作者必须正确处理两者之间的关系。任何华而不实的菜品,都是没有生命力的。所以,需要特别强调的是,菜品不是专供欣赏的,如果制作者本末倒置,这将背离烹饪的规律,也是广大顾客所反感的。脱离了食用为本的原则,而单纯地去追求艺术造型,就会导致“金玉其外,败絮其中”的形式主义倾向。现代餐饮经营竭力反对那些矫揉造作的“耳餐”“目餐”的造型菜。而以食用性为主、审美性为辅,使之各呈其美的造型热菜才是人们真正所需求和愿望的并具有旺盛生命力的菜品。

二、营养与美味相结合

热菜造型的形式美是以内容美为前提的。当今人们评判一款菜品的价值最终必定都落在"养"和"味"上,如"营养价值高""配膳合理""美味可口""回味无穷"等。欣赏菜品,也必须细细地"品味"。人们品评美食,开始或不免为它的色彩、形态所吸引,但真正要评其美食的真谛,又总不在色、形上,这是因为饮食的魅力在于"养"和"味"。菜品制作的一系列操作程序和技巧,都是为了具有较高的食用价值、营养价值、能给予人们以美味享受的菜品,这是制作菜品的关键所在。

菜品创新的最高标准是什么?人们众说纷纭。在饮食活动实践中,人们正在同时运用多种标准。其一,味美;其二,色香味形质器养意;其三,营养平衡;其四,安全卫生;其五,养生保健;其六,符合有关法规。这些标准,哪一条都有自己独特的规定性,单独看,都是正确的。但是,在菜品创制时,正确的做法应该是,综合运用这些标准。在一般情况下,这个标准体系的内容,按其重要性,正确的排法应该是营养平衡第一,味美第二,再加上其他几条。人们在创作实践中容易犯的最大错误就是往往把"味"排在第一位,而不是把营养平衡排在第一位,甚至是只讲"味"这一条。许多大大小小的疾病,特别是"现代文明病",都是由于长期营养不平衡引起的。

在菜品的创新中,我们要正确处理两者的关系,在热菜的配置中,做到营养与美味相结合,注重菜品的合理搭配是前提,在烹饪过程中,尽量减少营养成分的损失,更不能一味地为了造型、配色,甚至不顾产生一些对人体有害的毒素。从某种意义上说,烹饪工作者应引导人们用科学的饮食观约束自己的操作行为,使其达到营养好、口味佳、造型美。

三、质量与时效相结合

一个创新菜品的质量好坏,是其能够推广、流传的重要前提。质量是一个企业生存的基础,创新菜的优劣状况,体现该菜品的价值。没有质量,就没有生产制作的必要,否则就是一种浪费,不仅是原材料的浪费,也是生产工时的耗费。

我们经常会看到各种烹饪大赛或企业的创新菜比赛,许多菜品生熟不分、造型混乱,对原料长时间的手触处理,乱加人工色素甚至不洁净的操作过程,这些菜品虽外表漂亮,口味也不差,但其菜品的质地受到了损坏,甚至带来了一些负面影响。如一些菜品将烹制的热菜,造型于琼脂冻的盘子上,一冷一热,使成形乱七八糟;用超量的人工合成色素来美化原料和菜品,使其颜色失真,显得做作;有些菜品用双手长时间的接触,动作拖泥带水等。虽然菜品造型较好,但菜品的质量遭到了破坏。

影响菜品质量的因素是多方面的，用料的不够合理、构思的效果不好、口味的运用不当、火候的把握不准确等都会影响造型菜品的质量。在保证菜品质量的前提下，还要考虑到菜品制作的时效性。在市场经济时代，企业对菜肴的出品、工时耗费要求也较严格，过于费时的、长时间人工操作处理的菜肴，已不适应现代市场的需求，过于繁复的、不适宜批量生产、快速生产的耗时菜品也是质量不足的一个方面，它不仅影响企业的经营形象，也影响菜品的生产速度。

热食造型菜，在注重形美的同时，而反对一味地为了造型而造型，不惜时间而造型。现代厨房生产需要有一个时效观念，我们不提倡精工细雕的造型菜，提倡的是菜品的质量观念和时效观念相结合，使创新菜品不仅形美、质美，而且适于经营、易于操作、利于健康。

四、雅致与通俗相结合

中国热食造型菜品丰富多彩，真可谓五光十色，千姿百态。各地涌现出的许多创新菜品大都具有雅俗共赏的特点，并各有其风格特色。按菜品制作造型的程序来分，可分为三类：第一，先预制成型后烹制成熟的，如球形、丸形以及包、卷成型的菜品大多采用此法，如狮子头、虾球、石榴包、菊花肉、兰花鱼卷等；第二，边加热边成型的，如松鼠鳜鱼、玉米鱼、虾线、芙蓉海底松等；第三，加热成熟后再处理成型，如刀切鱼面、糟扣肉、咕咾肉、宫保虾球等。

按成型的手法来分，可分为包、卷、捆、扎、扣、塑、裱、镶、嵌、瓢、捏、拼、砌、模、刀工美化等多种手法。按制品的形态分，又可分为平面型、立体型以及羹、饼、条、丸、饭、包、饺等多样。按其造型品类分量来分，可分为整型（如八宝葫芦鸭）、散型（如蝴蝶鳝片）、单个型（如灵芝素鲍）、组合型（如百鸟朝凤）。

热菜造型工艺，不光是指宴会高档菜和零点特色菜，较普通的菜品也可简易"描绘"图案，如蛋黄狮子头、茄汁瓦块鱼、芝麻鱼条等也同样有艺术的效果和艺术的魅力。同样是一盘"荤素鱼饼"，它的厚薄、它的大小，它经煎炸的成色，都有很重要的关系。鱼饼的大小、规格一致会激发人的进食欲望，而大小不匀，造型不整，就会降低人们的进食兴趣，质地僵硬、加热焦煳、外形软摊，都不是鱼饼应有的风格。菜品造型雅

虾蟹伊府面

俗共赏,将技术含量和艺术效果贯穿于生产制作的始终,不在于菜品的高低贵贱,而在于菜品造型的整体效果。

实用的新菜受欢迎

从某种角度来看,当今餐饮企业的竞争,实际上就是菜品质量与新菜品设计之间的竞争。就菜品而言,怎么样让我们的客人看了舒服、吃了舒畅,这不是一个简单的课题。一个城市,成千上万家大小餐厅,能有多少给人印象很深的菜品,难!设计要巧妙,味道要好,看了要诱人,这不仅在色、香、味、形上面,还要体现通俗或雅致,这不但有技术含量,还有文化创意在其中。

第二节　包制工艺的出新

利用包制之法,是我国热菜造型技艺的一种传统烹饪加工方法。在我国古代,就有不少运用包的手法制作的菜肴。北魏贾思勰著的《齐民要术》里记载的"裹酢":将鱼切块洗净、放盐和蒸熟的米饭拌匀,十块一包,用荷叶裹扎包起。只三二日便熟,名曰"裹炸"。荷叶有一种特殊的清香,与裹炸发出的香气产生奇特的香味效果,胜过一般的炸。唐代昝殷著《食医心鉴》中记载的"炮猪肝":将猪肝切成薄片,撒上芜荽末,裹上面糊,用湿纸裹扎包起入灰火中煨熟,取出食用中间的肝。此法制作成菜不但味美香嫩,而且具有食疗作用。清代袁枚著《随园食单》中的"空心肉丸":通过采用包的手段,将固态猪油包入肉泥中,汆煮或蒸后,猪油受热向外溢出,里面便空心了,此菜造型颇具匠心。在点心制作中,包的系列更是普遍。在古代就有包饺子、包春卷、包包子、包馄饨、包粽子,等等。从以上菜点分析,我们不难看出,当时古人用包的手法配制菜点,一是为了包扎成型便于烹制;二是保持菜的原汁原味;三是取其裹包层特有的香气;四是形成独特的风格。

到了现代,包的技法运用就更加普遍了,特别是花色造型菜的运用。在配制中,更加注重菜肴原料的选择、搭配和外形造型的美观,使之达到色、香、味、形俱佳,款式多种多样,一目不可尽收。例如四川菜的"炸骨髓包""包烧鳗鱼",广东菜中的"鲜荷叶包鸡""纸包虾仁",北京菜的"荷包里脊",安徽菜的"蛋包虾仁",福建菜的"八宝书包鱼""荷叶八宝饭"等。

包式菜肴,一般是指采用无毒纸类、皮张类、叶菜类和泥蓉类等作包裹原料,将加工成块、片、条、丝、丁、粒、蓉、泥的原料,通过腌渍入味后,包成长方形、方形、圆形、半圆形、条形及包捏成各种花色形状的一种造型技法。包的形状大小可按品种或宴会的需要而定,但不论包什么形状,包什么样的馅料,都是以包整齐、不漏汁、不露馅为好。

包式菜肴丰富多彩,风味各具,配制花色菜包制所用的包层原料繁多,从其属性来分,主要有以下几类。

一、纸包类

纸包类菜肴,是以特殊的纸为包制材料,根据纸质的不同,可分为食用纸和不食用纸两类。食用纸有糯米纸、威化纸;不食用纸有玻璃纸和锡纸等。用纸包类包裹菜肴进行造型,一般以长方形居多,也有包成长条形。不论用什么纸包裹原料,都要适当留些空间,不要包得太实,以免汁液渗透,炸时易破洞。在包制过程中,要做到放料一致,大小均匀,外形整齐,扎口要牢,并留有"掀角"(指包方形或长方形,包料时对角包,两头往中间折,扎口留角在外),便于食时用筷子夹住易于抖开。纸包类的菜肴最好是现包现炸,炸好即食。若包后放的时间较长,原汁的汁液会使纸浸湿透,也易破洞,影响质量。

纸包类的菜肴,基本上都是采用炸的烹调方法。在炸制过程中,注意掌握和控制油温至关重要,下锅油温以四至五成热为宜,采用中等火力控制油温在六成左右,待纸包上浮时,要不停地翻动,使受热均匀,当锅内的纸包料炸透后,油温可升至六至七成热,但不能超过七成。这样炸出的纸包类菜肴,才会保持原料的鲜嫩和原味,食之滑香可口。

1.威化纸包·纸包鸡

将鸡肉洗净,放砧板上,用刀片成 6 毫米厚,用刀轻斩十字花纹后,再切成约 3 厘米的正方形,便成鸡球,共 24 件,放入盘内。将大蒜斩成蓉,与辣椒粒、豉汁、味精、白糖和芝麻油一起加入鸡肉盘内拌匀后,加鸡蛋清,再拌匀,后用威化纸包成"日"字形,用蛋清粘口,然后平放在撒上薄干淀粉的盘中。炒锅置旺火上,烧热后下色拉油,烧至五成热(约 145℃)放纸包鸡在油锅中浸泡至熟,捞起装盘即成。此菜肉质酥香入味,豉汁味香浓郁。

2.玻璃纸包·灯笼鸡

选嫩鸡脯肉切片,用蛋清、味精、淀粉浆好,在温油中滑透取出。另将炒锅烧热放油少许,加葱姜蒜米微煸,随即放入鸡片,加荸荠片、鲜蘑片、鲜豌豆、加盐、料酒、白糖,炒熟撒上炸好的杏仁。取一块四方的透明玻璃纸,将炒熟的菜料倒在纸上,周围淋上红辣椒油,把纸四角捏起,中腰扎上一根绸带(要扎紧,不得漏气)。锅上火烧热放油,烧热油后将干粉丝炸起后垫在盘中,将油升至六成热(约 170℃)时,手提玻璃纸包在热油中炸起,并同时淋浇热油直至纸包涨圆,红油溢出纸面上,呈浅红色时取出装盘,食用时从绸带下方剪开即可。此菜造型如灯笼,内中鸡片鲜嫩,配料清爽,是宴会上十分诱人的造型菜。

3.锡纸包·柱侯焗烧鸭

将烤鸭肉切成大小相等的块约20件,鲜菠萝肉亦同样切成20片。锡纸用净布抹干净。锅上火放油烧热,随即放入干辣椒段、蒜蓉、姜米、料酒,倒入柱侯酱、白糖、老抽,稍加水略烧后,勾薄芡,加入烤鸭片略烧后,投入菠萝片,即可起锅倒入碗中。取锡纸剪开呈正方形,铺平在案上,每张锡纸放烤鸭2片、菠萝2片,用小勺盛点卤汁,将锡纸封口捏好(使其不漏气、不流卤),排放于盘中,待食用时用烤箱烤至鸭肉发烫即可。此菜锡纸灿亮,内里热烫,肉嫩味香,甜咸味浓,口味悠长。

4.玉扣纸包·锦绣虾丝

将吸干水分的鲜虾仁用刀背剁成泥,放在盆内,加入猪肥膘细粒,放入精盐、味精、料酒,顺着一个方向搅拌,至胶状后,入冰箱冷藏2小时。取出虾胶切成中丝放入似开非开(约90℃)的水中浸至熟,捞起切段。将冬笋、水发香菇、青红椒分别切细丝,冬笋丝、香菇分别放沸水中汆过,倒入漏勺沥水。炒锅上火放入油烧至三成热(约80℃)时,将虾丝放入过油后捞起沥去油,炒锅放回炉上,加姜米、蒜蓉,再放入青红椒丝、冬笋丝、香菇丝、虾丝,烹料酒,加入盐、味精、胡椒粉、芝麻油,勾薄芡炒匀后盛起,用玉扣纸包起,使外形整齐,扎口要牢,并留有"掖角",入油锅炸至浮起即捞起沥油,装入点缀的盘中。此菜菜形优美,虾丝软滑,配料鲜香,醇厚馥郁。

玉扣纸产于广西、广东,其特点是纸质柔韧、无毒、耐油浸,炸时不易脆烂,是两广地区制作纸包类菜肴的主要用料之一。

二、叶包类

叶包类,一般是以阔大且较薄的植物叶或具香气的叶类作为包裹菜肴的材料。根据"叶"的特色,又可分为食用叶和不食用叶两类。食用叶如包菜叶、青菜叶、生菜叶、白菜叶、菠菜叶等;不食用叶有荷叶、粽叶和芭蕉叶等。叶包类菜肴,主要体现其叶的清香风味和天然特色。

利用叶包馅料,其大小形状根据档次的高低、食用情况而定,有每人一客包制的小型包,也可一桌一盘的大型包。所用叶类,有些叶类可先用水烫软,使其软韧可包,如包菜叶、白菜叶等,有些叶类只需洗净便可包制,如粽叶、荷叶、蕉叶。使用荷叶可鲜可干,可整张包成大包,也可裁成小张包成小包,还可将大张裁成一定形状包之。包裹后的形状有石榴形、长方形、圆筒形等。叶包类的馅料,可使用生馅包制,亦可使用熟馅包制。生馅鲜嫩爽口,熟馅软糯味纯。叶包类菜肴大都采用蒸的烹饪方法制熟,也有的用烘烤、油煎进行加热。蒸的清香酥烂,烤的鲜嫩清香,煎得金黄酥香,各有风味特色。

1.菜叶包·锅焗菜盒

将猪肉细切粗斩成泥,葱、姜切成细末,加精盐、酱油、淀粉搅拌上劲为肉馅。大白菜叶在沸水中烫一下取出、摊开,晾干水分后叠起,切成20片宽9厘米、长12厘米的菜片;取鸡蛋清1个,加干淀粉调匀成蛋清淀粉糊。把摊开的菜叶,放上肉馅,包成长方形,接口处用蛋清淀粉糊粘接,再将剩余的1个半鸡蛋打散调匀,菜盒放在蛋液中拖过,然后沾上干面粉。取平底锅放在火上烧热,淋入色拉油烧热后,放入菜盒,用文火将两面煎黄加肉汤、料酒、精盐、味精,文火收浓汤汁,淋入明油出锅装盘。此菜外色金黄、酥香,内里软嫩、鲜醇,形状饱满均匀。

2.荷叶包·荷叶粉蒸肉

将粳米淘洗、晾干,与桂皮、八角下锅用小火炒至淡黄色盛起稍凉,拣去桂皮、八角,将米碾碎,用粗眼筛筛过,去掉米粉头。鲜荷叶洗净,取3张荷叶切成10块15厘米见方的块,去掉叶背硬筋,入沸水锅中烫洗取出,用洁布擦去水分。猪五花肉洗净,切成7厘米长、1.5厘米厚、4.5厘米宽的长方块,豆腐乳捣成泥备用。将肉块放入盛器,加酱油、糖、料酒、葱、姜、豆腐乳拌和浸渍10分钟,拣去葱、姜,放入米粉、麻油拌匀,排在一只盘内的一张荷叶上,再用鲜荷叶盖好,上笼蒸熟即取下,揭去荷叶。将10块小方形荷叶铺在案板上,分别包入粉蒸肉,叠成长方形,将荷叶包口露在外面,排入盘中,上笼蒸5分钟取出,淋少许麻油即成。此菜荷叶清香飘溢,猪肉鲜嫩酥烂,肥而不腻,米粉香味浓郁,食之余味隽永。

3.粽叶包·粽叶炸鸡

将鲜嫩净鸡肉洗净,切成6厘米长、5毫米宽、厚的条;生姜去皮与葱一起切成细丝,与鸡肉一起摆入大盘内,加上蚝油、胡椒粉、料酒、白糖、生抽、蛋清和淀粉一起腌拌均匀,最后淋上麻油,渍15分钟。将粽叶用热水洗净,沥干水,分别用2张粽叶包入40克鸡肉,使粽叶两头穿好扎紧,最后用剪刀将粽叶修剪整齐。取锅上火,放油烧至五成热(约145℃)时,将粽叶鸡放入油锅炸熟后,用漏勺捞起沥油,装盘即成。此菜粽叶清香,鸡肉嫩滑,蚝味浓郁,鲜香可口。

4.蕉叶包·蕉叶烤鲈鱼

将新鲜活鲈鱼从尾部沿着脊骨逆刀而上,切断胸骨,将鱼肉分成两块,放入盘内,加料酒、胡椒粉、精盐、生抽、蚝油、味精腌渍,加入葱段、生姜稍拌。熟火腿、水发香菇分别切成片。将香蕉叶剪成约30厘米的正方形,用水洗净,沥干水。取油,在香蕉叶上涂刷一层食用油,中间放上腌渍的鱼肉,摆平,在鱼肉块上摆上火腿片、香菇片,上放葱、姜,将蕉叶包成四方包,用竹签插紧或用细绳扎起,放进烤箱烤至香熟即可取出食用。此菜清香味美,肉质嫩滑,淡爽可口,别具一格。

三、皮包类

皮包类菜肴，一般是以可食用的薄皮为材料包制各式调拌或炒制的馅料。根据所包"皮子"的不同，具体又可分为春卷皮（或称薄饼皮）、蛋皮、豆腐皮、粉皮和千张等种类。此类皮包料较薄较宽，且具有一定的韧性，易于包裹造型。馅料的形状常用蓉、丝、粒等，包裹成形有长方形、圆筒形、饺形、石榴形等。长方形用方形薄饼皮或粉皮对角包折，如三丝春卷、粉皮鲜虾仁。圆筒形用任何皮都可包卷成圆柱形，封口需用蛋糊，如薄饼虾丝包、鸭肝蛋包等。饺形常用蛋皮包，制法有两种：一种是将适量蛋液倒入热锅内，摊成小圆稍厚的片，待其还未熟透时下肉馅，将一半对粘包起；另一种是把摊好的蛋皮用玻璃杯压出直径5～6厘米的圆片，入肉馅包成饺形，半圆边用蛋糊封口，如煎焖蛋饺、炸金银蛋饺等。石榴形（或叫烧卖形）是用10厘米见方的蛋皮包入馅心，上部收口处用葱丝扎紧成石榴形蒸制成熟；或用蛋液倒入热锅或手勺内，包上馅心用筷子包捏收紧，如蛋烧卖等。

以薄饼、粉皮为皮料包制菜肴，一般采用熟馅（将馅炒熟勾芡），包好后可直接入六七成油锅中炸至皮脆，呈金黄色即好。若包生馅，不适于直接炸，否则外焦里不透；如果采用蒸后炸，蒸会影响皮层的形态。用其他皮张类包制的菜肴，多为生馅，包制要紧，封口要粘牢，不同的皮料，可采取不同的烹调方法，挂不同的糊，油炸的温度也有所区别，裹脆糯糊炸，入锅油温要达七成热（约185℃），待外表炸酥脆、色金黄即可。油温低所挂的糊会脱散或不匀。裹蛋清糊炸的油温以四五成（约135℃左右）为宜，若油温高外层易焦。腐皮包类菜入锅油温一般在五成（约145℃），逐步升高，上浮炸成金黄，及时捞出。用蛋皮包的，有用蒸法、有用炸法，也有挂糊与不挂糊之分。

1.春卷皮包·皮包大虾

将无头对虾去外壳留尾壳，用刀从脊背中间平批一分为二，使尾壳连在虾肉上，放入盘中，用盐、味精、胡椒粉、料酒略拌。将春卷皮用刀改切成三角形，平放于案上，放上一只对虾，虾尾朝外，卷成一头粗一头细的皮包虾，收口处用面糊粘紧。锅上火放油，烧至六成热（约170℃）时，投入所有皮包虾，炸至虾肉成熟，外皮呈金黄色时即可捞起沥油、装盘，外用番茄沙司碟一同上桌。此菜外皮脆香，虾肉鲜嫩，尾壳色红，造型别致。

2.蛋皮包·蛋烧卖

将河虾仁漂洗干净，沥去水，取250克斩成米粒状，放入碗内，加精盐、味精、葱末、料酒，用少许色拉油拌和成馅，分成20份。再取50克虾仁剁成蓉，放入碗内。将鸡蛋磕入碗内，搅打成蛋液。把铁手勺置小火上烧热，用油分次抹匀，用汤匙舀蛋液1匙，倒入勺内，手持勺柄晃转，摊成直径8厘米的圆蛋皮，随即在蛋皮中间放入虾馅1份,用筷子贴着馅心稍上处夹成烧卖形,共做20个。随后在蛋皮合口处放上虾蓉,缀上红椒末、青菜末,上笼用旺火蒸约10分钟至熟取出。将锅置旺火上,舀入鸡清汤,加精盐、味精烧沸,用湿淀粉勾芡,淋入油,浇在蛋烧卖上即成。此菜形似烧卖,鲜嫩味美,营养丰富,造型独特。

3.豆腐皮包·香炸蟹粉卷

将猪肥膘肉50克切成小粒,马蹄切成小丁。取锅上火,烧热加油滑锅,将蟹粉、肥膘、姜末下锅煸炒,加入料酒、精盐、香醋、胡椒粉炒匀后,加马蹄略炒勾芡。取豆腐皮10张,投入水中浸软取出,把蟹粉馅包入豆腐皮内,包卷成长条状。鸡蛋磕入碗内调散,将蟹粉卷挂全蛋糊,拍上面包粉。锅上火放色拉油,加热至五成热(约145℃)时投入蟹粉卷,炸至金黄成熟时捞出装盘即成。此菜色泽金黄,外层酥香,蟹肉鲜嫩。

4.千张包·千张包肉

将猪腿肉剁成末,盛入碗内,放入淀粉,磕入鸡蛋,投入料酒、精盐、味精、白糖、葱姜,加水搅拌上劲待用。千张摊开修齐,将肉末50克平摊在千张的中间,然后将其包折成10厘米长、4厘米宽的长方块,一起放入大瓷盘内,置于蒸笼锅上,用旺火蒸熟后,取出装入盘中即成。此菜肉馅鲜嫩,千张筋柔,食之爽口,家常风味浓郁。

5.鱼(肉)皮包·鱼皮馄饨

鳜鱼去鳞、剖腹、剔骨、去刺、去皮,取净肉切成3厘米见方的块24个,先将鱼块滚上干淀粉,然后将鱼丁放在砧板上,用刀直拍成扁圆形,再沾上淀粉,用圆木棍慢慢敲成直径为7厘米左右的圆薄皮子。将虾仁、生肥膘分别斩细,加蛋清、葱花、熟火腿末、冬菇末、冬笋末、料酒、盐拌和上劲,用鱼肉皮子包成馄饨,下开水锅余一下捞出。取碗一只,加入鸡汤、盐、料酒,再放入馄饨加盖,上笼蒸20分钟取出,碗中放入味精,淋上鸡油。小菜心用开水烫熟,取12只小碗,把蒸熟的鱼肉馄饨及汤分装在12只小碗中,每只碗中加一棵菜心,加盖上桌即可。此菜馄饨皮薄、透明、洁白,口感滑嫩、清鲜、味美。

四、其他包类

其他包类菜肴,是指除上述之外的包类菜肴,如利用网油包制,其菜肴品种繁多,制作各具特色。网油包菜一般都需经过挂糊后油炸,由于网油面积大,包制成熟后都要采用改刀切段装盘。另外如用黏土包裹成菜,较代表性的品种是叫花鸡以及泥煨火腿、泥煨蹄髈等。黏土以酒坛泥为最好,因其黏性大,不易脱落损坏,能保持内部的温度。其他还有糯米包等,糯米加水蒸熟有较强的黏性,通过加工可以包制食品,成为美味的馔肴。

1. 网油包·网包鳜鱼

将鳜鱼宰杀、洗净,用刀片下二片鱼肉,修成 12 个圆形块,分别剞斜、直刀纹,然后和鱼头、尾共放入碗中,加精盐、料酒、姜葱汁浸渍。将猪网油洗净、晾干,分切成 12 块,每块中间放鱼肉 1 块,面上再置放香菇 1 只,包成圆形。将鱼头、尾分放在长腰盘的两端,浇上葱姜汁、料酒,中间排放用网油包的鱼块,上笼蒸熟取下,将盘内汤汁滗入炒锅内,置旺火上烧沸,加味精,用水淀粉勾芡,浇在鱼身上,撒上熟火腿末即成。此菜鱼肉鲜嫩腴美,火腿腊香,色彩悦目。

2. 黏土包·泥煨金腿

将生火腿 1000 克略泡后,削去肉面表层污迹,刮洗干净,在肉皮上剞上花纹,再翻过来在肉面部分切成正方形小块,保持皮肉相连,形状完整。将加饭酒与冰糖溶化混合,放入火腿浸泡 1 小时左右取出,用荷叶将火腿包裹好,里面放几粒丁香,再用玻璃纸包扎在外面,最后用黄泥裹包上,放炉上烘烤 4 小时,取出后去泥装盘即成。此菜火腿鲜香四溢,荷叶清香扑鼻,肉酥嫩味美,色泽美观,为宴会之佳肴。

3. 糯米饭包·摧皮圆

将糯米淘洗干净,倒入大方盆中,加水上笼大火蒸熟(不要太烂或太硬),取出稍晾凉,然后用擀面杖将其捣黏,待冷后,用刀切成小块。将金橘饼、冬瓜糖、核桃仁、瓜子仁、松子仁一起切成小粒,与莲蓉拌和一起,搓成长条,分成小粒做馅心。将糯米块用手按成窝,包入莲蓉果料馅,收口、包圆,然后沾上芝麻仁,按实。油锅上火放色拉油,待升至六成热(约 165℃)时,放入油锅炸至浮起成金黄色捞起沥油,即可装盘。此品外形圆润,色泽金黄,黏糯甜香,软滑味爽。

案例分享

冰火楼一心一意做好菜

以"创意新湘菜"而著称的"冰火楼",一个让人充满想象和意蕴的名字,在湖南已经是家喻户晓,享有很高的品牌知名度。冰火楼的"创意新湘菜"在立足于湘菜味型本质的基础上进行改良和优化,从原材料到每一道烹饪工序都精益求精,追求食材的健康、营养,以及菜品的精致、完美。在冰火楼的厨房里,根本找不到味精和色素,因为味精在冰火楼是禁用的,厨师们必须保证食物的原味呈现,产品的色泽都是蔬果本色制成。每个季节冰火楼总是会把最时令的产品挖掘出来,比如春天的野菜系列、夏天的荷塘系列,让顾客在冰火楼就感受到季节的变化和款款"心"意。冰火楼不但有自己的蔬菜基地,还有腊制品制作基地,这些投入都是为了让消费者真正能吃到实实在在的健康食品。

为了不断推陈出新、打造一系列名牌产品,冰火楼大下苦功,跋山涉水前往全国各地学习考察。云南之行后，冰火楼开始引鲜花入席、芬芳入味，并由此创办了湖南省第一届鲜花美食节，一时整个店堂被装点成花的海洋，处处弥漫着醉人的芳香——油炸向日葵、茉莉花豆腐、菊花蛋、冰百合这些菜所使用的原材料都是当日空运过来即时制作的，时至今日都是最流行的佳肴，每天都是供不应求。前往西藏，冰火楼的员工顶着缺氧的不适，带回了从藏民手中收购的纯正的冬虫夏草，带回了雪域高原滋补系列产品，创制出了名牌菜品"扎西德勒"和"黄菇煨排骨"。"扎西德勒"的原材料雪域圣鞭（牦牛鞭）来自海拔4800米之上的雪域高原，天然无污染，自然风干，区别于冷库用防腐剂冷藏的同类产品，同时与土龟和蛇完美结合，口感醇厚、滋补营养，让顾客在享受美食的同时滋补身心。而黄菇也是藏民放牧时采集后自然风干的野生稀有菌类，制成菜品便是一道具有民族风味的滋补佳品。近期，冰火楼又重磅推出了"童子冬瓜"和"野生灵芝新养道系列"，将这些稀有的生态的食材奉献给消费者，也能让顾客常吃常新、常新常来。

［资料来源：名店风采：冰火楼一心一意做好菜.餐饮世界，2010（2）.］

第三节　卷菜工艺的制作技巧

卷制菜肴，是中国热菜造型工艺中特色鲜明、颇具匠心的一种加工制作方法。它是指将经过调味的丝、末、蓉等细小原料，用植物性或动物性原料加工成的各类薄片或整片卷包成各种形状，再进行烹调的工艺手法。

在清代，我国菜肴的制作就有许多用卷制类而制成的馔肴，《调鼎集》《随园食单》《食宪鸿秘》中都有卷类菜的记载，虽然文字简单，但也勾画出卷制菜肴的制作风格和特色。

"蹄卷"："腌、鲜蹄各半。俟半熟，去骨，合卷，麻线扎紧，煮极烂，冷切用。"

"腐皮披卷"："劙肉入果仁等物，用腐皮卷，油炸，切长段，脍亦可。"

"炸鸡卷"："鸡切大薄片，火腿丝，笋丝为馅，作卷，拖豆粉入油炸，盐叠。"

"野鸭卷"："生野鸭披绝薄片，卷火腿、冬笋烧。"

卷制菜肴发展至今，已形成了丰富多彩、用途广泛、制作细腻、风格各异的制作特色。不同地区、不同民族，因气候、物产、风俗、习惯、嗜好等的不同，都有不同风味的卷制类菜肴。不论哪一个地方的卷制菜肴，都是由皮料和馅料两种组成。其基本操作程序：选料→初步加工及刀工处理（皮与馅）→码味或不码味→卷制成形→挂糊浆或不挂糊浆→烹制成熟→改刀或不改刀→装盘→（有些需补充调味）→成品。

利用卷制菜肴的原料非常丰富。以植物性原料作为卷制皮料的，常见的有卷心菜叶、白菜叶、青菜叶、菠菜叶、萝卜、紫菜、海带、豆腐皮、千张、粉皮等。将其加工可做出不同风味特色的佳肴。如包菜卷、三丝菜卷、五丝素菜卷、白汁菠菜卷、紫菜卷、海带鱼蓉卷、粉皮虾蓉卷、粉皮如意卷、腐皮肉卷等。

利用动物性原料制作卷菜的常用原料有：草鱼、青鱼、鳜鱼、鲤鱼、黑鱼、鲈鱼、鲑鱼、鱿鱼、猪网油、猪肉、鸡肉、鸭肉、蛋皮等。将其加工处理后可做成外形美观、口味多样的卷类菜肴。如三丝鱼卷、鱼肉卷、三文鱼卷、鱿鱼卷四宝、如意蛋卷、腰花肉卷、麻辣肉卷、网油鸡卷、蛋黄鸭卷、香杧凤眼卷、叉烧蟹柳卷等。

卷式菜肴的类型一般有三类：一类是卷制的皮料不完全卷包馅料，将1/3馅料显现在外，通过成熟使其张开，增加菜肴的美感，如兰花鱼卷、双花肉卷等；一类是卷制的皮料完全将馅料包卷其内，外表呈圆筒状形，如紫菜卷、苏梅肉卷等；另一类是卷制的皮料将馅料放入皮的两边，由外卷向内，呈双圆筒状，如如意蛋卷、双色双味菜卷等。但不管是哪种卷法，用什么样的皮料和馅料，都需要卷整齐、卷紧；对于所加工的皮料，要保持厚薄均匀，光滑平整，外形修成长方形或正方形，以保证卷制成品的规格一致。

卷式菜肴品类繁多，根据皮料所选用的原料不同，可以将其划分为不同的卷类菜肴。

一、鱼肉卷类

鱼肉卷类，是以鲜鱼肉为皮料卷制各式馅料。对于鱼肉，须选用肉多刺少、肉质洁白鲜嫩的上乘新鲜鱼（如鳜鱼、青鱼、鲤鱼、草鱼、鲈鱼、黑鱼、鲑鱼、比目鱼等）。鱼肉的初步加工须根据卷类菜的要求，改刀成长短一致、厚薄均匀、大小相等的皮料。鱿鱼要选用体宽平展、腕足整齐、光泽新鲜、颜色淡红、体长大的为皮料。作为馅的原料在刀工处理时，必须做到互不相连、大小相符、长短一致，便于包卷入味及烹制。否则，会影响鱼肉卷菜的色、香、味、形、营养等。

鱼肉类菜，一般采用蒸、炸的烹调方法。蒸菜，能够保持鲜嫩和形状的完整；炸菜，则要掌握油温以及在翻动时注意形状的不受破坏。根据具体菜肴的要求，有的需要经过初步调味，在炸制时经过糊、浆的过程，以充分保持在成熟时的鲜嫩和外形；有的在装盘后进行补充调味，以弥补菜味之不足，增加菜肴之美味。

1.鲈鱼·金筒鱼卷

将鲈鱼宰杀后洗净，取下鱼肉，切成24片薄鱼片，取下鱼头、鱼尾待用。猪五花肉剁成泥状放入盆内。虾仁、香菇、荸荠、葱、姜分别切成末状，放入肉盆里，下精盐、味精、白糖、胡椒粉、鸭蛋（1个）、淀粉搅拌成肉馅。两个鸭蛋打入碗内搅匀。鱼片放大砧板上，放入肉馅卷成卷，然后沾上面粉，在蛋液里拖过，再滚匀面包屑放在平盘中。将炒锅置旺火上，倒入花生油烧至四成熟（约125℃），把鱼卷逐个放入,炸至金黄色,捞出沥干油,整齐摆 在盘中,再把鱼头、鱼尾炸至金黄色捞出,沥干油,摆在鱼卷的两端,整理成鱼形。此菜外脆里嫩,若配上橘汁,味道更佳。

2.鳜鱼·三丝鱼卷

鳜鱼去鳞鳃、内脏后洗净,剔下鱼肉,留鱼头、尾。将鱼肉用刀批成长6厘米、宽3厘米、厚0.2厘米的片,鸡蛋清、干淀粉调成蛋清浆,冬笋、火腿、冬菇、乳瓜、姜、红椒、葱均切成丝。将鱼片铺在案板上,涂上蛋清浆,放上配料丝,将鱼片逐片卷起呈圆筒形,然后用刀切齐两头露出丝,滚上蛋清浆,放入有麻油的盘内成生坯。炒锅上火烧热,倒入色拉油,待油温升至四成熟(约125℃)时,放入生坯滑油,至鱼卷变色时,捞起沥油,另将鱼头、鱼尾拍干粉下油锅炸至脆,然后与鱼卷一起装入盆内摆成整鱼形。锅置火上烧热,放入葱丝、高汤、糖、醋、料酒、酱油,勾琉璃芡,浇入鱼卷及头尾上即成。此菜色泽淡红,口味略带酸甜,造型美观。

3.青鱼·果味鱼卷

青鱼取肉去皮,改刀0.2厘米厚、6厘米长、5.5厘米宽的长方形20片。将鱼片放入碗内,加入葱姜汁、盐、料酒、蛋清等调料,拌上味。香蕉去皮,改刀成4厘米长的条,共20条。将鱼片铺开,放上香蕉条包成卷,扑上干淀粉。炒锅上火,放上色拉油,待油温升至八成热(约185℃)时,将鱼卷放入油锅炸至金黄色成熟时,倒入漏勺沥油,摆入装饰好的盘中。锅再上火,加入番茄酱、白糖、鲜汤、盐、醋,烧片刻,用水淀粉勾芡,盛入调味碟中,与鱼卷一起上桌。此菜鱼肉与鲜果同尝,外脆里嫩,口感鲜美,风味特佳。

4.鲑鱼·翡翠三文鱼卷

将新鲜三文鱼切成薄片,然后用少许精盐、胡椒粉拌匀后,排放在案板上。另将叉烧肉和冬笋切成如火柴枝般粗的条,长度为3厘米。鲜芦笋切成段。将叉烧丝和冬笋丝放在三文鱼片的一端,将其卷起,在收口处用蛋清涂在鱼片边缘,然后卷起黏住,在结口处再蘸些蛋清,使其黏紧、黏牢。炒锅上火放入色拉油少许,将姜米炸香投入鲜芦笋炒熟,然后放入三文鱼卷,加入料酒,加精盐、鲜汤、胡椒粉,用湿淀粉调匀勾芡,加上色拉油,最后淋上麻油即可装盘。此菜鱼卷鲜嫩,芦笋碧绿,口感清香。

5.比目鱼·四喜鱼卷

将比目鱼剔出净肉洗净,切成8条长10厘米、宽2.6厘米、厚0.5厘米的条,再由两端向里平批至中间(中间连接),使其成为鱼片,放入盆内,撒上精盐、料酒腌渍入味。猪肉剁成细泥,加葱末、胡椒粉、精盐、料酒、鸡蛋、湿淀粉、芝麻油搅匀。搅好的馅分别卷在鱼肉片内(每条鱼片卷4个卷)。在4个小鱼卷内分别放上蛋糕末、冬菇、火腿末、青菜末,然后放入蒸笼内蒸熟取出,整齐地摆在盘内。锅上火加清汤、精盐、料酒,烧沸后撇去浮沫,勾琉璃芡浇在鱼卷上,淋上熟鸡油即成。此菜色泽艳丽,肉质细嫩,口味鲜香,造型美观。

6.草鱼·葱油核桃鱼卷

将草鱼肉片成连刀蝴蝶片 20 片,用精盐、味精、料酒腌拌。椒盐核桃仁、生猪板油切成小粒,葱切成末一起置于碗内,加入味精、盐拌匀成馅后,挤成 20 个丸子。将鱼片拍上干淀粉,然后将馅丸放在鱼片上,紧卷成蚕茧形鱼卷,放在盘中待用。将鸡蛋 1 个磕入碗内打散,加干淀粉调成薄糊,放入鱼卷挂糊至匀,再逐个滚上面包屑,入热油中逐个炸至呈深黄色时捞出,装盘。带花椒盐调味碟上桌即成。此菜鱼卷外壳爽脆,色泽金黄,馅料酥香油润。

二、畜肉类卷

畜肉类卷是以新鲜的肉类和网油为皮料卷制各式馅料而制作的菜肴。畜肉类卷主要以猪肉、猪网油制作为主。对于猪肉,须选用色泽光润、富有弹性、肉质鲜嫩、肉色淡红的新鲜肉为皮料,如里脊肉、弹子肉、通脊肉等。选用肥膘肉,须以新鲜色白、光滑平整的为皮料。猪网油须选用新鲜光滑、色白质嫩的为皮料。

肉类的加工制作,以采用切片机加工为好。将肉类加工成长方块,放入平盆中置于冰箱内速冻,待基本冻结后取出,放入切片机中刨片,使其厚薄均匀、大小相等,卷制后使成品外形一致。用猪网油做皮料,可用葱、姜、酒拌匀腌渍后,改刀使用;也可用苏打水漂洗干净改刀再用。用此腌渍或漂洗干净,可去掉猪网油中的不良气味。

畜肉类卷菜中,有的用一种烹调方法制成,有的同一个卷类菜可用两种或两种以上的烹调方法制成,特别是各种网油卷的菜肴。网油面积较大,卷菜经过烹制后因形体过长,往往需经过改刀处理后再装盘。

1.里脊肉·松子肉卷

取虾仁斩成蓉,放在碗内加精盐、料酒,再放入蛋清拌和上劲制成虾蓉,分 20 份待用。将里脊肉剔去筋膜,批成长约 8 厘米、宽约 5 厘米的薄片 20 片,平铺在盘内,用竹片将虾蓉逐份排在肉片上,涂抹均匀,再用松子仁 6 颗横放在肉片一头,呈一字形,逐个卷起。炒锅置于火上,放色拉油,烧至四成热(约 125℃),将肉卷逐个丢入锅内滑油,用手勺轻轻推动,待肉卷呈白色时,倒入漏勺沥油。炒锅再置火上,倒入肉清汤,加精盐、味精、料酒烧沸,用湿淀粉勾芡,再将松子肉卷倒入锅内,晃动炒锅,肉卷翻身,加油,起锅装盘即成。此菜色泽乳白,松子味香,肉卷鲜嫩,清香可口。

2.外脊肉·苏梅肉卷

将猪肉切成长 7 厘米、宽 3.5 厘米的段,摆入平盆中入冰箱冻硬,切片机调成 1.5 厘米厚的距离,将冻结的猪肉刨片,待融后用盐、味精、料酒、胡椒粉、蛋清、淀粉上浆拌匀。青葱切成与肉片宽度同样长的丝。将肉片平铺,放上葱丝3~5根,从窄的一边卷起呈圆柱形,每两卷用一根牙签穿起,分别卷好、穿完。油锅上火,烧至170℃,放入穿好的肉卷,炸至色金黄已熟时捞起沥油。锅去余油留底油,放入葱丝、红椒丝,倒入苏梅酱,加鸡汤少许,放入胡椒粉,勾少许湿淀粉,投入肉卷翻炒,点上麻油即成。此菜肉卷酥香,食之酸甜,色泽美观,成菜雅洁。

3.肥膘肉·大良肉卷

将猪肉片成长20厘米、宽16厘米、厚约2厘米的肉片,用汾酒、精盐腌约30分钟。取猪瘦肉片成厚约3毫米的片,用盐、味精、酱油、汾酒、白糖、鸡蛋拌匀,腌约20分钟。把肥肉拍上干淀粉,铺开,再将瘦肉铺在肥肉上2/3,用火腿(或腊肠)条作心卷成圆筒形,用鸡蛋清拌干淀粉粘封口,放入长盘中入笼蒸约40分钟至熟,取出,待凉后放入砧板上切成棋子形块,放入鸡蛋液拌匀,再拍上干淀粉。炒锅置旺火上,烧热后放入色拉油,烧至六成热(约160℃)时,下入肉卷块炸至金黄色捞出装盘。食用时蘸椒盐。此菜色泽金黄,形似棋子,皮脆里软,咸鲜甘香,腴而不腻。

4.牛肉·麻辣牛肉卷

将嫩牛肉分别批成5厘米长、3厘米宽、1.5厘米厚片,用精盐、味精、料酒、胡椒粉、辣椒酱、花椒粉拌匀腌渍片刻。取碗,打上鸡蛋,拌上生粉和匀呈糊状,倒入牛肉片中再拌匀。将拌好的牛肉分别沾上面包屑,然后松松卷起,用牙签将封口穿过。锅上火,放入色拉油,待烧至175℃时,放入穿好的牛肉卷,炸至金黄色至熟,捞起沥油,装入盘饰的盘中,上桌可跟带甜辣酱调味碟。此菜酥香鲜嫩,麻辣爽口。

5.猪网油·炸蟹卷

将净鳜鱼肉剁碎放入碗内,加葱姜末、胡椒粉、火腿末、精盐、鸡蛋和蟹肉泥搅拌成馅。鸡蛋磕入碗内,加干淀粉、籼米粉拌匀呈蛋粉糊。猪网油洗净晾干,铺在案板上,拍匀干淀粉,放上蟹肉馅理成条状,用网油卷起如香肠粗细的蟹卷,挂上蛋粉糊,放入六成热(约160℃)油锅中炸至金黄色浮起捞出,斜切成象眼块装盘,撒上花椒盐即成。食时也可根据口味配甜面酱、葱白段,更显丰腴而不腻。此菜香味浓郁,蟹馅鲜嫩,外脆里滑,咸香适口。

三、禽蛋类卷

禽蛋类卷,是以鸡、鸭、鹅肉和蛋类为皮料卷入各式馅料。禽类须选用新鲜的原料,在加工制作禽类卷时,可分为两类:一类是将禽类原料用刀批成薄片,包卷馅料制作而成;另一类是将整只鸡、鸭、鹅剖腹或背,剔去禽类其骨,将皮朝下肉朝上,然后放入馅心(或不放馅心)卷起,再用线扎好,烹调制熟切片而成。蛋类作皮料需先制成蛋皮,蛋皮须按照所制卷包菜要求,来改刀成方(长)块或不改刀使用。因蛋皮面积较大,卷制成熟后一般都需改刀。改刀可根据食者的要求和刀工的美化进行,可切成段(斜长段、直切段)、片等。要做到刀工细致,厚薄均匀,大小相同,整齐美观。

对于禽蛋类卷菜肴,装饰盘边也很需要。因禽类和蛋类卷大多要改刀装盘,为了避免其单调感,可适当点缀带色蔬菜和雕刻花卉,以烘托菜肴气氛,增加宾客食欲。

1.鸡脯肉·三丝鸡卷

将熟火腿、鲜笋、水发冬菇分别切成丝,分成20份。将蛋清调散,加干淀粉和匀呈蛋粉糊。生鸡脯肉放砧板上平批成6.5厘米长、4.5厘米宽的薄片20片,逐片均匀地涂上蛋粉糊,再将三丝横放在鸡片上,卷成鸡卷,两头用刀修齐平放盘内。葱白斜切小段亦放盘内。炒锅上火放色拉油,烧至五成热(约145℃),将鸡卷放入油锅,沿锅边推动手勺,待鸡卷呈现白色离火,放葱白炝锅,舀入清汤,加料酒、精盐、味精、白糖烧沸,再加米醋,用湿淀粉勾芡成琉璃汁,将三丝鸡卷倒入,晃动炒锅,推动手勺,淋上熟油,起锅装盘即成。此菜色泽乳白,鸡肉鲜嫩,鲜香味美,酸甜可口。

2.净嫩鸡·金钱鸡卷

将整鸡洗净,余至七成熟,并将鸡身出骨,鸡肉用精盐、味精、料酒、姜丝腌渍10分钟。熟火腿切成长方条4条,将鸡蛋磕入碗内,加面粉和清水50克,搅成鸡蛋糊待用。取干净的布4块,摊开放上玻璃纸。将鸡肉摊放其上,其间放入火腿条,并把布卷成直径为2.5厘米左右的圆筒,用细绳扎牢,制成鸡卷,上笼屉用旺火蒸约1小时取出,拆去包布和玻璃纸,把鸡卷用干淀粉拌一下,挂上鸡蛋糊待用。炒锅置旺火上,下入色拉油,烧至六成热(约160℃)时,把鸡卷落锅,边炸边转动炒锅,待炸至结壳时,切成厚0.6厘米的片,整齐装盘即可。食用时带花椒盐、辣酱油。此菜外酥里嫩,鸡肉馥香,味美可口。

3.净鸭肉·蛋黄鸭卷

将整光鸭剥肉去骨,把内部肉批成片状,用葱、姜、精盐、味精、花椒、料酒、干淀粉拌匀,腌渍入味。将鸭肉对切分成2份,皮朝下,用刀将肉修整铺平,铺均匀,在平铺的鸭肉上,每份放上4个咸蛋黄,铺好压实后,从一边卷拢呈长条形,用白纱布从头至尾包裹扎紧,上笼旺火蒸1小时,取出,解去纱布,用刀切成片,整齐地摆在盘子中,略加点缀,即可上桌。此菜红白黄相间,鸭肉鲜嫩,咸中带鲜。

4.鸡蛋·如意蛋卷

将鱼肉200克制泥,加料酒、姜汁水、精盐、味精及水搅上劲,然后加入蛋清、油,搅拌均匀,再加干淀粉搅匀。把两个鸡蛋和剩下蛋黄磕入碗内、打散。炒锅洗净置小火上,锅内用肥膘揩遍,倒入打散的蛋液,旋转炒锅,摊制成蛋皮出锅放砧板上,四边修齐,撒上干淀粉,把调制好的鱼肉泥倒在蛋皮上,抹平,左边放葱末,右边用火腿末撒成细长条,左右两边卷拢呈如意状,把卷口朝下放在擦油的盘里,用中火蒸熟出笼,待冷却后切片整齐地摆入盘中,用菜蔬略加点缀即成。此菜形似如意,色泽艳丽,鲜嫩可口。

四、陆生菜卷

陆生菜卷,是以陆地生长的菜蔬为皮料而卷制各式馅料的菜肴。常用的陆生植物性皮料有卷心菜叶、白菜叶、青菜叶、冬瓜、萝卜等。其选用标准,应以符合菜肴体积的大小、宽度为好。在使用中,把蔬菜中的菜叶洗净后,用沸水焯一下,使回软,快速捞起过凉水,这样才能保持原料的颜色和软嫩度,便于卷包。萝卜切成长片,用精盐拌渍,使之回软,洗净捞出即为皮料。冬瓜须改刀成薄片,以便于包卷即可。

陆生菜卷,荤素馅料都适宜,热菜凉菜都可制,宴会便饭都受用。食之爽口,味美,色佳,鲜嫩。

1. 包菜·彩丝包菜卷

将胡萝卜、水发冬菇分别切成丝。锅放水上火烧开,将包菜与芹菜洗净和胡萝卜丝、冬菇丝分别烫一下捞出,并将包菜叶去粗筋、茎,用刀拍一下,修成长弓形片。取一张包菜叶,再分别放上三色彩丝各适量卷起(要紧些,便于改刀装盘),放平盘中,上面用盘子压住。炒锅洗净,舀入清水少许,放入糖烧开,至糖溶化,倒在碗中,冷却后加入白醋,倒在盛包菜卷的盘中,泡1小时,即可改刀装盘,摆放整齐。此菜酸甜适口,色彩鲜艳。

2. 菠菜·白汁菠菜卷

将鸡蓉用精盐、味精、料酒、蛋清、淀粉码味搅拌。胡萝卜、莴笋茎去皮、切块,用雕刻刀雕成吉庆花纹块,入奶汤中焯水至刚熟,捞出沥水。菠菜取大叶洗净,入开水中烫一下,取出漂冷,捩干水分,抹少许油,把鸡蓉刮在上面,卷成长约5厘米、粗约1.5厘米的圆筒,摆入盘中,入笼蒸熟后取出,摆于净盘中央,周围摆上"吉庆花纹块"。净锅置火上,下色拉油少许,放盐、奶汤汁、鸡油、味精等勾薄芡,淋于菜卷上即成。此菜清香味美,色彩分明,鲜嫩可口。

3. 茭白·茭白卷

将茭白切去细头,使两头一般粗细,然后放入清水锅里煮至发软,捞出,冷却后,用批刀法将每一根批成较薄的片两片,共10片,胡萝卜、冬菇、青椒均切成丝。炒锅上火,舀入少许油和汤,加入精盐、味精、虾子烧开,再分别将茭白片、胡萝卜丝、冬菇丝下锅烧一下,盛在碗中。青椒丝入开水中烫一下,再用冷开水激凉,接着用盐、味精、麻油拌匀。取一茭白片,摊开在砧板上,分别放上胡萝卜丝、青椒丝和冬菇丝,卷成小手指粗细的卷子,这样一一卷完。装盘时,改斜刀,在盘中拼成一花朵形状,即成。此菜口味清鲜,色彩悦目。按此法也可制成冬笋卷。

4.冬瓜·彩色冬瓜卷

将冬瓜放平,用刀平批成7厘米×9厘米厚纸一样的薄片;胡萝卜、火腿、香菇切丝,木耳菜切成段。冬瓜片铺平,加上胡萝卜、火腿、冬菇三丝,包卷成冬瓜卷。锅内加水烧开,摆上蒸笼,放入冬瓜卷,沥干水分,摆入盘中。原锅上火,放入清水少许,加盐、糖、味精,放入木耳菜,加热煮熟,用木耳菜围边。锅擦干加少许油,烹入料酒,加水、盐、味精、蚝油,用水淀粉勾芡,淋麻油,浇在冬瓜卷上。此菜冬瓜白净,彩丝缤纷,清鲜爽滑,口味醇香。

五、水生菜卷

水生菜卷,是以水域生长的植物原料为皮料而卷制的各式菜肴。常用的水生植物性皮料有紫菜、海带、藕、荷叶等。在用料中,紫菜宜选用叶子宽大扁平、紫色油亮、无泥沙杂质的佳品为皮料。海带选用宽度大、质地薄嫩、无霉无烂的为皮料。藕选用体大质嫩白净的,切薄片后,漂去白浆而卷制馅品。荷叶以新鲜无斑点、无虫伤的为佳品,在使用之前,须将荷叶洗干净改刀成方块。

在皮料的加工过程中,如海带在使用之前,要用冷水洗沙粒及其杂物,漂发回软;用蒸笼蒸制使之进一步软化,取出过凉水改刀或不改刀均可使用。蒸的时间不能过长,一般20分钟左右即可,如蒸的时间过长,则易断,不利于包卷。反之,硬度大不好吃。

1.紫菜·紫菜卷

将熟火腿切成长条,鳜鱼肉斩成鱼蓉,加入蛋清、葱姜汁、料酒、精盐、味精、清水、干淀粉拌匀上劲。把紫菜摊平修齐,抹上一层薄薄的鱼蓉,把蛋皮铺在其上,再抹上一层薄薄的鱼蓉,在鱼蓉的一边放上火腿条,卷成长条。把长卷条上笼蒸透,取出抹上少许麻油,冷却后切斜片装盘即成。此菜红白黄紫四色相衬,色彩艳丽,口味鲜美,富有营养。

2.藕·珊瑚藕片卷

取花香嫩藕洗净,将其切成6厘米长的段,用刀切去两弧边,放入切片机中,刨成长方形薄片,放入凉开水碗中,加少许盐浸泡藕薄片。胡萝卜、水发冬菇、莴笋均切成丝,胡萝卜丝、冬菇丝下沸水烫一下;莴笋丝用少许盐腌一下,待用。将藕片冲洗干净;莴笋丝挤去水分,加味精、麻油拌匀;胡萝卜、冬菇丝也加味精、麻油拌匀。取一片藕片摊在砧板上,放上三丝,从一头卷起,切除两头长出的丝,整齐地排入盘中即成。此菜工艺精良,色彩鲜艳,入口爽脆。

3.海带·酥炸海带卷

将海带洗净,用笼蒸或沸水烫至回软取出。把猪肉糜用料酒、葱、姜汁、精盐、味精、胡椒粉拌和搅上劲,咸味可略重些。用刀切开海带成大片,铺平,撒上一层薄薄的干淀粉,再放一撮肉糜,卷成约4厘米长、直径2厘米的蚕茧形海带卷。将面粉、鸡蛋、水、发酵粉和少许熟油拌和成糊(厚薄如厚粥状),再把菜卷放在干淀粉中滚上薄薄一层,然后放在糊中包裹上一层糊,投入油锅,炸至表面酥脆。另用少量油起锅,放入炸好的菜卷,投入麻油、辣酱油趁热颠翻,使香味渗入原料,即可装盘。此菜色泽金黄,外酥脆,内鲜软,肉滑嫩,味爽口,香味诱人。

六、加工菜卷

加工菜卷,是以蔬菜加工的制成品为皮料卷制的各式菜肴。用以制作卷类菜肴的加工的成品原料主要有腐皮、粉皮、千张、面筋以及腌菜、酸渍菜等。

腐皮是制作卷类菜的常用原料。许多素菜都离不开腐皮的卷制,如"素鸡""素肠""素烧鸭"等。腐皮又称腐衣、油皮,以颜色浅麦黄、有光泽、皮薄透明、平滑而不破、柔软不黏为佳品。粉皮(有干制和自制),须选用优质的淀粉(如绿豆、荸荠等)过滤调制后,用小火烫;或把适量水淀粉放入平锅中,在沸水锅上烫成,过凉水改刀即成。千张以光滑、整洁为好。腌菜和酸渍菜主要以菜叶为皮料。

1.豆腐皮·金钱发财卷

将河虾仁用机器打成泥状;发菜用水泡软、切碎,放入精盐、味精,使虾泥、发菜一起调匀。取豆腐皮10张,投入水中浸软取出,把调匀的虾仁和发菜放在豆腐皮上,卷成条状,放入蒸笼内蒸约5分钟,再切成一指宽的段状,然后放入干生粉内滚一下,取出。将青菜叶切丝,下油锅炸成菜松作围边,把油锅烧至七成热(约185℃),将做好的发财卷投入油锅炸至金黄色,用漏勺取出装盘,上桌时放柠檬沙司、辣酱油、糖醋三小碟作调味用。此菜色泽金黄、香、嫩、鲜、美,造型雅致。

2.水面筋·兰花素鸡卷

将冬笋、水发冬菇、绿叶菜、胡萝卜、鸡蛋皮、生姜分别切成细丝,分成20份。将清水面筋批成3.5厘米宽、7厘米长的薄片20片,平铺在盘内,再将蛋清调开,加干淀粉20克、精盐3克、味精3克和匀,涂在面筋片上,逐份横放上细丝,一头不露,一头露出2.5厘米长,逐个卷起呈兰花卷,滚蘸一层干淀粉,放盘内。炒锅上火,放色拉油,烧至五成热(约145℃),将面筋卷逐个放入油内略氽,倒入漏勺沥油。炒锅再上火,舀入冬菇汤150克,加料酒、精盐、味精烧沸,用湿淀粉勾芡,再将素鸡卷放入,用手勺推动翻身,加入油起锅装盘即成。此菜色彩悦目,形似兰花,面筋鲜柔,清爽味美。

3.腌白菜·脆皮菜卷

新鲜青菜去边皮,洗净切成丝;冬笋去壳切成丝;鲜蘑菇洗净,入沸水锅稍煮,捞出冷却后切丝;生姜切成米粒。将腌白菜叶20片洗净。炒锅放入色拉油少许,烧热投入姜米、冬笋丝、青菜丝、蘑菇丝煸炒一下,加料酒、精盐、白糖、味精炒熟取出盛入碗里,分成20份。将腌白菜叶摊开,用刀切齐,在一边放入馅心,整理成一条状,卷起,收口处涂上少量面糊,卷紧成菜卷。用面粉加发粉、清水调成厚糊状。炒锅上火,放入色拉油,烧至七成热,将菜卷切齐,放入面粉糊中挂糊,逐只下油锅稍炸,边炸边捞出。炸完后,待油温上升至八成热(约200℃),将菜卷投入复炸,炸至金黄色,捞出装盘即成。此菜色泽金黄,外皮酥香,内里松嫩。

七、其他类卷

其他类卷,主要是指以上卷类菜以外的一些卷制菜肴。如以虾肉为皮料的"冬笋虾卷""雪衣虾卷",以薄饼作皮料的"脆炸三丝卷""炸饼鸭卷",以糯米饭作皮料的"芝麻凉卷""糯米鸭卷"等。

1.虾肉·雪衣虾卷

取大青虾洗净剥成凤尾虾,加精盐、料酒浸渍,取出放案板上,撒上干淀粉,用酒瓶擀成薄虾片,虾尾相连,做成24只待用。另取虾仁加肥膘肉、鳜鱼肉剁成泥,加葱姜汁、料酒、精盐、味精、鸡蛋清和干淀粉搅拌上劲成馅心。将每只虾片放上馅心,抹上火腿末,包卷成虾卷如同原虾大小状。鸡蛋清打成泡沫状,加干淀粉调匀成蛋泡糊。将虾卷挂上蛋泡糊,逐一放入四五成(约110℃~145℃)热的油锅中氽炸至熟捞出,待油温升至六成热(约165℃)时,将虾卷重炸一次装盘,食时根据口味配以番茄酱或甜面酱碟。此菜色泽悦目,口味鲜香,香脆酥软,老少皆宜,风格独特。

2.面饼·炸饼鸭卷

将鸭脯肉、肥膘肉置锅中,加清水、酱油、白糖、料酒、葱结、姜片、五香料袋,烧沸改小火卤至七成熟,取出晾凉,切成长方形薄片,葱白切段备用,面粉加冷水拌匀和好,擀成直径8厘米的薄面饼皮,放案板上加上一块肥膘肉,再放上一块鸭脯肉,加上1根葱白段,包卷成圆卷状。用湿淀粉涂上封口,下五成(约145℃)热的油锅中,炸至金黄色时捞起,整齐排入盘中即可,带甜面酱或番茄酱碟佐食。此菜面饼香脆,鸭肉滋润,肥而不腻,香味扑鼻。

3.糯米饭·香蕉饭卷

糯米洗净,放盘中加水上笼蒸熟,拌入白糖和色拉油少许。葡萄干洗净,金橘饼和枣去核切成粒,松子仁和核桃仁在油锅中炸脆斩成粒,与瓜子仁一并拌入糯米饭中。大香蕉5只去皮切成段,滚上绵白糖。将芦叶或鲜荷叶洗净,用刀改成四方形20张,沸水中烫一下,在清水中冲凉后摊开,吸干水分并刷上油,把糯米饭摊上薄薄一层,中间放上香蕉段,再用芦叶或荷叶包卷成8厘米长短的长形卷,放入笼中蒸30分钟取出即可。此品芦叶清香,吃起来香、糯、甜,风味特异。

第四节 蓉塑工艺的变化

蓉塑工艺，即利用鱼、虾、鸡或猪肉加工成蓉泥状物质做坯料，再塑上其他原料加以彩饰成形的一种造型方法。由于蓉泥状物质如同"塑料"一样，便于美化成型，所以，自古以来厨师们利用其制作出千姿百态的菜肴品种。此类工艺比较适宜用在制作炸、煎或氽、蒸制的菜肴中，成型后外形美观，口感鲜嫩。

蓉塑工艺制作的菜品，全国皆有，只是其叫法有所不同：北京称之为"腻"，广东称之为"胶"，四川称之为"糁"，山东称之为"泥"，河南称之为"糊"，江苏称之为"缔"。

蓉塑菜的制作，在古代就有。在《金瓶梅》中就记有"鸡肉丸子""山药肉圆子"两款泥蓉类菜品。《随园食单》中记有多种泥蓉类菜品。其中，肉圆有空心肉圆、杨公圆，鸡有鸡圆，鱼有鱼圆，虾有虾圆和虾饼，鸭有野鸭圆等。其"野鸭团"载曰："细斩野鸭胸前肉，加猪油、微芡，调揉成团，入鸡汤滚之；或用本鸭汤亦佳。太兴孔亲家制之甚精。"清代《调鼎集》记载，"虾饼：以虾捶烂，团而煎之，即为虾饼"。"炸虾圆：制如圆眼大，油炸作衬菜。"《红楼梦》中也有"虾丸鸡皮汤"的记载。可见蓉塑菜在明清时期已有丰富的经验了。

蓉塑菜品是烹饪技术发展到一定的高度的重要标志。它是在基本原料的基础上的细加工。泥蓉菜看似简单、灵活，但在加工制作中，还须注意以下几个方面。

1. 选择优质原料

制作泥蓉料必须选用质地鲜嫩、细腻、无筋膜杂质、黏性大、韧性较强、肌肉纤维不宜太粗的动植物原料。原料本身必须含有较多的动物蛋白质成分和一定的脂肪成分，而且每一种制作泥蓉类菜品的原料都必须经过严格的挑选。虾、鱼、鸡、肉都是制作的最好的原料，但是，虾需选洁白细嫩的清水河虾；鱼宜选用肉色白、黏性大、刺少、吃水量多的鱼；肉要选用无筋膜杂质的猪肉的里脊部分。

2. 精心加工原料

就一般选用原料而言，因为它们本身制作菜品也并不十分完美，所以，原料在加工过程中，要根据不同的原料，掺进一些其他原料，以保持菜品的口感。如鱼虾，尽管味鲜美、无筋膜，但缺乏脂肪，油润不足。肉，味鲜美、油润，但缺少黏性，色泽稍逊。为弥补以上的不足，根据不同的需要，必须加入适量的配料，以达到增强其韧性、黏性及口味特色的目的。

在加工搅拌时还须注意加味料、加水分以及搅拌方法等。特别是泥蓉在搅拌时须向同一方向尽力搅动，胶体在机械力的作用下，充入空气，气体蓬松、增大、增加黏性。

3.注意搅拌的方法

将粗大的原料加工成泥蓉料,所以口感非常细腻、细嫩,又由于肉类中具有一种黏性强的胶状物质,加上盐、淀粉等,使蓉胶物质具有较好的可塑性,这些为制作各种花色菜品创造了有利的条件。

泥蓉料的搅拌上劲是一项技术性很高、非常复杂的操作过程。搅拌前,应将经刀工处理过的原料放入大口器皿中,依次放入各种调味料及辅助原料,再进行搅拌上劲。有些蓉料制品,需要加入一定的水,要掌握好吃水量,以保证蓉塑菜品的固有质量。

蓉塑菜品适应性强,不仅适用于较高档的餐饮场合,而且也适合于普通家庭的一日三餐。在食堂、在宴会、在小吃店,都可见到蓉塑菜的身影。它能够受到广大群众的普遍欢迎,其关键的特点是:口感细嫩、油润,因加工成蓉料,便于消化,无论是老人还是儿童,都适宜享用;色泽白净,口味鲜嫩,鱼、虾、蛋蓉,可制成各种色泽艳丽的花色菜品,使顾客食欲大增;黏性大,可塑性强,既可以做馅心,也可以做酿料,还可以制作成多种多样的菜肴外形。

蓉塑法,根据原料的特性一般可分为四大类:

一是单独成菜类,如利用鸡、鱼、虾、肉原料制蓉后单独制作的菜肴;二是与配料一起成菜,即是在泥蓉料中加入其他辅料而制成的菜品;三是作为酿菜的配料,作为酿菜的主要蓉料所制作而成的菜品;四是作为其他菜肴的黏着物质等。

一、单独成菜

1.鸡蓉塑·鸡蓉蛋

将鸡脯肉、肥膘分别斩成蓉,一起放碗内,加调味调和成鸡蓉。将蛋清放入汤盆中,搅打成发蛋。先舀入少许蛋泡,放入鸡蓉中拌匀,再将剩余的蛋泡放入鸡蓉中调匀。炒锅上火烧热,放油烧至四成热(88℃)时,用汤匙将鸡蓉一匙一匙地舀入锅内(成蛋形),同时边用筷子轻轻翻动,待外表定型后,用筷子逐个托起,放入漏勺沥油。做完后,原锅移至微火上,再放入鸡蓉蛋,轻轻翻动(油温保持三成热,约66℃,使鸡蓉蛋洁白不黄)。另取锅上火,放油,舀入鸡清汤,加料酒、精盐、味精,再放入配料火腿丝、冬菇丝、青菜叶丝,用湿淀粉勾芡,再将鸡蓉蛋捞出放入锅内轻轻翻动,起锅装盘,淋上熟鸡油即成。此菜外形似蛋,洁白如雪,嫩如豆腐,入口即化,味道鲜美。

2.肉蓉塑·空心肉圆

将猪前夹肉去皮,剔除筋膜,斩剁成蓉后,置容器中,加酱油、料酒、精盐、糖、味精等作料调拌,然后再加鸡蛋、淀粉,调匀。将熬制洁白的猪皮冻冷却、凝固后,做成24个小馅,再冻后备用。将肉蓉调拌成肉糊,挤成肉圆时包入皮冻馅,徐徐放入容器中,上蒸笼,以沸水旺火蒸之,待15分钟后,取出,装盘,滗去油,淋汁即可(亦可放于汤中食用)。此菜外圆内空,外表光滑,细腻鲜嫩,味妙无穷。

3.虾蓉塑·白玉虾圆

将鲜河虾剥壳洗净,沥干水分,将虾肉塌成粗粒状;熟肥膘捶碎,生地梨拍碎。把塌后的虾粒,置容器中,加盐、料酒、姜汁调匀;蛋清、生粉、肥膘、地梨调成糊状,备用。炒锅上火烧热,放油,待油温至约一层(60℃),速将虾糊挤圆入锅(虾圆直径3.5cm),然后以小火养透,待虾圆慢慢浮起锅面,起锅装盘,以甜酱蘸食即可。此菜洁白如玉,鲜而松嫩,形圆不瘪,细腻味美。

4.鱼蓉塑·蟹黄鱼线

取鳜鱼肉剔除小刺、筋络,用刀或搅拌机制成蓉,加料酒、精盐、水、葱姜汁、干淀粉搅拌上劲。另取一干净裱花口袋,底部装上细圆形的裱花嘴,袋中纳入鱼蓉,在清水锅内挤入鱼蓉,呈线状,待全部挤完,将水锅置火上,徐徐加热,成熟后过冷水激凉,沥去水。锅洗净再上火,倒入鸡清汤,加精盐、味精、料酒、鱼线,略烩制,成熟后装入盘中。将蟹黄、蟹肉用油、葱姜汁略炒,调味后,浇在鱼面上即成。此菜鱼线细腻,鲜香味美,口感滑爽。

5.芋蓉塑·桂林香芋桃

将荔浦芋去皮、洗净,切片入笼蒸透,取出压碎捣蓉,搓成团,加精盐、味精、胡椒粉、色拉油和少许淀粉拌匀,包上炸好的肉馅(鸡肉、瘦猪肉、水发香菇、香葱等剁蓉),捏搓成桃形,用竹筷方角压一条槽,放入七成热熟油(约185℃)中,炸至外层皮硬定型后,将锅端离火位或用小火控制油温在六成左右(约165℃左右),将其慢慢炸透心,待外表起蜂窝状,色泽微黄时捞出装盘,盘边作适当点缀即成。此菜外如桃形,松酥味香,色黄有蜂孔,食之香脆鲜嫩。

二、与配料成菜

1.肉蓉·河蚌风鸡狮子头

取猪五花肉切成细丁,略排斩,河蚌肉、风鸡肉剁成末,一起放入容器中,加入适量水,打入鸡蛋,加白糖、精盐、料酒、干淀粉、味精、葱末、姜末,待调好味道后,搅拌上劲,挤成大小一致的肉丸。炒锅上火,加油,将肉丸煎至两面金黄,放入砂锅中,加入鸡清汤,以小火清炖2小时,放入焯过水的小菜心于砂锅内,稍炖后即可上桌。此菜肥而不腻,香醇鲜美,乡土风味浓郁。

2.虾蓉·裹烧茭白

将虾仁放入清水碗内,用竹筷搅打去掉红筋,换清水洗净沥干;鸡蛋清调散;茭白切成3.5厘米长的小条;火腿切成小丁。将虾仁、生肥膘分别斩蓉,放碗内,加料酒、精盐、味精搅和上劲,加干淀粉搅和后将茭白、火腿丁、青豆放入拌和均匀。炒锅上火放油,烧至五层热,将裹上虾蓉的茭白用手做成大小一致的形状,放入锅内,余炸至虾肉呈白色时,倒入漏勺沥油。炒锅再上火,舀入鸡清汤,将裹烧茭白放入,加精盐、料酒、味精烧沸,用湿淀粉勾芡,淋入油起锅即成。此菜色泽乳白,虾肉鲜嫩,柔软鲜咸。

3.虾蓉·知了白菜

将白菜剥去边皮,留菜心,再将菜叶切齐成7.4厘米长的菜心,一剖两片,成20片。将虾仁、猪肥膘分别斩蓉,放入碗内,加鸡蛋清、料酒、精盐、味精、干淀粉搅拌进虾蓉。在青菜心的横断面上,然后将虾蓉分成20份,分放青菜心的断面上(中间鼓起),边缘抹平,成"知了(即蝉)身"。将水发冬菇改刀成约3.5厘米长的椭圆形片,共40片,分别贴在青菜心两边,成"知了翅";将冬菇、火腿、绿菜叶分别做成眼睛和"翅身"。炒锅上火,放油,烧至四成熟时放入知了白菜,至虾蓉发白、菜心翠绿时,倒入漏勺沥油;锅再置火上烧热,舀入鸡清汤,加精盐、味精、料酒,放入知了白菜,烧沸,用水淀粉勾芡,淋入油,排放于盘内,即成。此菜形似知了,有荤有素,清爽味美。

三、酿制和黏着物

1.酿制法·煎瓤凉瓜

将凉瓜切去头、尾,横切成厚1厘米的段,共24段,挖去瓜瓤,把猪肉虾胶馅挤成24个丸子(每个约重15克)。炒锅放火上,加清水,烧沸后,放入凉瓜焯约1分钟,呈碧绿色时捞起,用清水冷却,然后用洁净毛巾吸干水分,在瓜段内壁抹上干淀粉,酿入猪肉虾胶馅,抹至平滑。炒锅至中火上,放油,把酿瓜逐个放入,边煎边加油,煎至两面金黄色取出。锅改用中火,放蒜泥、姜米、豆豉泥,烹料酒、加鸡汤、味精、精盐、白糖、酿瓜段,烧至微沸后,加入酱油焖约1分钟,下胡椒粉,用湿淀粉勾芡,淋芝麻油装盘即成。此菜外皮碧绿,肉馅金黄,豉味浓郁,软滑可口。

2.黏着物·锅贴干贝

干贝洗净剥去老筋,放碗内,加料酒、葱、姜、清水上笼蒸至发软酥松,取出搓碎。虾仁斩成蓉放碗内,加精盐、料酒、蛋清、生粉调和成糊状。鸡蛋打开加精盐,在锅中摊成蛋皮。将蛋皮平铺在盘上,拍一层干淀粉,将虾仁蓉摊在蛋皮上刮匀后,再把干贝撒上,最后撒上火腿末。锅上火烧热,放适量油,将锅贴干贝放入锅内,稍煎,不停地将热油浇上,待虾蓉呈现白色,表面呈金黄色时起锅,改刀成菱形块装盘,随上番茄沙司一小碟。此菜松软爽口,色泽金黄,虾仁鲜嫩柔软。

3.酿黏法·吐司龙虾

将龙虾肉取出,用刀对开批成大片,加葱姜汁、精盐、味精、料酒略拌待用。将虾仁洗净,沥干水分,塌成蓉,与熟肥膘蓉混合在一起,加鸡蛋清、料酒、葱姜汁、湿淀粉、精盐拌成虾蓉。咸面包切去表皮，再切成 0.5 厘米厚的片，修理整齐，平放在瓷盘内。将面包片撒上干淀粉，用餐刀在上抹上虾蓉约 0.5 厘米厚，用刀抹均匀后再均匀地撒上一层干淀粉，将龙虾片紧凑地铺平在虾蓉上面。取平锅上火，放油烧滑，将生坯以龙虾面朝下，用少量油，中小火煎制，待其一面煎熟（颜色不要太深），翻身再煎另一面面包层，煎至香脆，捞起沥油，即可上盘。此菜面包松酥，虾蓉软嫩，龙虾鲜美、白净。

知识链接

菜品设计创新中的敏感问题

在当前全国餐饮企业中，菜肴创新已成为企业发展的一个重要的课题。任何一家企业都为能有新的菜肴而挖空心思。从原料变化、中外结合、技艺变化、口味翻新等方面，挖掘出许多新的方法和菜肴，这些都是令人赞叹和叫好的。这里就菜品创新中经常提出的几个敏感话题谈谈个人的看法。

1.有价值的菜品控制好技术参数，别人是难以模仿的

目前企业的菜品大多雷同，也就是同质化的痕迹比较明显。但作为餐饮企业，同质化是不可避免的，关键就是看这个企业有没有个性化的产品，能让人眼前一亮或百品不厌的菜肴和点心。这就是我们所讲的拳头产品或品牌菜肴。作为企业和厨师长，在经营中应该培植和打造几道企业的拳头产品。其实许多品牌企业这样的产品是不少的，这就要看这个厨师团队的意识、水平和能力了。像北京全聚德烤鸭、大董烤鸭，南京金陵饭店的油条、狮王府的鸡包翅和肯德基的炸鸡翅等菜品，你去模仿也是达不到这个效果的，这里有产品的配方、企业的文化内涵和厨师的技术含量在内。就说烤鸭吧，全国各地都有，各地的企业也都在做，但你做得怎样？有没有名气？这不是仅仅模仿就能达到效果的。另外，企业品牌菜品的技术参数不是什么人都可以了解和掌握的，这关系到技术管理问题。

有一次，我在江苏无锡讲课，有个年轻厨师在下课时拿出一个"香料辣油"的配方给我审阅和评点。这种调制的油共用了 38 种香料，每种香料的配方都有具体数据。并把辣油用瓶子装好叫我品尝并提意见，我闻一闻、尝一尝，香味结合辣味，的确不俗。便与其进行了一番探讨。试想，这种辣油如果不告诉别人配方，一般的人是很难模仿到这种口味吗？一个好的厨师是要用心去研究的，而不是做表面文章。即使人们去模仿你的菜，只要你有技术含量，他也是难做出特色的。当然，绝大多数菜品只要知道配方是很容易做出的，这就要求对技术数据严格管理，特别是企业的品牌菜。

2.过分强调形式的菜品已逐渐走进死胡同

客人进餐厅是为吃饭而来的。"吃"是第一要素。企业的菜品必须围绕食用性来做好文章，在"好吃"的基础上适当注重一些形式，如果仅仅是为了形式的好看而不注重口味和营养的研究，它就会违背吃的主旨，人们就会反感。可以这么说，饮食层次较高的人、讲究吃的本质的人要求会更高。那些华而不实、故弄玄虚、"中看不中吃"的"目食"菜品，人们定然会嗤之以鼻的。这是新时代人们对菜品的要求，也是不可逆转的。

作为创新菜，不论是什么菜，从选料、配伍到烹制的整个过程，都要考虑到成菜后的可食性，以适应顾客的口味为宗旨。有的菜制成后，分量较少，装饰物较多，叫人们无法去分食；有些菜看起来很好看，可食用的东西不好吃；有的菜肴原料珍贵，价格不菲，但烹制后味很单调；有些创新菜把人们普遍不喜欢的东西显露出来，如猪嘴、鸡尾等。这些创新菜品，厨师忙了半天，客人又不喜欢，说白了就是糟蹋原料，违背客人意愿。而制作者只图自己的个人喜好，或一厢情愿。这样长期以往，企业菜品的质量问题就会葬送在这些花里胡哨的菜肴里，其生意也就可想而知了，到头来只有门庭冷落的出路。

货真价实、原料新鲜、口味独特，既是商业道德的要求，也是企业技术质量的表现。这是企业能够长久兴旺的准则。而企业一旦违反了这个原则，必然会招致消费者的反感，那么走向关门的路也就越来越近了。

[资料来源：邵万宽.菜品设计创新中的三个敏感问题.餐饮世界，2010(7).]

第五节　夹、酿、沾工艺的变化

我国菜肴的造型工艺丰富多彩，除包、卷制作工艺以外，其他造型工艺也各具特色，诸如捆扎、碗扣、镶嵌、拼摆、模塑、蓉塑等，而夹、酿、沾三法各有独特的风格，造型菜肴的使用也较为普遍，而且对于菜肴的开拓与创新所起的变异作用较大。

夹、酿、沾三种工艺技法，都是采用两类原料，一类是主料，另一类是填补料或补充料，经过人们的巧妙构思，使两类原料合理结合，而开拓出菜肴变化式样的新天地。新中国成立以后，我国各大菜系都不乏这些工艺菜肴，各地烹调师在菜肴制作中通过工艺变化的特色创造出众多的不同风格的工艺肴馔，给人们带来了创制菜肴的新的空间。

夹、酿、沾三法既是互相联系又是相对独立成宗的，它们是一大类型中的三个不同的工艺技法。个别菜肴往往需要三种工艺协同制作，就像一个交响曲中的三个乐章。如江苏菜中的"虾肉吐司夹"，以虾蓉加熟肥膘粒与调料拌和成酿馅，面包切成夹子状块,将面包夹中酿入虾蓉,沿边抹齐,在虾蓉顶部依次点沾绿菜叶末、火腿末、黑芝麻,放入油锅炸至面包金黄色起脆、虾蓉色白时捞起、装盘。三法的有机结合,使菜肴出神入化,口味鲜美、香脆。

这里暂且不谈它们的联系,而主要分析它们各自的技艺特点和工艺的运用。

一、夹菜的奇巧

夹菜制作,通常有两种情况:一是将原料通过两片或多片夹入另一种原料,使其黏合成一体,经加热烹制而成的菜肴;另一种是"夹心",就是在菜肴中间夹入不同的馅心,通过熟制烹调而成的馔肴。

片与片之间的夹制菜肴,须将整体原料加工改制成片状,在片与片之间夹上另一种原料。这又可分为"连片夹",其造型如蛤蜊状,两片相连,夹酿馅料,如蛤蜊肉、茄夹、藕夹;有"双片夹",如冬瓜夹火腿、香蕉鱼夹;有"连续夹",如彩色鱼夹,火夹鳜鱼等。夹菜的造型,构思奇巧,在主要原料中夹入不同的原料,使造型和口感发生了奇异的变化,使其增味、增色、增香,产生了以奇制胜的艺术效果。

"连片夹"要求两片相连,如上面的虾肉吐司夹,在刀切加工时,切第一片不要切断,留 1/4 相连处,在刀切面上酿夹馅料,一般的蔬菜均可利用制作夹菜,如冬瓜、南瓜、黄瓜、茄子、冬笋、藕、地瓜等,都可切连刀片夹入其他馅料。"双片夹",取用两个切片夹合另一种原料,经挂糊后,使其呈一个整体,食用时两至三种原料混为一体,口感清香多变。"连续夹",是在整条或整块上,将肉批成薄片,或底部相连,在许多连在一起的片之间夹入其他原料。它不是单个的夹合,而是整体连续的夹合,给人以色彩缤纷、外形整齐之感。对于夹制类菜肴。不管是采用什么夹制方法,都需要注意掌握以下几项原则。

首先,夹制菜所用原料,必须是脆、嫩、易成熟的原料,以便于短时间烹制,便于嘴嚼食用,达到外脆内嫩或鲜嫩爽口的特色。对于那些偏老的、韧性强的原料,尽量不要使用夹制方法,以免影响口味和食欲。

其次,刀切加工的片不要太厚和太粗,既不要影响成熟,也不要影响形态,并且片与片的大小要相等,以保证造型的整体效果和达到成熟的基本要求。

最后,夹料的外形大小,应根据菜肴的要求、宴会的档次来决定。一般来说,外形片状不宜太大太粗,特别是挂糊的菜肴,更要注意形态的适体。

另一类是"夹心"菜肴。夹心菜肴,用意奇特,它是在菜品内部夹入不同口味的馅料,使表面光滑完整的肴馔。清代,袁枚在《随园食单》中记有"空心肉圆":"将肉捶碎郁过,用冻猪油一小团作馅子,放在团内蒸之,则油流去,而团子空心矣。"此菜创意独具匠心,为菜肴制作打开了另一扇窗户——"夹心"(菜肴)。此类菜大多是圆形和椭圆形的,如江苏菜系中的"灌汤鱼圆""灌蟹鱼圆"以及近几年来创制的"奶油虾丸""黄油菠萝虾"等。夹心菜肴所用的原料,多为泥蓉状料,以方便于馅料的进入。夹心菜的奇特之处,在于成熟后菜品光滑圆润,外部无缝隙,食之使人无法想象馅料的进入。从造型上讲,要求馅料填其中,不偏不倚,一口咬之,馅在当中,若肉馅偏颇、馅料突出、破漏穿孔,就是夹心菜之大忌,所以工性较强,技术要求较高。

1.连片夹·藕夹肉

取猪夹心肉或肋条肉洗净,将肉搅碎或斩成肉末,加料酒、酱油、精盐、白糖、葱花、姜米、干淀粉和鸡蛋一同调成肉馅。把藕削皮,切成 1 厘米厚的片,每片再一剖为二,但不要切断,使两部分仍有一端互相连着。然后把已调好的肉末,用筷子夹了嵌到藕片中。锅内放色拉油烧至五成热(约 145℃)时,把已嵌肉的藕夹放在已调散的鸡蛋浆或面粉糊中拖一下,再放入油锅中,炸至肉馅成熟、两面微黄时,捞起沥油,装入盘中即可。此菜外脆里软,藕片清香,肉味鲜嫩。

2.双片夹·香蕉鱼夹

鳜鱼去鳞、鳃,剖腹去内脏,洗净,把头尾砍下,修整后用调料腌拌,待作装盘的头、尾之用。把鱼中段剖开,切成大小相同的 24 片,放碗中,加盐、味精、料酒、胡椒粉拌匀腌渍。鸡蛋 2 只打散。香蕉去皮,切成月牙片。炒锅上火倒入油,烧至五成(约 145℃)左右,把切好的香蕉片略拍粉,分别用两个鱼片夹一个香蕉片,成香蕉鱼夹生坯,然后拍粉拖蛋液,投入油锅,待表皮结壳时捞起,去掉蛋液碎料,鱼头、尾照样炸制,一起按顺序摆入盘中。另起锅,加少许油,放入番茄酱煸炒,加白糖、盐、白醋、水炒匀、勾芡,浇在鱼夹上面,最后用荔枝、樱桃分别镶在鱼头上的鱼眼里即成。此菜酸甜爽口,外脆里软,风味别具。

3.连续夹·火夹鲩鱼

取鲩鱼半条,去鱼皮、批去肚腩鱼骨,将长条鱼肉改刀成 12 片(每划 2 刀成 1片),放入碗内,用盐、味精、胡椒粉、料酒、生粉、色拉油拌渍。分别将火腿片 12 片与冬笋片 12 片夹入鱼片中,整齐地排列在长盘中成长条原样,上笼用大火蒸 7 分钟取出上桌,在盘边加香菜、红绿樱桃作装饰。此菜色形雅致,鲜美异常。

4.夹(空)心·奶油虾球

将虾仁洗净,沥干水分后用搅拌机打制成蓉,荸荠、肥膘分别打成蓉,一起放入碗内,加葱姜汁、料酒、盐、味精、胡椒粉搅拌上劲。将黄油切成小方丁,方面包切成小方丁备用。将虾蓉挤成 50 克重的球形,在其中心夹入黄油丁,把虾球放在面包丁上滚满面包丁。炒锅上火入油,烧至五成熟(约 145℃)时,放入虾球生坯,边焐边炸,至金黄色时捞出沥油,装盘即成。此菜色泽金黄,外香内鲜嫩,中间空心,有黄油香味。

5.夹(实)心·灌蟹鱼圆

将锅置旺火上烧热,舀入油少许,投入蟹粉,加盐炒和,起锅装入盘中,待凉后,做成莲子大小的丸子作馅用。将青鱼肉、猪肥膘分别剁成蓉,放一碗中,加蛋清、葱姜汁水、鸡清汤搅匀,加盐、油搅匀成鱼蓉。用手抓起鱼蓉,塞入蟹肉1粒,挤成鱼圆,放入冷水锅中。做完后,将锅置小火上,烧至鱼圆成熟,捞入清水中待用。将锅置旺火上,舀入鸡清汤,加精盐、火腿片、木耳、笋片、菜心,烧沸后再将鱼圆放入,沸后起锅盛入汤碗中即成。此菜柔绵而有弹性,白嫩宛若凝脂,内孕蟹粉,色如琥珀,浮于清汤之中有"黄金白玉兜,玉珠浴清流"之美。缀以多种配料,色彩绚丽悦目。

二、酿菜的美妙

酿制菜肴,是将调和好的馅料或加工好的物料装入另一原料内部或上部,使其内里饱满、外形完整的一种热菜造型工艺法。这种方法是我国传统热食造型菜肴普遍采用的一种特色手法。

运用酿制法制作菜肴,做工精细,其品种千变万化。它的操作流程主要有三大步骤,第一步是加工酿菜的外壳原料;第二步是调制酿馅料;第三步是酿制填充与烹调熟制。这是一般酿制工艺菜肴的基本操作程序。根据酿菜制作的操作特色,可以将酿制工艺划分为以下三个类别。

第一,平酿法。即是在平面原料上酿上另一种原料(馅料),其料大多是一些泥蓉料,如酿鱼肚、酿鸭掌、酿茄子、虾仁吐司等。只要平面原料脆、嫩、易成熟,吃口爽滑,都可以采用平酿法酿制泥蓉料。鸡肉蓉、猪肉蓉、鱼肉蓉、虾肉蓉经调配加工质嫩味鲜,酿制成菜,滑润爽口。因平酿法是在平面片上酿制而成,广大烹调师们便将底面加工成多种多样的形状,如长方形、正方形、圆形、鸡心形、梅花形等,使平酿菜肴显示出多姿多彩的造型风格。

第二,斗酿法。这是酿制菜中较具代表性的一类。其主要原料为斗形,在其内部挖空,将调制好的馅料酿入斗形原料中,使其填满,两者结合成为一整体。如酿青椒、田螺酿肉蓉、镜箱豆腐、五彩酿面筋等。斗酿法的馅料多种多样,可以是泥蓉料,也可以是加工成的粒状、丁状、丝状、片状料等。客家菜的"酿豆腐"和无锡菜的"镜箱豆腐",是将长方形豆腐块油炸后,在中间挖成凹形,然后填酿馅心。"酿枇杷""酿金枣"是两味甜菜,都是将中间的内核去掉,酿入五仁糯米馅。"煎酿凉瓜""百花煎酿椒子"是广东两味酿菜,它是将百花馅心酿入去掉内核种子的凉瓜、青椒外壳内。

第三,填酿法。即是在某一种完整形状原料内部填入另一种原料或馅心,使其外形饱满、完整。运用此法在成菜的表面见不到填酿物,而一旦食之,表里不一,内外有别,十分独特。如水产类菜"荷包鲫鱼""八宝刀鱼",在鱼腹内填酿肉馅和八宝馅;禽类菜"鸡包鱼翅""糯米酥鸭""八宝鹌鹑"等,将鱼翅、糯米八宝酿入其中,动箸食之,馅美皮酥嫩。

以上三类都是运用酿制工艺并属于热菜造型工艺(生坯成形)的典型菜肴。除此之外,还有熟坯成形的酿制方法。它也有两种类型:一种是以成熟的馅料酿入熟的坯皮外壳中,成形酿制后内外两者都可直接食用,如酥盒虾仁、金盅鸽松等;另一种是成熟的馅料酿入生的坯皮或不食用的外壳中,成菜后直接食用里面的馅料,外壳弃之不食,外壳主要起装饰、点缀用。如橘篮虾仁、南瓜盅、雪花蟹斗等。这类熟坯成形的酿制法又是装盘造型的一种特色工艺,这里就不详述了。

酿制菜品种丰富多彩,变化性较大。我们只有不断地总结经验,灵活运用多种技法,才能制作出颇受欢迎的、应时适口、形态各异、风味独特的美味肴馔。

1.平酿法·明珠酿鸭掌

将鸭掌斩去爪尖、洗净,放入沸水锅中(淹没鸭掌)煮至八成熟,捞入清水中浸凉,剔去掌骨并保持形状完整,掌背上撒少许干淀粉,排放在盘中。绿菜花切成大小一致的朵,洗净。荸荠切成米粒状,虾150克剁成蓉,一起放入碗中,加精盐、味精、料酒、鸡蛋清、干淀粉拌匀成虾糊。用手挤出桂圆大小的虾球,分别酿在每只鸭掌中心,再用火腿末镶在虾球上,上笼蒸5分钟至熟,取出摆在盘里。绿菜花下锅加调味料炒熟,分别摆在鸭掌的中间。炒锅置旺火上,倒入清汤和原汁,加盐、味精烧沸,用湿淀粉勾芡,淋下麻油,起锅浇淋在鸭掌上即成。此菜色泽鲜艳,美观别致,鸭掌软韧,虾球鲜嫩,菜花脆嫩。

2.斗酿法·酿茄斗

将茄子去皮、蒂,切成3厘米见方、2厘米厚的块,中间挖去2厘米见方,呈"斗"形,洗净。猪肉切成绿豆大小的丁,水发海米切碎;鸡里脊肉剁成泥状,加鸡蛋清、湿淀粉、精盐搅匀成鸡料子,樱桃每个切两半,水发木耳、玉兰片均切成末。炒锅放油烧热,加入葱、姜末爆炒,加肉丁、木耳、海米、玉兰片炒熟,加芝麻油、味精拌匀成馅料,盛入碗内;酿入茄斗,上面抹上鸡料,再沾上一片樱桃,入笼蒸透装入盘内。炒锅内加清汤、味精、料酒、精盐,用中火烧沸,用湿淀粉勾芡,淋在茄斗上即成。此菜清淡爽滑,鲜糯隽美,造型优雅,色味俱佳,雅俗共赏。

3.填酿法·五彩酿猪肚

将猪肚内壁翻出洗净后再翻回来。蛋黄、皮蛋均切成1.5厘米见方的粒;猪肉切成6毫米的丁;火腿切细料;香菜切成长约1厘米的段。将猪皮刮洗干净,放入沸水锅内煮至六成软烂,取出切成黄豆大小的粒。将猪肉丁、精盐、味精放入盆中,搅至起胶,加入蛋黄、皮蛋、猪皮拌匀,再加入香菜、芝麻油搅成馅料,填酿进猪肚内,用线绳封口;然后放入汤锅内,用中火余约30分钟,捞起用铁针将酿猪肚两面各戳几个小孔,再放入汤锅内,用微火煮约2小时至火念捞起。锅内放入香料白卤水,用旺火烧沸,放入酿猪肚,改用微火煮 15 分钟后,连白卤水一起倒入盆内,加入汾酒,浸泡约 10 分钟捞起,冷却后放入冰箱冷藏约 2 小时,取出用横刀片开两边,每边切成两段,再切成 3 毫米厚的片,在盘上拼成扇形即成。此菜用料精细,造型美观,五彩缤纷,绚丽悦目,质嫩味正,凉爽可口。

4.熟酿法·瓜杯酿牛肉

取冬瓜去瓤、皮洗净,切成正方块,用小刀挖去中间瓜肉呈圆形,再修去外框正方形成圆形。取牛后腿肉去筋,切成绿豆粒状,放碗内加蛋清、苏打粉、盐、糖、干淀粉拌匀。炒锅上火放色拉油,至五成热(约 145℃)时,加入牛肉粒划炒至熟,倒入漏勺内。另用水锅烧开加盐,将冬瓜杯烫熟后捞起、沥水后摆放盘中。原炒锅内加底油,放入青椒粒、黑胡椒粉略炒片刻,再加入牛肉粒、鸡汤、调味后,用湿淀粉勾芡,翻炒几下起锅装入冬瓜杯内即成。此菜牛肉鲜嫩滑爽,冬瓜素雅清香,色味俱美,外观更为诱人。

三、沾菜的香醇

沾制菜肴,是将预制好成几何体的原料(一般为球形、条形、饼形、椭圆形等)在坯料的表面均匀地粘上细小的香味原料(如屑状、粒状、粉状、丁状、丝状等)而制成的一种热菜工艺手法。

我国菜肴的造型,运用沾制工艺法制作菜肴较为广泛。新中国成立后,沾类菜肴使用频率较高,主要是增加菜肴口感的酥香醇和。如运用芝麻制成的"芝麻鱼条""寸金肉""芝麻肉饼""芝麻炸大虾"等;运用核桃仁、松子仁粒等制作的"桃仁虾饼""桃仁鸡球""松仁鸭饼""松仁鱼条""松子鸡"等。其他如火腿末、干贝绒、椰蓉等都是沾制菜肴的上好原料。

近几十年来,沾菜工艺的运用更为普遍,主要是受西餐沾面包粉工艺的影响,特别是近十几年我国食品市场上从国外引进或自己研制了特制的"炸粉",为沾制菜开辟了广阔的前景,各式不同的沾类菜肴由此应运而生。有包制成菜后,经挂糊沾面包炸粉的;有利用泥蓉料制成丸子后,裹上面包粉或面包丁的,等等。根据沾制法制作风格的特点,可将其工艺分为三类,即不挂糊沾、糊浆沾和点沾法。

第一,不挂糊沾。即是利用预制好的生坯原料,直接沾黏细小的香味原料。如桃仁虾饼,将虾蓉调味上劲后,挤为虾球,直接沾上核桃仁细粒,按成饼形,再煎炸至熟。松子鸡,在鸡腿肉或鸡脯肉上,摊匀猪肉蓉,使其黏合,再沾嵌上松子仁,烹制成熟。交切虾,在豆腐皮上抹上蛋液,涂上虾蓉,再沾满芝麻,成为生坯,放入油锅炸制成熟。不挂糊沾之法,对原料的要求较高,所选原料经加工必须具有黏性,使原料与沾料之间能够黏合,而不致烹制成熟时使被沾料脱落、影响形态,以上虾蓉、肉蓉经调制上劲,具有与小型原料相吸附、相黏合的作用,所以可采用不挂糊沾法。而对于那些动植物的片类、块类原料,使用此法就不合适,中间必须有一种"黏合剂",通常的方法就是对原料进行"挂糊"或"上浆"。

第二,糊浆沾。就是将被沾原料先经过上浆或挂糊处理,然后再沾上各种细小的原料。如面包虾,是将腌渍的大虾,抓起尾壳,拖上糊后,均匀沾上面包屑炸成。香脆银鱼,是将银鱼冲洗、上浆后,沾裹上面包屑,放入油锅炸制而成。香炸鱼片,取鳜鱼肉切大片,腌拌后蘸上面粉,刷上蛋液,再沾上芝麻仁,用手轻轻拍紧,炸至成熟。菠萝虾,将虾仁与肥膘、荸荠打成蓉,调味搅拌上劲,挤入虾球放入切成小方丁的面包盘中,沾满面包丁,做成菠萝形,炸熟后顶端插上香菜即成。糊浆沾法,就是将整块料与碎料依靠糊浆的黏性而黏合成型。

第三,点沾法。此法不像前面两类大面积地沾细碎料,而是很小面积地沾,起点缀美化的作用。其沾料主要是细小的末状和小粒状,许多是带颜色和带香味的原料,如火腿末、香菇末、胡萝卜末、绿菜末、黑白芝麻等。花鼓鸡肉,用网油包卷鸡肉末、猪肉蓉,上笼蒸熟后滚上发蛋糊,入油锅炸制捞出沥油,改切成小段,在刀切面两头蘸上蛋糊,再将一头沾上火腿末、一头沾上黑芝麻,下油锅重油,略炸后捞出,排列盘中,形似花鼓,两头沾料红黑分明。虾仁吐司,将面包片上抹上虾蓉,在白色的虾蓉上,依次在两边点沾着火腿末、菜叶末,即可制成色、形美观的生坯,成菜后底部酥香,上部鲜嫩,红、白、绿三色结合,增加了菜品的美感。许多菜中点沾上带色末状,主要是使菜肴外观色泽鲜明,造型优美而增进食欲。

1.沾火腿·杨梅虾球

将肥膘肉洗净切成小粒,和虾仁、葱花一起放在鲜肉皮上,用双刀排斩成细蓉状,放在碗里,加姜汁、料酒、鸡蛋清拌和搅上劲,将熟火腿切成细末,放在大盘摊开,把搅匀的虾蓉用手挤成杨梅大小的丸子,放入火腿末里滚满火腿细末。锅内放油烧热至140℃将丸子炸至胀大成熟均匀,即用漏勺捞起装盘,上桌时随带番茄酱或甜浆一碟。此菜虾球饱满,形如杨梅,外脆里嫩,鲜香可口。

2.沾贝绒·干贝绣球

将干贝洗净,放入碗内,加水上笼蒸至松软,取出(原汤留用)剔除边筋,用纱布包好挤去水分,揉搓成丝绒状,同香菇丝、火腿丝、绿菜叶丝拌和,盛放在盘中。用一块猪皮垫在砧板上,将虾仁、白鱼肉洗净,分别放在上面,剁成蓉状,分放在容器内,在鱼蓉中加入鸡蛋清、料酒、葱姜汁和清水搅拌,至上劲时,边搅边将虾蓉加入。用手将蓉料挤成直径约2.5厘米的丸,放入贝绒盘中滚动,沾满各色丝条,取出放入刷油的盘内,上笼蒸熟。炒锅上火放入色拉油少许、鸡清汤、干贝原汤,烧沸后放入精盐、味精,用湿淀粉勾芡,淋上熟鸡油,取出干贝球,浇入调好的卤汁即成。此菜香味扑鼻,有形、有色、有味,举箸品尝,鲜嫩异常。

3.沾芝麻·芝麻鱼条

将青鱼肉批切成长 4 厘米、宽与厚各 0.8 厘米的条;黑芝麻撒上少许水,擦去皮,放入锅中用小火焙炒,至有香味具有爆声时取出凉透待用。鸡蛋清调匀成蛋液。将鱼条加料酒、精盐、胡椒粉、葱姜汁腌渍后滚上干淀粉,拖上蛋液,沾上黑芝麻按实成生坯。炒锅上火加色拉油,烧至六成热(约 165℃)时,将生坯放入油锅中慢炸,待浮起后捞起沥油,即可装盘,此菜酥脆清香,鱼肉鲜嫩,清爽适口。

4.沾椰丝·椰子明虾

将明虾去壳留尾,再将明虾顺长批成两片(底部相连),弃去肠,待用。把盐、味精、料酒、香菜、姜、葱和明虾拌匀稍腌,然后弃去姜、葱、香菜,将明虾先沾上面粉,再沾上蛋清,最后沾上椰丝,用手将虾排按实拍平。锅上火入色拉油,待烧至五成熟(约 145℃)时,将处理加工过的明虾放入油锅中炸至金黄色捞起装盘。此菜色泽金黄,脆嫩,具有浓郁的椰香味。

5.沾面包粒·脆炸墨鱼

将新鲜光墨鱼洗净,用刀剞成荔枝花刀,改刀成 5 厘米长、2.5 厘米宽的墨鱼片,用花雕酒、精盐、味精、胡椒粉调味拌匀,加入鸡蛋生粉糊拌和,取咸味面包,切成米粒状,放入平盘内,将上浆后的墨鱼片沾上面包粒,用手按实。炒锅烧热加入色拉油,用旺火将油烧至七成熟(约 180℃)时,将墨鱼片放入锅内炸至金黄色时迅速捞起沥油,装入用柠檬、番茄、黄瓜等原料做围边的盘中,上桌时配以橘油、红醋作调味料。此菜色感美好,干香脆嫩,食之别有风味。

本章小结

中国菜品的造型丰富多彩,造型的手法千变万化。本章从热菜造型工艺的变化中分析和探讨造型变化与创新的思路。在学习造型工艺时,更要把握热菜造型的制作原则,特别是不能偏离"食用为主"的制作方向。

【思考与练习】

一、课后练习

(一)填空题

1.在食用与审美相结合的制作原则中,食用是_____,审美为_____。

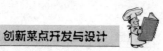
2.包制工艺主要类型有_____、_____、_____、_____。

3.卷类菜肴品类繁多,主要有鱼肉类卷、_____、_____、和_____、_____、加工菜卷、其他菜卷。

4.蓉塑工艺造型别具一格,可制成各种不同的形状,在制作上,具体又分为四类,即_____、_____、_____和_____。

5.酿菜工艺主要分_____、_____和_____三类。

6.沾的方法主要有_____、_____、_____三大类。

(二)选择题

1.在菜品的食用中,最重要的制作原则是( )。

A.食用与审美相结合　　　　　　B.营养与美味相结合

C.质量与时效相结合　　　　　　D.雅致与通俗相结合

2.卷类菜肴的类型较多,"兰花鱼卷"属于是( )。

A.1/3馅料显现在外　　　　　　B.将馅料包卷其中

C.放入两边对卷　　　　　　　　D.正反两面交叉对卷

3.鱼蓉可以做成多种多样的菜品,采用"裱挤法"可制成的品种是( )。

A.鱼饼　　　　　　B.鱼丸　　　　　　C.鱼球　　　　　　D.鱼面

4."香蕉鱼夹"一菜采用的夹制方法是( )。

A.连片夹　　　　　B.双片夹　　　　　C.连续夹　　　　　D.夹心

(三)问答题

1.在创制造型热菜时必须把握哪些原则?试就某一方面分析其重要作用。

2.中国热菜造型工艺有哪些制作手法?列举其中一法谈谈自己的制作体会。

3.以某一造型工艺手法为依据,列举其菜品5个,分析一下它们的工艺特色。

4.制作蓉塑菜品时应注意哪几个方面?

二、拓展训练

1.创制工艺造型热菜1~2个,并进行菜品工艺分析。

2.按小组制作鱼圆、肉圆、鸡圆、虾圆,并进行比较分析。

第九章

面点工艺的开发与革新

引 言

中式面点文化经过了几千年的演变与发展,现已发生了巨大的变化。面点作为主食和休闲食品也必须适应新时代的变化趋势,在品种、功能和花色方面不断创新,以满足广大人民群众的不同需要。本章将从面点生产的多角度出发,探讨面点开发的思路,借鉴新的元素,为学生的开发创新注入新的活力。

学习目标

● 把握面点制作开发的思路

● 掌握皮坯料的开发与利用

● 学会馅心调制的推陈出新

● 了解宴席面点创新的基本要求

面点制作工艺是中国烹饪的重要组成部分。近 10 多年来随着烹饪事业的发展,面点制作也出现了十分可喜的势头,但是发展现状与菜肴烹调相比,无论是品种的开发、口味的丰富、制作的技艺等方面,还显得有些不足。这就需要我们广大的面点师、烹饪工作者不断地探索,组织技术力量研究面点的改革,以适应社会发展的需要,加快面点发展的进程。

第一节 现代面点开发的方向

中国面点是中华民族传统饮食文化的优秀成果。在当前社会发展的新形势下,吸收国外现代快餐企业的生产、管理、技术经验,采用先进的生产工艺设备、经营方式和管理办法,发展有中国特色的、丰富多彩的,能适应国内外消费需求的面点品种,是中国面点今后的发展趋势。

一、面点开发的思路

1.以制作简便为主导

中国面点制作经过了一个由简单到复杂的制作过程,从低级社会到高级社会,能工巧匠制作技艺不断精细。面点技艺也不例外,于是产生了许多精工细雕的美味细点。但随着现代社会的发展以及需求量的增大,除餐厅高档宴会需精细点心外,开发面点时应考虑到制作时间,点心大多是经过包捏成型,如果长时间的手工处理,不仅会影响经营的速度、批量的生产,而且也有害于食品的营养与卫生。

现代社会节奏的加快,食品需求量的增大,从生产经营的切身需要来看,已容不得我们慢工出细活,而营养好、口味佳、速度快、卖相绝的产品,将是现代餐饮市场最受欢迎的品种。

2.突出携带方便的优势

面点制品具有较好的灵活性,绝大多数品种都可方便携带,不管是半成品还是成品,所以在开发时就要突出本身的优势,并可将开发的品种进行恰到好处的包装。在包装中能用盒的就用盒,便于手提、袋装。如小包装的烘烤点心、半成品的水饺、元宵,甚至可将饺皮、肉馅、菜馅等都预制调和好,以满足顾客自己包制的特点。

突出携带的优势,还可扩大经营范围。它不受繁多条件的限制,对于机关、团体、工地等需要简便地解决用餐问题时,还可以及时大量供应面点制品,以扩大销售。由于携带、取用方便,就可以不受餐厅条件的限制,以做大餐饮市场份额。

3.体现地域风味特色

中国面点除了在色、香、味、形及营养方面各有千秋外,在食品制作上,还保持着传统的地域性特色。面点在开发过程中,在注重原料的选用、技艺的运用中,也应尽量考虑到各自的乡土风格特色,以突出个性化、地方性的优势。

如今,全国各地的名特食品,不仅为中国面点家族锦上添花,而且深受各地消费者普遍欢迎。诸如煎堆、汤包、泡馍、刀削面等已经成为我国著名的风味面点,并已成为各地独特的饮食文化的重要内容之一。而利用本地的独特原料和当地人善于制作食品的方法加工、烹制,就为地方特色面点的创新开辟了道路。

4.大力推出应时应节品种

我国面点自古以来与中华民族的时令风俗和淳朴感情有密切的关系,在一年四季的日常生活中,不同时令均有独特的面点品种。明代刘若愚《酌中志》载,那时人们正月吃年糕、元宵、双羊肠、枣泥卷;二月吃黍面枣糕、煎饼;三月吃江米面凉饼;五月吃粽子;十月吃奶皮、酥糖;十一月吃羊肉包、扁食、馄饨……当今我国各地都有许多适时应节的面点品种,中国面点是我国人民创造的物质和文化的财富,这些品种,使人们饮食生活洋溢着健康的情趣。

利用中外各种不同的民俗节日,是面点开发的最好时机。如元宵节的各式风味元宵,中秋节的月饼推销,重阳节的重阳糕品等。许多节日,我国的品种推销还缺少品牌和推销力度。需要说明的是,节日食品一定要掌握好生产制作的时节,应根据不同的节日提前做好生产的各种准备。

5.力求创作易于贮藏品种

许多面点还具有短暂贮藏的特点,但在特殊的情况下,许多的糕类制品、干制品、果冻制品等,可用糕点盒、电冰箱、贮藏室存放起来。像经烘烤、干烙制品,由于水分蒸发,贮存时间较长。各式糕类(如松子枣泥拉糕、蜂糖糕、蛋糕、伦教糕等)、面条、酥类、米类制品(如八宝饭、糯米烧卖、糍粑等)、果冻类(如西瓜冻、什锦果冻、番茄菠萝冻等)、馒头、花卷类等,如保管得当,可以在近一两日内贮存,保持其特色。假如我们在创作之初也能从这里考虑,我们的产品就会有无限的生命力。客人可以不需要马上食用,或即使吃不完,也可以短暂地贮藏一下,这样,可增加产品的销售量,如蛋糕之类的烘烤食品、半成品的速冻食品等。

6.雅俗共赏,迎合餐饮市场

中国面点以米、麦、豆、黍、禽、蛋、肉、果、菜等为原料,其品种干稀皆有,荤素兼备,既填饥饱腹,又精巧多姿、美味可口,深受各阶层人民的喜爱。

在面点开发中,应根据餐饮市场的需求,一方面要开发精巧高档的宴席点心,另一方面又要迎合大众化的消费趋势,满足广大群众一日三餐之需,开发普通的大众面点。既要考虑到面点制作的平民化,又要提高面点食品的文化品位,把传统面点的历史典故和民间流传的文化特色挖掘出来。另外,创新面点要符合时尚,满足消费,使人们的饮食生活洋溢着健康的情趣。

二、有待开发的面点种类

1.开发速冻面点

近10多年来,随着改革开放和经济的发展,面点制作中的不少点心,已经从手工作坊式的生产转向机械化生产,能成批的制作面点品种,来不断满足广大人民的一日三餐之需。速冻水饺、速冻馄饨、速冻元宵、速冻春卷、速冻包子等已打开食品市场,不断增多的速冻食品已进入寻常百姓家庭。随着食品机械品种的不断诞生,以及广大面点师的不断努力,开发更多的速冻面点将成为广大面点师不断探讨的课题。

中国面点具有独特的东方风味和浓郁的中国饮食文化特色,在国外享有很高的声誉。发展面点食品,打入国际市场,面点占有绝对的优势。天津粮油出口公司制作的速冻春卷,出口年创外汇百万元;青岛诚阳食品加工厂生产的春卷、小笼包、水饺等3个系列50多个品种和规格的速冻食品,已销往东南亚、欧洲、北美等20多个国家和地区,成为国内速冻面点的最大的出口基地。拓展国外市场,开发特色面点,发展面点的崭新天地需要我们去开创。

2.开发方便面点

在生活质量不断提高的今天,各种包装精美的方便食品应运而生。自从快餐面在日本的问世,为方便食品的制作开辟了新的道路。目前,全国各地涌现了不少品牌的方便食品,即开即食,许多原先在厨房生产的品种,现在都已工厂化生产了。诸如八宝粥、营养粥、酥烧饼、黄桥烧饼、山东煎饼、周村酥饼等。这些方便食品一经推出,就得到市场的欢迎。许多饭店也专辟了一个生产车间加工操作,树立自己的拳头产品赢得市场。

方便食品特别适宜于烘、烤类面点,经烤箱烤制后,有些可以贮存一周左右,还有些品种可以放几个月,保证了商品的流通和打入外地市场,这为面点走出餐厅、走出本地创造了良好的条件。

3.快餐面点的开发

当今快节奏的生活方式,人们要求在几分钟之内能吃到或拿走配膳科学、营养合理的面点快餐食品。近年来,以解决大众基本生活需要为目的的快餐发展迅猛。传统面点在发展面点快餐中前景广阔,其市场包括流动人口、城市工薪阶层、学生阶层。面点快餐将成为受机关干部、学生和企事业单位职工欢迎的午餐的重要供应渠道。未来的快餐中心将与众多的社会销售网点、公共食堂结成网络化经营,使之进入规模生产的社会化服务体系。有人将中式快餐特点归纳为"制售快捷,质量标准,营养均衡,服务简便,价格低廉"五句话。面点快餐无疑具有广阔的发展前途。如天津狗不理包子饮食集团、深圳市中电信商业连锁有限公司研制推出的乡食卷饼、北京瑞年特制馒头、浙江的五芳斋粽子、四川的担担油茶等,都为开发面点快餐走出了新路。

4.开发系列保健面点食品

随着经济的发展和生活水平的提高,人们越来越注重食品的保健功能。像儿童的健脑食品,利用原料营养的自然属性配制成面点食品,以食物代替药物,将是面点的一大出路。世界人口日趋老龄化,发展适合老年人需要的长寿食品,前景越来越看好,这些消费者对食品的要求是多品种、少数量、易消化、适口、方便,有适当的保健疗效作用,有一定传统性及地方特色。一些具有以上特点,有利于防治人体老化的面点食品在老年人中极有市场。开发和创新传统面点食品,应着重改善我国面点高脂肪、高糖类的点心,从食品的低热量、低脂肪、多食膳食纤维、维生素、矿物质入手,创制适合现代人需要的面点品种,是面点发展的一条重要出路。

拓展知识

营养莜麦面点的开发

莜麦即燕麦，在我国已有五千年的历史，属塞北高寒农作物。莜麦是一年生草本植物，生长期短，磨成粉后叫莜面，也叫裸燕麦面、莜麦面。

莜面的营养成分是其他面粉营养成分的七倍以上。莜面中含有钙、磷、铁、核黄素等多种人体需要的营养元素和药物成分，可以治疗和预防糖尿病、冠心病、动脉硬化、高血压等多种疾病。同时莜面中含有一种特殊物质——亚油酸，它对于人体新陈代谢具有明显的功效。

莜面主要生长在河北、山西、内蒙古等地，是一种特色的主食品，主要生长在无霜期短的山地区域。

科学证明，莜面富含八种氨基酸，多种微量元素，丰富的亚油酸，高膳食纤维等含量为五谷之首，莜麦所含的维生素E、维生素B、维生素H都十分丰富，因其营养价值可观，在减肥、降血脂、降血糖等方面具有很好的治疗保健作用，集保健、营养于一身，老少皆宜。

莜面吃法颇多，风味各有千秋。可以加工成烙饼、煮鱼、炒面、糊糊、燕麦片、方便面，与其他粉料配合也可以制成各式包、饺等。

第二节　皮坯料的开发利用

中国面点制作技艺，是以各种粮食(米、麦、杂粮及其粉料)、豆类、果品、鱼虾以及根茎菜类为原料，经过调制、成形、熟制而达到色、香、味、形俱佳的各种小吃品和正餐宴席的各式点心制品。面点之品，实际上就是皮与馅的结合。皮，即皮坯料，指制作点心的各类面团。面点的成品特色、外观感觉都依赖于皮坯料，所以皮坯料调制的成败以及变化技艺、口感特点是形成面点制作多样化的主要因素。

米、麦及各种杂粮是制作面点的主要原料，它是面点制品中必需的占主导地位的原料，都含有淀粉、蛋白质和脂肪等，成熟后都有松、软、黏、韧、酥等特点，但其性质又有一定的差别，有的单独使用，有的可以混合使用。

我国传统的面点制作，其皮坯料主要固定在面粉、米粉和杂粮制作几方面，从全国各地来看，面粉所占比例大大超过85%，而其他只占15%左右，从大众饭食、人们一日三餐的比例来讲，这也无可非议，但从各大宾馆、饭店的接待、销售方面看，确显得品种比较单调。虽然近几年来皮料比以前运用得广泛了些，但从变化的角度来看，还需将传统的品种进一步开发，将杂色品种不断地扩大。

就面粉而言,根据人们加工品种的不同,从原来的富强粉、标准粉、普通粉三类,食品加工厂又根据发展的需要、工艺的需要,开发出了许多新的品种。面粉由等级粉类发展到专业粉类,根据不同点心的粉料要求,食品厂又分类生产了"高筋粉""中筋粉"和"低筋粉"。广东地区最先用麦淀粉——澄粉。人们根据单位和家庭的需要生产了"自发粉",在米粉的加工中,目前市场上都有现成的水磨糯米粉、大米粉供应,其他杂粮粉也是琳琅满目,品种丰富。

面点品种的丰富多彩,取决于皮坯料的变化运用和面团不同的加工调制手法。中国面点品种的发展,必须要扩大面点主料的运用,使我国的杂色面点形成一系列各具特色的风味,为中国面点的发展开掘一条宽广之路。

作为面点皮坯料的原料很多,这些原料均含有丰富的糖类、蛋白质、脂肪、矿物质、维生素、纤维素,对增强体质、防病抗病、延年益寿、丰富膳食、调配口味都起到很好的效果。

一、挖掘和开发皮坯料的品种

1.特色杂粮的充分利用

自古以来,我国人民除广泛食用米、面等主食以外,全国各地还大量食用一些特色的杂粮,如高粱、玉米、小米等,这些原料经合理利用并可产生许多风格特殊的面点品种,特别是在现代生活水平不断提高的情况下,人们更加崇尚返璞归真的饮食方式,由此,利用这些特色的杂粮而制作的面点食品,不仅可扩大面点的品种,而且还得到各地人们的由衷喜爱。

如将高粱米加工成粉,与其他粉类混合使用,可制成各具特色的糕、团、饼、饺等面点。小米色黄、粒小易烂,磨制成粉面可制成各式糕、团、饼,还可以掺入面粉制作各式发酵食品,通过合理的加工也可以制成小巧可爱的宴会品种。玉米加工成粉,又称粟粉,粉质细滑,吸水性强,韧性差,用水烫后糊化易于凝结,完全冷却时呈现爽滑、无韧性、有些弹性的凝固体。可单独制饼子、窝头,做冷点,制凉糕。与面粉掺和后可制各式发酵面点及各式蛋糕、饼干、煎饼等食品。

2.菜蔬果实的变化出新

我国富含淀粉类的食品原料异常丰富,这些原料经合理加工后,均可创制出丰富多彩的面点品种。如莲子加工成粉,质地细腻,口感爽滑,大多制莲蓉馅。作为皮料制成面团可根据点心品种要求,运用不同的制作方法和不同的成熟方法,可制成糕、饼、团以及各种造型品种。马蹄(荸荠)粉是用马蹄加工制作而成,性黏滑而劲大,其粉可加糖冲食,可作为馅心。经加温显得透明,凝结后会产生爽滑性脆,适用于制作马蹄糕、九层糕、芝麻糕、拉皮和一般夏季糕品等。煮熟去皮捣成泥后,与淀粉、面粉、米粉掺和,可做各式糕点。红薯(亦称甘薯、番薯、山芋等)所含淀粉很多,因而质软而味甜。由于糖分大,与其他粉掺和后,有助于发酵,将红薯煮熟、捣烂,与米粉等掺和后,可制成各式糕团、包、饺、饼等。干制成粉,可代替面粉制作蛋糕、布丁(西点)等各种点心,如香麻薯蓉枣。马铃薯(亦称土豆等),性质软糯细腻,去皮煮熟捣成泥后,可单独制成煎、炸类各式点心。与面粉、米粉等趁热揉制,亦可做各类糕点。如像生雪梨果、土豆饼等。

　　芋艿(亦称芋头),性质软糯,蒸熟去皮捣成芋泥,软滑细腻,与淀粉、面粉、米粉掺和,能做各式糕点。如代表品种荔浦秋芋角、荔浦芋角皮、炸椰丝芋枣、脆皮香芋夹等。山药,色白、细软、黏性大,蒸熟去皮捣成泥与面粉、米粉掺和能做各式糕点,如山药桃、鸡粒山药饼、网油山药饼等。南瓜色泽红润,粉质甜香,将其蒸熟或煮熟,与面粉或米粉调拌制成面团,可做成各式糕、饼、团、饺等。如油煎南瓜饼、象形南瓜团等。慈姑,略有苦味,黏性差,蒸熟塌成泥后,与面粉、米粉等掺和后使用,适用于制作烘、烤、炸等类食品,口味香脆,其用途与马铃薯相似。百合含有丰富的淀粉,蒸熟以后,与澄面、米粉、面粉掺和后,制成面团,可制成各类糕、团、饼等,如百合糕、百合蓉鸡角、三鲜百合饼等。栗子淀粉比例较大,粉质疏松。将栗子蒸或煮熟脱壳、压成栗子泥,与米粉、面粉掺和后,也可制成各式糕、饼品种。

紫薯山芋

　　3.各种豆类的合理运用

　　绿豆粉是用熟的绿豆加工制作而成。粉粒松散,有豆香味,经加温也呈现无黏、无韧的原料,香味较浓。常用于制作豆蓉馅、绿豆饼、绿豆糕、杏仁糕等,与其他粉料掺和可制成各类点心。赤豆性质软糯,沙性大,煮熟后可制作赤豆泥、赤豆冻、豆沙、小豆羹,与面粉、米粉掺和后,可制作各式糕点。扁豆、豌豆、蚕豆等豆类具有软糯、口味清香等特点,蒸熟捣成泥可做馅心,与其他粉掺和后可制作各式糕点及小吃。

　　4.鱼虾制皮显特色

　　新鲜河虾肉经过加工亦可制成皮坯。将虾肉洗净晾干,剁碎压烂成蓉,用精盐将虾蓉拌至起胶黏性加入生粉即成为虾粉团。将虾粉团分成小粒,用生粉作面醭把它开薄成圆形,便成虾蓉皮。其味鲜嫩,可包制各式饺类、饼类等。

新鲜鱼肉经过合理加工可以制成鱼蓉皮。将鱼肉剁烂,放进精盐拌打至胶黏性,加水继续打匀放进生粉拌和即成为鱼蓉皮。将其下剂制皮后,包上各式馅心,可制成各类饺类、饼类、球类等。

5.时令水果风格异

利用新鲜水果与面粉、米粉等拌和,又可制成风味独具的面团品种。其色泽美观,果香浓郁。通过调制成团后,亦可制成各类点心。如草莓、猕猴桃、桃、香蕉、柿子、橘子、山楂、椰子、柠檬、西瓜等,将其打成果蓉、果汁,与粉料拌和,即可形成风格迥异的面点品种。

中国面点制作的皮坯料是非常丰富的,只要我们广大面点师善于思考,认真研究,根据不同原料的特点,加以合理利用皮料、馅料,采用不同的成形和熟制手段,中国面点的发展前景是非常广阔的。

二、皮坯料掺和显特色

面点皮坯料的使用情况不同,可产生不同的效果。各式杂粮、豆、薯、果类等单独制作面团往往在口感上有些单调感,有些品种粉质松散,吃口干硬、制成点心后会产生"吃力不讨好"的感觉。即使米粉,若单独使用,口味也会单调,品种也单一。如纯糯米粉糕团黏性太大,形状易塌;粳米粉欠黏糯,口味生硬;籼米粉硬度高,黏性太小。所以说,这些淀粉类的粉料或泥蓉料,单独使用,常常满足不了人们的口味需要。为了弥补这些原料各自不足的个性,改善其口味,扩大品种的用途,由此而产生了各种粉料(泥、蓉)的掺和方法。

粉料的掺和,就是将两种以上的不同的粉料或杂粮泥蓉掺和在一起,行业上简称为掺粉。不同的品种、不同等级的粉料,其软、硬、黏、糯各有不同,为了使制品软硬适度,增加风味特色,常采用各种掺粉的方法。粉料掺和的好坏,对制品的质量影响很大,所以掺粉是粉制品和杂粮等制品中比较重要的一道工序。

1.掺粉的作用

(1)改进原料的性能,使粉质软硬适度,便于包捏,熟制后保证成品的形状美观。从米质上看,所制的糯米粉、粳米粉、籼米粉等,其硬度、黏度有很大的差别,各种特色杂粮的口感、黏性也不相同,如果单独一种米粉和杂粮制作糕团点心,其成品或是黏塌,或是硬坚。如使两种以上的蓉粉料掺和,可以改进粉料的固有特性,弥补不足,在制作中便于包捏成形,熟制后,成品也不会僵硬或过黏。

(2)扩大粉料的用途,提高成品质量,使花色品种多样化。通过几种粉料的掺和作用,可进一步扩大各种粉料、蓉料的使用范围。如将糯米粉和粳米粉,或糯米粉与籼米粉或米粉与杂粮蓉或三种蓉粉料采取不同的比例掺和使用,即可根据粉料的特性,制成丰富多彩的品种。

(3)多种粮食综合使用,可提高制品的营养价值。为了扩大米粉和杂粮的用途,增加特色风味,米粉与其他粮食粉料(如豆粉、玉米粉、薯粉或泥蓉、荸荠粉等)掺和,可增加米粉的风味。掺和使用粮食粉料,对人体营养需要可以起一定的互补作用。

2.粉料(泥、蓉)掺和的方法

一般是根据不同品种要求,用不同比例来掺和。制作特色面点的糕、团、饼常使用以下几种掺和法。

(1)米粉或面粉与杂粮粉(泥蓉)的掺和。各种杂粮品种其自身特点是不尽相同的。一般来说都缺少黏糯性,单独制成成品后,口感欠爽,这就需要用其他粉料加以中和,使之达到软糯爽口的特点。如豆粉、薯粉、高粱粉、小米粉、淀粉等,都可以和米粉掺和。还有用南瓜泥、熟薯粉和米粉、面粉混合揉和,也能成为制作点心较好的坯料。如杂粮粉比例高于米粉、面粉,则称为杂粮面,制作点心称为杂粮点心。

(2)糯米(粉)和粳米(粉)、籼米(粉)的掺和。这是最常用的方法。其掺法有两种:一是用糯米和粳米、籼米根据品种要求以不同比例掺和制成米粉再制成粉团;二是用糯米粉和粳米粉、籼米粉根据要求和比例掺和制成粉团。其制品软糯、滑润,可制成松糕、包馅凉糕、汤圆等。掺和的比例,要看米的质量来决定,一般为60%糯米掺40%粳米;或80%糯米掺20%粳米。

(3)米粉与面粉的掺和。米粉中加入面粉,能增加粉团中的面筋质。如糯米粉中掺入适当的面粉,其性质黏糯有劲,制出的成品挺括,不易走样。如果糯、粳米粉中再掺入面粉就成为三和粉,则成品也能达到糯、软、不易走样的效果。

芋蓉冬瓜糕

原料

山芋500克,冬瓜500克,果酱200克,白糖200克,色拉油50克,桂花少许。

制作方法

①山芋洗净去皮,上笼蒸烂,取出,用刀剁成泥。冬瓜切成细丝,煮烂,用纱布挤去水分。把山芋泥和冬瓜丝放在一起擦拌均匀。

②锅上火,放入25克油,再放入冬瓜丝、山芋泥、果酱、桂花,不停地炒动,防止粘底。边炒边放入25克油,炒至上劲时,倒入方瓷盘内,抹平,冷却。食时用刀切成小块。

特点

香甜软糯,别有风味。

炸慈姑球

原料

慈姑 150 克,糯米粉 50 克,鸡蛋 1 个,白糖 100 克,粉芡少许,色拉油 500 克(约耗 50 克)。

制作方法

①慈姑洗净蒸熟、蒸烂,剁成泥状。

②鸡蛋磕入糯米粉中,加微量热水拌和,再加入 50 克白糖和慈姑泥,揉匀揉透。搓成长条,揿成 10 个面剂,每只面剂搓捏成慈菇球状。

③油锅上火,待油温升至四成热(约 125℃)时,放入慈姑球,炸至金黄色捞起,装入盘内。与此同时,另一只锅上火,放入少许水,加白糖 50 克烧沸,待白糖溶化时,勾入粉芡,浇在慈姑球上即可。

特点

外酥里嫩,口感酥松。

案例分享

面点主坯配方的改进

在传统配方和面点工作固定思维模式中,制作面点的主坯往往是面粉和米粉,但面粉和米粉主要成分是碳水化合物,占其化学成分的 75% 和 78.2%,而其他营养成分含量却不高。为了达到平衡膳食,在主坯使用时可进行适当的改进。

1.增加维生素的含量

为了增加面粉中的营养成分,在和制生坯时可改变以往加水的习惯模式,加入菜汁和水果汁,将菜汁和水果汁作为制生坯的必备品,既增加了维生素的含量,又给人以诱人的色泽。如琵琶酥、苹果包、金鱼饺等。

2.掺入动物性原料以增加蛋白质、无机盐的含量

相比较来说,谷类原料蛋白质含量低,仅占其成分的 10% 左右,植酸含量高,而钙和植酸易形成不溶性钙盐,又大大地影响了钙的吸收。蛋白质消化的产物氨基酸与钙形成可溶性钙盐,有利于钙的吸收。所以,在面坯中加入动物性原料既可以提高宴席的档次,也可以增加蛋白质的含量,从而增加其营养价值。如无锡的"鱼皮馄饨"、扬州的"八宝鱼盒",给我们提供了很好的素材。

3.用更富营养的原料代替传统原料

现代科技日新月异,为我们提供了更广阔的原料空间,在传统原料制作的基础上敢于创新、敢于利用新原料,在保证制品风味、质量的同时降低糖类、脂肪的使用量,增加其他营养素的含量,比如无糖糙米蛋糕的研制成功,使在保证原有风味的基础上更具有丰富的营养素。因为,糙米比精米、面粉含有更多的膳食纤维、维生素和矿物质。而原来的传统蛋糕含糖量较高,且缺乏膳食纤维。面粉与糙米搭配使用使氨基酸获得了更好的互补,营养素得到平衡,对糖尿病、便秘、肠癌等疾病有一定的防治作用,而且糙米粉降低面粉的筋力,使蛋糕更松软,烘烤后产生比纯面粉更香的风味,使蛋糕更具特色。

[资料来源:王荣兰.面点配方的改进.餐饮世界,2002(8).]

第三节　馅心调制的推陈出新

馅心,是制作面点至关重要的一环。馅心调制的好坏,直接影响面点的色、香、味、形、质、营养等诸多方面。馅心与皮料相比,皮料的制作主要决定面点的色和形,而馅心则是决定面点的香味和口感的,同时有些馅心还起着增色的效果。因此馅心不仅具有确定面点口味的主要作用,同时还肩负着美化面点,保证面点质量、口感等重任。

馅心制作是形成面点多样化、开拓创新面点品种的一个重要方面,不同的馅心可形成不同的品种。由于馅心的不断变化,面点的风味特色也与之相应变化。就包子而言,有什么样的馅心,就可制成什么样的包子。古代就有"二十四节气馄饨",如今西安有饺子宴,我们也完全可以开发出"包子宴""馄饨宴"。所有这些,都是变化在馅心上、体现在馅心上。故馅心品种调制的多少与好坏对开发面点品种、提高面点质量起着十分重要的作用。

一、面点的核心在于馅

馅心,是面点有馅品种的精髓,吃点心贵在吃馅,由此馅心制作的成败也就是面点品种的成败。面点的开发创新总要落实在决定面点口味的馅心上。

1.重视馅料的选择与加工

一般来说,凡是能够用来制作菜肴的原料,都可以通过适当的加工制成馅心。对于品种繁多的原料,面点师就要了解各种原料的性质。制作馅料,选料至关重要,应根据所制品种的要求严格选料。如制"小笼汤包"的馅心时,猪肉应选夹心肉,皮冻的制作应选择猪的背皮等。制作三鲜馅,应根据点心的使用情况而定,宴会用点与早餐便饭用点在规格档次上是有差别的。普通的有"肉片+白菜片+胡萝卜片"、中档的有"鸡肉+猪肉+笋肉",高档的有"猴头+虾肉+鱼肚",其组配的方法较多,就在于怎么选料和加工,使其搭配合理。

为了便于成熟、入味,保证面点形状的美观,馅料均需加工成小料,即丁、末、蓉、指甲片、细丝等。这主要是因为皮料一般均为粮食原料,且皮薄而软嫩的缘故。但加工时需要根据原料的性质及制品的要求正确加工,如制豆沙馅时,红豆要冷水下锅,旺火烧沸,小火焖烂,只有这样,红豆不会煮僵,出沙率高,没有腥味,并且豆沙细腻。如制馅中用韭黄或韭菜,则韭菜与韭黄应最后放入并随放随用;调制猪肉馅,天气变热时,最好不用料酒,如要使用,也要少用,否则馅心就会变质。

2.注意馅料品种的变化

烹饪学是变化之学,面点制作也在于经常变化出新。只有不断开拓、创新,才能在竞争中立于不败之地。许多饭店只重视菜肴的变化,而不重视点心单的更换,故一年四季一张点心单,缺少特色。这就难招徕广大顾客。经常变换馅料品种,是面点形成丰富多彩的重要方面。一般来说,一个饭店至少要有四季点心单,每个节日,都要推出特选点心,以满足广大的回头客。

为了使点心馅心能常变常新,应该学学广东点心业务的技术管理。广东点心部门在内部进行岗位分工,并且职责比较明确。一般将其分为主案、副案、熟笼、拌馅、煎炸、炕饼、头杂、推销、水镬等相应人员。各个岗位有着不同的职责要求,并且在分工合作的原则下相互配合,齐心协力,做好工作。这是工作效率和经济效益的实际体现。如果没有明确的分工,大家相互推诿,工作就不求变更。将制馅单独分离出来,制馅人员(1~2人)就会想方设法、动脑筋去琢磨经常变更馅品。给他们适当的压力,他们不可能一年四季只拌猪肉馅、菜肉馅。广式点心对拌馅岗位人员的要求是:负责切配、拌制各种生、熟馅,合理使用和节约原材料,及时安排和提出时令材料的馅类。管理好各种肉类、干湿原材料,做好成本核算,懂得原辅料的再加工和生、熟馅的剩余处理,做好食品卫生和环境卫生的实际工作。

利用专人调馅,便于不断创出新馅,便于控制成本,便于合理使用原料等优势,我们何不为之而行呢!

3.运用各种不同的味料进行调馅

中国调味料是异常丰富多样的,而在点心制馅中,向来使用得很少,一般都停留在咸、甜、香、鲜的范围内,所以口味的变化也不大。调味品使用越广越宽,味的变化也就越多越妙。调味品一般分为八大类,这些调料都可以合理制作应用到制馅之中。

(1)咸味类。各种食用盐、面酱、干酱、黄豆酱、红酱油、白酱油、虾子酱油、冬菇酱油、豆豉、豆腐乳等。

（2）甜味类。白糖、砂糖、冰糖、蜂蜜、麦芽糖、甜味剂等。

（3）酸味类。米醋、熏醋、白醋、柠檬汁、山楂汁、乌梅酱、番茄酱、酸菜汁等。

（4）苦味类。杏仁、陈皮、咖啡、茶叶等。

（5）鲜味类。味精、鸡精、虾油、虾酱、蚝油、鱼露、蟹酱、蛏油、虾子、蟹子、鲜汤等。

（6）辣味类。辣椒粉、辣椒油、干辣椒、泡辣椒、辣椒酱、辣豆瓣酱、芥末、姜、蒜、胡椒、胡椒粉、花椒、花椒油等。

（7）香味类。料酒、酒酿、酒糟、糟油、桂皮、八角、小茴香、葱、砂仁、丁香、豆蔻、肉桂、草果、麻油、桂花、芝麻、花生仁、核桃末、香精等。

（8）麻味类。花椒、花椒油等。

纵观中国调味品，用料之广不言而喻，在数以百计的调料中要善于选择上品，针对原料的不同属性进行选用制馅，馅心的口味、品种定会达到丰富的效果。

面点制作人员在调馅时要懂得味的运用。如果在味料用量上机械地照搬，那就避免不了产生更多的矛盾，因此要灵活善变，善于掌握各方面的关系。一方面利用多种不同的调味品配制调和新的口味，另一方面也要根据馅料的特点、各地宾客的接受程度，巧妙地调制不同风味的馅心。对于酸、苦、辣类味型，应与其他调料配合使用，使其味减弱，制成人们易于接受的、风格迥异的新型馅味风格。

4.迎合季节特点满足需求

迎合季节的特点开列点心，就需要我们面点技术人员制定四季点心单。四季点心即根据一年的春、夏、秋、冬四季不同的气候和所出产的蔬果、飞禽、水产动植物为主，并配以多种辅助料所制成的点心，称为四季点心。

在馅心制作中不仅要充分利用季节性的原材料，还要根据季节性所需要的口味相适应，才能相配套、相合适，迎合季节通常是包含在日常点心的供应之中，并作为更换宴会点心使用，使饭店供应的点心具有鲜明的季节性，而且增添色彩、口味时新，这种变换常常是受顾客所欢迎的。

迎合消费者的饮食需求是目前餐饮业经营的主要方针。面点在调馅时要根据各地人的饮食习惯、喜好，而合理调制馅心。食者的要求，就是我们工作的突破口。我们只有在广泛占有原料、调料的同时，调制出多种多样、不同风味的馅心，才能使宾客有更大的选择享用范围，才能达到众口可调的制作境地。

二、启用新原料来拓展馅心品种

中国面点馅料是非常广泛的，它不同于皮坯料局限于粮食淀粉类原料。用于制馅的原料很多，传统的分类一般是为咸馅和甜馅两大类。

馅心 {
　咸馅 {
　　菜馅 {
　　　生菜馅：素菜馅、萝卜丝馅、素三丝馅
　　　熟菜馅：雪菜香干馅、什锦素菜馅、雪笋馅
　　}
　　肉馅 {
　　　生肉馅：猪肉馅、百花馅、牛肉馅
　　　熟肉馅：叉烧馅、蟹黄馅、咖喱牛肉馅
　　}
　　菜肉馅 {
　　　生菜肉馅：白菜生肉馅、火腿萝卜丝馅、鱼肉韭菜馅
　　　熟菜肉馅：小菜肉馅、梅干菜肉馅、肉丝春卷馅
　　}
　}
　甜馅 {
　　泥蓉馅：豆沙馅、枣泥馅、莲蓉馅、芋蓉馅
　　果仁蜜饯馅：百果馅、五仁馅、果子馅
　　糖馅：麻仁馅、水晶馅、白糖馅
　　菜蔬蛋乳馅 {
　　　菜蔬馅：翡翠馅、冬案馅
　　　蛋乳馅：奶黄馅、椰奶馅
　　}
　}
}

馅心的开拓是有一定的难度的,我们可以借鉴菜肴的制作与调味,来引用到馅心中,只是在加工中注意刀切的形状。西安德发长在饺子宴的制作中,注重调馅的原料变化,大胆采用各种调味料,使制出的馅心多彩多姿。除传统的馅料以外,开发出了辣味馅、麻辣味馅、酸甜味馅、怪味馅等。在原料上大胆利用海鲜、山珍,品尝"饺子宴",就是各种山珍海味、肉禽蛋奶、蔬菜杂粮的大会串,确实给馅心制作开辟了一条广阔的道路。

海参蒸饺

猪肉洗净绞碎置盆中,海参发好洗净剁碎粒后放猪肉盆中,加入调味品和适量清汤,搅拌均匀制成馅。面粉和成热水面团,搓条制成剂子,按扁,擀成圆皮,包上馅,覆上呈月牙形,边捏出褶,用木梳压出花纹,形似月牙扁尾形。

海三鲜蒸饺

猪肉洗净绞碎,水海参、水鱿鱼、海米切碎,同猪肉一起放在盆内加调料制成馅子。面团制成圆皮,包馅,再用两手拇指和食指同时捏拢,包成半月形。

第四节　宴席面点的创新特色

宴席是根据接待规格和礼仪程序而精心编排的一整套菜肴和面点。面点与冷菜、热菜、大菜、汤菜共同构成一个完整的宴席套餐。宴席面点的制作与普通面点有所不同,它是一组点心,它的规格、要求较高,应比普通面点好吃、好看、有技术难度,并且注意不同类型的面点在面团的使用、馅心、熟制等方面的区别。点心配备得好,可使宴席生辉,宾客倍增雅兴。

一、宴席面点创新的基本要求

宴席面点的制作与一般的面点制作不同,由于它是由一组菜点组成,以菜品占主导地位,以点心作为绿叶陪衬,所以有其特殊要求的,具体表现如下。

1.重三性,求独特

重三性即是配备面点必须具有针对性、时令性和地方性。

所谓针对性,即是因人而异。通过了解宾客的国籍、民族、宗教、职业、年龄、性别、体质和嗜好忌讳后,来确定品种,重点保证主宾的喜好,同时兼顾其他人的饮食习惯。面点配备数量的多少,应根据价格、成本和人数来定。

面点的配备讲究时令性,要按季节精选原料,力求适时鲜活,丰美爽口。在调配口味方面也要讲究时令性,面点的蒸煮煎烤、甜咸酸辣、冷热清醇都要突出季节特点:冬春宴点调味浓厚,偏重温暖热烫;夏秋宴点调味清淡,注重鲜香凉爽。

宴席点心的地方性,即是突出本地本店的地方风味特色,把本地本店的特色部分在宴点中充分体现出来。各地都有,各店都用的面点尽量少用,将特色鲜明的用料、技法、口味的地方性、独特性面点在宴席中呈现出来,给宾客以技精味美,耳目一新之感觉。

2.重搭配,求变化

宴席面点必须注重菜点、技法、用料、口味、成形、熟制等多方面的搭配。从整桌宴席来看,面点好似绿叶来衬托菜肴这朵红花的,因此整个点心的配备要求与菜肴相适应,如烤鸭配薄饼等。但从面点本身来看,馅料要注意荤素并举,互不雷同,口味要做到甜咸味、复合味各有层次;技法要多法并用,面团要各不重复,这样才能使几道点心各具特色,互为补充,体现出绿叶之美,绿叶之雅趣。

面点的配备要根据整个宴席的风格和档次而定,不同的宴席层次,不同的宴席风格,在面点配备上都要与之相符。如隆重的国宾宴会、浓郁的地方特色宴会、传统的全席喜宴、随意的自助餐冷餐会等,都要结合宴席的不同风格和层次,配备与其相适应、协调的面点品种。

花色明酥

3.重精致,求小巧

宴席面点的制作应以做工精巧为主,做到粗料细做,细料精做,一桌菜点丰盛的宴席,如每道点心粗大、量多,会使人产生厌倦。根据目前人们的就餐特点,一般以量少精细为妙,宴席点心每小件(每客)以不超过 25 克为宜。小巧精妙,以小取胜,以味夺人,以精获奖,这是宴点身价的最好体现。特别是级别高的宴席,菜点品种多,质量精,面点的精致、灵巧、可口更讲究。大件菜肴之后,配上小巧可爱的花色美味细点,可使宾客食前赞叹不已,食欲大增,食后齿颊留芳,回味无穷。

4.重雅观,求自然

宴席点心需以"清水出芙蓉"淡雅的自然风格、简洁大方的制作特色取得客人的青睐。面点一般为坯皮包馅而成,所以应该坚持面点的本色,这样既符合卫生要求,又有利于发挥本味,制作也较方便。宴席面点的着色应使用天然色素,并用填入、捏塑、镶嵌等技法使点心多姿多彩,对合成色素应严格按国家规定使用。在突出面点坯皮原料本色美的基础上适当配色,少量缀色,真正做到以食用为主,欣赏为辅;坚持施色淡雅、自然,反对浓妆艳抹和精雕细刻。简洁自然、美观大方、皮薄馅大、配味鲜香的制作风格,定能够取悦于宾客。对不可一盘分食的粥、羹类点心,可按各客制,这样使食品既高雅,又符合卫生要求。

知识链接

古为今用的挖掘整理

挖掘,即挖掘古代的烹饪文化遗产来开启思路,寻找可利用的资源,构思出富有民族特色的新款菜点。"古为今用",推陈出新,本是一项文艺创作方针,也是菜点创新的一种较好的方法。

挖掘历史菜点，通过改良为我所用，是值得制作者潜心开发的。古代菜点的挖掘主要有三大类型：一是依据历史留存的食谱、食单、笔记、农书、食疗著作中的史料来进行仿制，如西安的"仿唐菜"、杭州的"仿宋菜"、南京的"仿随园菜"等；二是根据历史档案及其他一些史料，再加上厨师的回忆，加以挖掘整理，如山东的"仿孔府菜"、北京的"仿膳菜"（根据清宫御膳房档案）等；三是依靠古典小说中所描述的饮食内容，加以考证，然后进行制作，如"仿红楼菜""仿金瓶梅菜"等。

古为今用，首先要挖掘古代的烹饪遗产，然后加以整理、取舍，运用现代的科学知识去研制。只要广大的面点师有心去开发、去研究，都可挖掘整理出许多现已失传的菜点，来丰富我们现在的餐饮。

挖掘法的关键在于推陈出新，制作者在借助现代科学技术的力量，使传统的烹饪法、面点品种、风味特色、数量、质量上均得到新的发展。由此，再现古风，让人们发思古之幽情，是挖掘法搞创新的常用招式。

1.蒸萝卜丝糕

清·李化楠《醒园录》："每饭米八升，加糯米二升，水洗净，泡隔宿舂粉，筛细。配萝卜三四斤，刮去粗皮，擦成丝。用熟猪板油一斤切丝或作丁，先下锅略炒，次下萝卜丝同炒，再加胡椒面、葱花、盐各少许同炒。萝卜半熟捞起，候冷，拌入米粉内，加水调极匀（以手挑起，坠有整块，不致太稀），入蒸笼内蒸之（先用布衬于笼底），筷子插入不粘即熟矣。"

"又法：猪油、萝卜、椒料俱不下锅，即拌入米粉同蒸。"

2.玫瑰火饼

清·朱彝尊《食宪鸿秘》："面一斤、香油四两、白糖四两（热水化开）和匀，作饼。用制就玫瑰糖加胡桃白仁、榛松瓜子仁、杏仁（煮七次，去皮尖）、薄荷及小茴香末擦匀作馅。两面粘芝麻摊熟。"

二、宴席面点的配色风格

宴席面点的制作比普通面点的要求要高。它要求面点在色泽上、造型上、装盘上都要遵循艺术规律，切不可生搬硬套，东拼西凑，马虎从事。宴席面点的配色，应以食用性和自然的风格为前提，以达到淡雅、美丽的境界。

1.配色的要求

（1）立足自然本色，发挥皮面的内在特色。面点制作以皮料为基础，大部分为皮料加馅心制成。立足皮料的自然本色，保持点心坯皮的原有本色特点，这是面点制作中色彩运用的上策，如馒头、包子的雪白暄软的风格；虾饺、晶饼的雪白中透出馅心的特色;黄桥烧饼、春卷的金黄色等。

（2）掺入有色菜蔬，增添面点的风味和色泽。在点心面皮上作些色彩的变化，是使面点增加色泽的一个较好的途径。如利用南瓜泥与米粉制成的南瓜团子，色泽鲜艳，南瓜味浓，风味益然；荔浦芋角的澄面与芋头泥的搭配，颜色为褐色，芋香味浓，营养丰富；枣泥拉糕利用大米粉、糯米粉与枣泥的配合，枣香浓郁，枣色可人，枣味甜净等。

（3）点缀带色配料，使面点淡雅味真。在坚持本色的基础上，将点心点缀一点色彩，进行适当装饰。这种点缀的原料应为可食的原料，如葱煎馒头，可在洁白的馒头上点缀上碧绿的葱花，显得和谐悦目；苏式糕团中常加果料，果料的天然色彩在面点中星星点点起了缀色作用。又有如凤尾烧卖，在包裹肉馅的烧卖的面上点缀了火腿末、蛋糕末、青菜末，中间镶嵌一粒大虾仁，红黄绿白相间，似凤尾一样美丽。

（4）调配天然色素，把面点装扮得多彩多姿。运用天然食用色素调配面点，这在我国有悠久的历史。近年来，西餐面点的制作发展较快。它的每一种甜食的制成品都讲究颜色的搭配、造型的准确、装饰的典雅。甜食中所有的颜色都十分艳丽，却都是天然之色，绝不使用化学合成色。鲜艳的玫瑰红色是杨梅提炼的，淡雅的黄色是柠檬皮的提取物，清新的绿色来自橄榄，纯正的棕褐色是巧克力的颜色等。甜食中的配料多用果子干，乃至直接用鲜水果切开的草莓、去皮的猕猴桃片、菠萝片、雪梨片，被镶嵌在蛋糕上组成美丽的图案，五颜六色的果品巧妙搭配，绚烂夺目，散发着浓郁的果香，无不令人赏心悦目，而且适口。

2.配色的注意事项

（1）尽量不用人工合成色素。人工合成色素虽能美化点心，但毫无营养价值，有些色素用量过大，还可能对人体产生不利影响。因此，在使用中，首先应坚决忌用非食用色素；其次应严格按《食品添加剂使用卫生标准》的规定执行。

（2）必须遵循艺术规律，不可大红大绿乱掺乱配。面点师必须了解色彩的基本知识，根据艺术的规律及对比、统一、调和等原则而调配色泽。俗话说，大红配大绿丑得发哭，而"万绿丛中一点红"就别有生趣。

三、宴席面点的造型与装盘

面点造型与装饰工艺是中国面点的一大特色，特别是一些高档点心，面点装饰贯穿在不同口味、不同形态、不同烹制方法的点心中，力求做到一点多技艺、一点一装饰，百点百种形，可谓技法多变，从而形成丰富多彩、形象生动、甘甜松酥、鲜嫩可口的各式面点。

1.面点外形的特征

(1) 普通形态。面点的一般形状,主要是指较普通的外形而言。如饼的圆形,糕的菱形、长方形,面条的长形,馒头的方形、圆形,以及较普通的提褶包子形、春卷形、水饺形等。其制作较为大众平常,各地制作也比较普遍。

(2) 模具造型。利用各式模具来美化面点的外形,它与一般面点的制作不同,有些模具本身有一定的形状,如各式印糕模、苏州方糕模、月饼模、各式盏具、标花嘴等。借助模具来造型,可使各单个品种大小均匀,纹饰相近或一致,增加美观。有些运用纸盏,连盏上盘,别具特色。

(3) 花色塑造。利用花色塑造外形,运用一定的工艺手法,采取艺术夸张,使面点的外形具有艺术感染力。它要求有娴熟的捏塑技艺,因材施艺,夸张变形。花色造型所用的技法较多,如各式捏法、卷法、叠法、装配法、镶嵌法等,所制作的面点包括各种花色饺类、包类、酥类、卷类,还包括特殊的花色点心,如船点等。

2.面点装饰的独特方法

面点装饰需要运用各种不同的工具和材料,施以不同的技法,以产生出各种不同的艺术效果。我国面点装饰的技法很多,除常用的面点造型技法以外,还包括一些特殊的工艺,其手法主要有以下几种。

(1)撒,即利用手抓取碎小的丝、粒、末等原料,在点心成品或半成品表面上,松手将碎形原料均匀撒播,形成有星星点点图案的装饰工艺技法。

用手撒制时,要撒放得当,撒播均匀,切不可一边多,一边少;或一块重,一块轻。以便面点的表面点落均衡,产生协调美。如蜂糖糕、千层油糕在糕面撒放的红绿丝,在黄桥烧饼的面上撒放芝麻等。光滑的表面,经红绿丝、芝麻等的均匀点缀,使得面点成品色泽美观,食之更为香甜可口。

(2)粘,即利用小型食用物品及丝、粒、末、蓉等原料,将主坯半成品放至其上,使其周身粘上的工艺技法。

将半成品放入粘料粘制时,需要粘均匀,使其表面产生添彩美、匀称美。如苏式麻团、广式麻枣的粘芝麻,椰蓉软糍的粘椰蓉等,既起装饰作用,又增加点心的美味。

(3)挤,是成型的一种技法,也是装饰点心的工艺技法。将椰泥、菜泥、奶油、蛋白糖、蛋厚浆等装在牛皮纸筒或布袋中,像画笔一样,裱绘挤塑出各种花鸟、瓜果图案。如各种裱花蛋糕的装饰。

挤绘制法技术性强,要把握好挤制的力度。在蛋糕和许多点心中都可以运用挤制法使点心装饰得美妙动人。

(4)点彩,即利用各种印章、食用色素直接盖或点在糕点表面,装饰点心的一种技法。此法在民间特别流行,如馒头、馍馍,在其表面盖上红印,供人们吉日喜庆、婚寿之用,都市、乡村各式米糕、点心在其表面印上花纹,也体现了一种喜庆气氛。

(5)切划,即利用刀具在半成品的表面用刀切下适当的部位,来体现面点花纹特点,达到装饰和美化的一种工艺技法。当面点半成品包馅或不包馅后,用刀略划或切断并突出面点的形态,增加面点的风格特色和美感。如蜜三刀、开口笑,是利用刀具略划后,露出一点馅心而体现风格的;京江脐、菊花酥是通过刀具划坯后体现出五角星和菊花形的;猪爪卷、菊花卷是刀切后将卷制的层次一层一层地露出而显现其形和卷的。

3.宴席面点的形状要求

(1)规格一致。同一面点在同一盘中,一定要包捏制成一样的大小,无论是一般的饼、饺、糕,还是花式造型面点,都要达到规格一致,这样装盘才好看,才能产生"一致美"和"谐调美"。这可说是面点制作成形的最基本、最起码的要求。否则势必大大小小,乱七八糟,而没有整体感了。

(2)制作适度。面点的外形究竟制作多大多小合适,这要根据具体品种、场合而定。普通面点一般根据皮坯的重量而定,如50克1只,25克1只或50克4只等。宴席面点的重量不宜过大,外形宜小巧精致,有时还要根据上菜的盛具而定大小。总之,不能大盘小点,或大点小盘,以和谐、适度为好。

(3)美观整齐。宴席面点的制作要求外形美观,捏塑自然,整体效果好。对点心成品的规格质量比较重视。一些基本功不踏实的皮多馅少、膨胀萎缩、形状变形的单个品种一概剔除,以求整齐美观。如"千姿百鹅",要求每个小鹅形态各异,塑造巧妙,大小一致,栩栩如生。双味点心的拼摆也注意到协调、整齐的效果,切不可任意地拼凑。

4.宴席面点装盘艺术处理

(1)利用面点本身的形态在盘中拼摆造型。多种多样的面点成型技法,通过各自不同的包捏造型,可制成动物、花卉、蔬菜等形态,在装盘拼摆中,充分利用面点本身的形态,在盘中拼摆出造型优美、协调一致、素雅的面点,如"荷花莲藕""绿茵白兔""什锦花饺"等。

(2)借助装饰形具组合而成的拼摆。利用美化和装饰点心的纸垫、纸杯、铝盅、不锈钢盏、白糖、荷叶、小篮子等,同时装盘简单、别致而高雅。既食用方便,又清洁卫生。"鲜奶棉花杯"用铝盏或纸盏同时装盘,"椰蓉软糯糕"用白色垫纸装盘,更显清洁、整齐、美观。炸、煎、烤类点心用纸垫、盏类等组合装盘,既美观又能吸去点心中的油迹,这是目前较常用的装盘方法。

(3)色艳体小原料的点缀拼摆。以食用原料作点缀的装盘方法,在面点的空隙中点缀一些色彩醒目、小巧别致的小品,可提高面点的艺术趣味和食用价值。如在面点中或盘边用红樱桃、绿樱桃、红绿瓜、红绿丝、有色水果进行装饰拼摆、点缀,可起到美化和食用的双重作用。

(4)捏制小型动植物形象的艺术拼摆。在宴席面点装盘中,有时需捏制一些小型动植物船点,装饰在面点的盘边或盘中。这些装饰的米面粉点一般不供食用,用食用色素调配,成形多姿,效果极佳。如花卉、小玉米、辣椒、茄子、黄瓜、熊猫、小鸟、孔雀等。如能将装饰物形态与面点品种相协调,更能起到渲染气氛的效果。

(5)纯艺术性的欣赏拼摆。这种拼摆特色,是以欣赏为主,不必过多地考虑食用效果,可从艺术的角度去构思、设计,以在色彩和造型等方面取得较高的艺术效果。这种供观赏的面点艺术,是体现面点师傅的技术功力和技艺水平的,在制作时要注意突出主题,构思的寓意要合理,色彩应追求协调、高雅,造型要给人以美感。总之,要体现面点制作的独特的艺术风格,如苏式面点中的粉点"熊猫戏竹""孔雀开屏"等。

本章小结

本章从面点工艺的开发与创新的角度,探讨面点创新的思路和开发的种类,分别从皮坯料和馅心品种两方面分析和扩展,力求挖掘皮坯料的品种和变化馅料、调制新品,并系统地论述了宴席面点创作的要求和风格特色。

【思考与练习】

一、课后练习

(一)填空题

1.有待开发的面点种类有_____、_____、_____和_____。

2.面点开发的基本思路是:_____、_____、_____大力推出应时应节品种、_____、雅俗共赏,迎合餐饮市场。

3.掺粉的主要方法是_____、_____、_____。

4.甜馅主要分为_____、_____、_____。

5.宴席面点创新的基本要求是:_____、_____、_____、_____和_____。

(二)选择题

1.创新面点设计不应多考虑的是(　　)。

A.皮坯(面团)　　　B.馅心变化　　　　C.造型多变　　　　D.色彩多变

2.制作发酵面坯时可采用的方法是(　　)。

A.面粉+山芋　　　B.米粉+香蕉　　　　C.杂粮+果汁　　　　D.菜蔬+米粉

3.面点造型的基本要求不需考虑的是(　　)。

A.规格一致　　　B.制作适度　　　　C.口味多变　　　　D.美观整齐

4.从"汤圆"到"雨花石汤圆"其创新的主要方法是(　　)。

A.改变馅心　　　B.改变外形　　　　C.改变质地　　　　D.改变口味

(三)问答题

1.现代面点开发的基本思路有哪些?

2.面点的开发创新可以从哪几方面去考虑?

3.如何从皮坯料入手开发面点品种?

4.如何从馅心变化入手开发面点品种?

5.创制宴席面点需要注意哪几个方面?

二、拓展训练

1.小组练习:利用不同的皮坯(面团)包制不同的馅心制作不同风格的馅饼。

2.每人任选山芋、南瓜、玉米粉一种皮坯料各制作3个不同品种。

要求:配料有差异、口味有变化、造型有不同。

第十章

器具与装饰手法的变化

引　言

　　近 10 多年来,中国餐饮在菜品器具的配置方面发生了空前的变化。不同的餐饮风格显现出不同的餐具特色,高档餐厅的豪华餐具、乡土餐厅的土陶土碗都体现了不同的雅俗特点。各式菜品的装饰风格也脱离了传统的藩篱,彰显出时代的特征。本章将从器具的配置与装饰手法革新方面进行探讨,让大家对美食配美器和盘边装饰的变化有一个系统的了解。

学习目标

- 了解饮食美器的发展演变
- 了解美食美器的匹配艺术
- 把握器具的变化与出新
- 学会合理选器与配器
- 了解盘饰包装及其价值

　　一盘美味可口的佳肴,配上精美的器具,运用合理而得当的装饰手法,可使整盘菜肴熠熠生辉,给人留下难忘的印象。那些与众不同、精巧美观的餐具器皿与独树一帜、惟妙惟肖的盘饰包装也是菜肴出新的一个不容忽视的创作途径。

第一节　美食与美器的匹配

　　在中国饮食史上,美食、美器合理匹配是有其悠久历史的。自古以来,人们强调美食与美器的结合,主要因为两者是一个完整的统一体,美食离不开美器,美器又需要美食相伴。美食总是伴随着社会的进步、烹饪技术的发展而趋丰富,美器则是伴随着美食的不断涌现、科学文化艺术的繁盛而日臻多姿多彩的。

一、饮食美器的演进变化

饮食器具的演变,与社会生产力和烹饪技艺的提高密切相关。人们曾先后以陶、铜、铁、髹漆、金银、玉、牙骨、琉璃、瓷等质料制作烹饪器具,其中陶、铜、漆、瓷最为普遍。新石器时代,人们主要使用陶质烹饪器具。但陶器易碎,不耐温差,可用水煮,不宜油烹。随着技术的发展,到了商周时代,它遂为青铜器所替代。青铜烹饪器具具有导热性能好、坚固耐用的优点,但它盛放食物时间过长,会引起铜器与所盛食物中的酸、盐等物质的化学反应,导致食物变质并产生有害物质。因而到了秦汉时代,它又被漆器所替代。隋唐以后,继漆器而起的瓷制食具,耐碱、酸、咸,原料来源广泛,既能精工细作,又便于大量生产,于是就成了制作食器的主要材料。商周以后,在上层贵族中与铜、漆、瓷器并行的还有金银、玉(包括玛瑙、水晶)、牙骨、琉璃等食器。因其价格昂贵,所以始终是帝王豪门的奢侈品,一般人是无缘问津的。

在器具的发展中,食器的发展变化较快。最初,食器主要因功能不同而分化。如因盛放主、副食的需要,出现了用以盛饭和羹的簋、簠、盨,盛肉食的鼎、豆,盛汤的罐、钵,盛干肉的笾,盛放整牛、整羊的俎及盛放干鲜果品、卤菜和腊味的多格攒盒等。后来经过演变、规整,终于形成了现在的盆、盘、碟、碗等类餐具。

食器的美感也是促使食器翻新的重要因素。如新石器时代晚期的蛋壳黑陶镂空高柄杯,器壁薄如蛋壳,杯沿最薄处仅 $0.1\sim0.2$ 毫米,器表富有光泽,胎质细腻,质地坚硬,是当时具有代表性的食器。又如近年西安何家村出土的金银、玉、玛瑙、水晶、琉璃高级食器及《孔府档案》上所载的孔府餐具,其豪华和精美是一般人难以想象的。器、食配合,既有一肴一馔与一碗一盘之间的配合,也有整桌宴馔与一席餐具饮器之间的和谐。杜甫《丽人行》诗中的"紫驼之峰出翠釜,水晶之盘行素鳞。犀箸厌饫久未下,鸾刀缕切空纷纶",描绘的就是杨国忠与虢国夫人享用紫驼、素鳞这样华贵的菜肴,乃用翠釜烹饪而成,装在水晶般的盘中,用犀角所造的匙、箸食具。

有关美食、美器的论述,清代文学家、美食评论家袁枚在他所作的《随园食单》的"须知单"中,有专门一项"器具须知",在这里他说道,"古语云:美食不如美器。斯语是也。然宣成嘉万窑器太贵,颇愁损伤,不如竟用御窑,已觉雅丽。惟是宜碗者碗,宜盘者盘,宜大者大,宜小者小,参差其间,方觉生色。若板于十碗八盘之说,便嫌笨俗。大抵物贵者器宜大,物贱者器宜小;煎炒宜盘,汤羹宜碗;煎炒宜铁铜,煨煮宜砂罐"。论述如此之精到,使人感受到美食与美器有机结合的价值。

二、美食美器的匹配艺术

如果从文化、艺术和美学的角度考察，那么作为中国饮食文化的重要内容的美食与美器的匹配，是有着一定的规律和特色的。

（一）菜肴与餐具器皿在色彩纹饰上相协调

这种协调，既是一肴一碗与一碗一盘之间的和谐，又是一席肴馔与一席餐具饮器之间的和谐。如宋代陶谷的《清异录》便记载吴越之地"有一种玲珑牡丹鲊，以鱼、叶斗成牡丹状，既熟，出盘中，微红如初开牡丹"，五代时期比丘尼梵正"用鲊、臛、脍、脯、醢酱、瓜蔬，黄赤杂色，斗成景物。若坐及二十人，则人装一景，合成'辋川图小样'"，陶谷认为此系"庖制精巧"之作。

菜肴的盛装，如果餐具器皿色彩选用得当，就能把菜肴的色彩衬托得更鲜明美观。一般而言，洁白的盛器对大多数菜肴都适用，但洁白的盛器盛装洁白的菜肴，色彩就显得单调。如"糟熘鱼片""芙蓉鸡片"等白色菜肴，用白色的器具盛装就不如用带有色彩图案的器具盛装。即使使用，也必须在盘边缀以其他有色饰料，以使其色彩醒目。在装盘上切忌"靠色"，如"什锦拼盘"，就要把同类的颜色原料间隔开来，才能产生清爽悦目的艺术效果，又体现了盘中的纹饰美。

（二）食器的形态、大小与美馔的形状、数量相适应

由于中国菜肴品类繁多，形态各异，有整只、有碎块、有汤羹、有造型等。因此，也就要求食器的形制多种多样，千姿百态，并与菜肴装配相适应，才能达到烹饪艺术完美的境地。故二者之间的和谐统一要求颇高，这就要体现出菜肴的色味形的精巧与餐具器皿的巧妙的配合艺术特色。所以，选用盛器要恰当，如果随便选用，不仅有损美观，而且不利于食用。如一般炒菜、冷菜宜选用圆盘和腰盘，若用汤盘或汤碗盛装，就显得不伦不类。烩菜和一些汤汁较多的菜肴宜用汤盘，如装在浅平的圆盘中就很容易溢出。整条的鱼宜用腰盘，否则就给人一种不舒服的感觉。

盛器的大小是决定菜肴数量的主要因素。如果把较多的菜肴装在较小的器皿中，或把少量的菜肴装在较大的盛器中，不但影响菜肴形态的美观，而且会使人生厌。所以盛器的大小必须与菜肴的数量相适应。一般来讲，菜肴的体积应占盛器容积的80%~90%为宜，菜肴、汤汁不应超过盛器内的边沿，这都是遵行食、器和谐统一规律的原则。

（三）食器的质地与菜肴品质和整体相称

自古以来，菜肴盛装用盘是有许多讲究的。古代人食与器的配合讲究等级制度，金、银、玉器是统治阶级的专用品，老百姓是受用不起的。而今不分贵贱，但从饭店接待来看，高档的宴席菜肴，大多用质优精巧的盛器来装置，如果菜肴品质低，器皿品质高，问题还不大，但如果是高档菜肴用质差的器皿盛装，就难以衬托高档

菜肴。但不管是一般便饭,还是整桌宴席,食与器之间在品质、规格、色彩等方面要相称,不可以品质不一样或花纹规格差距过大,色彩不协调。尤其是高级宴会,所用食器最好是一整套的,有一个整体美。如果是批量的宴席,每桌的盛器都应该是系列性的。大盘、小盘、汤盅等器具也要风格多样、异彩纷呈,这样一来,佳肴耀眼,美器生辉,盘饰升华,蔚为壮观的席面美器与美食产生的美景便会呈现在眼前,并由此使人领悟到中国饮食文化美食与美器和谐统一的真正文化底蕴。

知识链接

日本餐饮对食物器具的追求

对食器的讲究是日本饮食文化的主要特点之一。与中国人在食器的质材上崇尚金银珠玉、色彩上喜好富华绚烂不同,日本人多用细腻的瓷器或外貌古拙的陶器和纹理清晰的木器,色彩多为土黑、土黄、黄绿、石青和磁青,偶尔也有用亮黄和赭红来作点缀。中国的盛器基本为圆形,至多也就是椭圆形,其实世界各地大都如此,而日本人独树一帜,食器完全不拘泥于某一形态,除圆形椭圆形之外,叶片状、瓦块状、莲座状、瓜果状、舟船状,四方形、长方形、菱形、八角形,对称的,不对称的,人们想到的或是想不到的,都会出现在餐桌上。描绘在食器上的,可以是秀雅的数片枫叶,几株修篁,也可以是一片写意的波诡云谲,一整面现代派的五彩锦绘,但总的来说,色彩大多素雅、简洁,少精缕细雕,少浓艳鲜丽。筷子虽是从中国传入,但即使王公贵族也几乎不用镶金银或是象牙紫檀的材质,只是简素的白木筷而已。

(资料来源:徐静波.日本饮食文化历史与现实.上海人民出版社,2009)

第二节 器具的变化与出新

中国菜品的创新,不能忽略了菜品配器的革新。红花要绿叶配,好菜要有好器装,新创菜肴假如配上美观大方,别具一格的餐具,必定能引起人们的强烈反响并产生新奇的效果。

一、食器的发展与更新

中国餐具一直有科学化与艺术化结合的优良传统。中国的餐具经历了陶器时代、青铜时代、漆器时代、瓷器时代等不同历史阶段,其共同的发展规律是卫生、安全、方便、经济和日益美化。

未来的餐具将是多样化的。随着各个不同的场合、不同的人群、不同的餐饮特点,未来的餐具将呈现出多种风格和层次。从其质料来看,有华贵的镀金、镀银餐具,光芒四射,银光闪闪,体现其规格、档次和豪华风格;有特色的大理石作盛装器具,色彩斑斓、纹理美观、光滑锃亮;有现代风格的不锈钢食器,由小到大,风格多样,款式新颖;有反射效果极佳的镜子等大型盛器,在各种宴会和自助餐场合,立体感观好,在灯光的照耀下,食与器产生强烈的感染力;有取材简易、造型别致,经过艺术处理的竹、木、漆器作食器,朴实而雅致,天然而绚丽;有传统的陶器、瓷器,其做工精良,釉彩光亮,色调鲜艳,花样别致,造型新奇,艺术效果较好。

从工艺上看,有以食料的形象而制作的象形餐具,如鱼形、鸭形、寿桃形、瓜形、螃蟹形、龙虾形等,形象逼真,栩栩如生;有各式各样的仿古餐具,其制作模仿古代各种花纹、外形、特色,但其制作工艺更精细,运用现代科技手段,使其美观、精良,如仿制青铜器时代的饮食器具,唐宋时代的杯、盘、碗等;各种现代化的加工工艺生产的餐具也将不断涌现,如薄膜、纸质、无公害物质生产的餐具将随着社会的发展而发展,即使使用传统的陶器、瓷器,其工艺、色质、耐用、美观都将达到完美的地步。

美食配美器,好的菜肴需要有好的盛器衬托,绿叶护牡丹,方能相得益彰。随着人们饮食观念的变化,不仅对菜肴有更高的要求,同时对餐具的选用、造型,以及器皿与菜肴配合的整体效果上也有更高的观赏要求。古人云:美食不如美器。这并不是说菜肴的色、香、味、形不重要,而是从另一个方面强调了餐具在烹饪中的突出意义。我国烹饪素来把菜肴的色、香、味、形、器这五大要素作为一个有机体看待,是同等重要的。至于"钟鸣鼎食"、至高无上的封建帝王在饮食中对餐具的讲究和重视,就更是到了无以复加的地步了。当今,我们重视食器,倒不如说是更重视美食的整体。我们从菜品开发的思路去探究它,莫不是从器具和盘饰诸方面作为突破口,知己知彼,方能具有创新之灵感。

鱼汤鳜柳干丝

二、器具的运用与改良

从菜品器具的变化中探讨创新菜的思路,打破传统的器、食配置方法,同样是能够产生新品菜肴的。利用器具创新菜品的思路,与其他创制菜肴方法所不同的是,它能为开发系列菜品提供有效途径,并且造福于全人类。如中国传统的炖品,以其肉质酥烂、汤醇鲜香、原汁原味的风格为全国各地人民所钟爱。改革开放以后,不少厨师在西方菜品制作的基础上,别出心裁地效法西餐的汤盅派生出了"炖盅"之品,使"炖"与"盅"两者的有机融合,盅内放入加工好的多种原料,放入高汤,入蒸、烤箱中炖之,这种器具的变换,使原有的大炖盆(钵)的共食开创出利用汤盅"个食"的方法,并产生出了一种独特的"盅"类餐具。由于炖盅的推出,聪明的厨师们,利用"汤盅"(或炖盅)的个性特色,与厂家一起又开发了各不相同的炖盅器皿。在造型上有无盖和有盖的盅,并有南瓜形汤盅、花生形汤盅、橘子形汤盅等,在特质上有汽锅型汤盅、竹筒汤盅、椰壳汤盅、瓷质汤盅、砂陶汤盅等。

在炖盅菜品的基础上,近年来有心的厨师结合小型炉的造型,创制了"烛光炖盅",将炖盅餐具又作了新的改良:下面设置为类似的小型炉灶,如炖盅大小,中间放上扁形短红烛,上面是炖盅菜品,点燃蜡烛,既起保温作用,又起点缀作用,增加了就餐情趣,这是近年来高档炖品最常用的品种。这种餐具一进入桌面,便引起广大就餐者的共鸣。此餐具设计新颖,特色分明,也给菜品带来了新鲜感。

创造既要以熟悉的眼光去看陌生的事物,又要以陌生的眼光去看熟悉的事物。只要我们勤于思考,去寻找有益的东西,开发新菜品,会定吸引广大宾客,1983 年11 月,中国第一届全国烹饪名师技术表演鉴定会上,重庆代表队拿出的一款变化器具的新作"鸳鸯火锅"(双味火锅),创作者将清汤火锅和红汤火锅两种味道不同的火锅有机组织起来。以前一直是单味锅,这种变器,使传统的火锅一下子就有了新意。这不仅开创了"双味火锅"的新思路,而且格调也更高雅,又便于顾客择好。

由"砂锅"到"煲"类再到"铁煲",随着时代的发展,食用的器具也在不断地变化。砂锅有大有小,煲类品类繁多,铁煲是铁板与煲的结合,有不同规格,这些器具的合理运用,确实丰富了人类的饮食生活,给人们带来了许多饮食的乐趣。

菜品的变化从器具出发可以使其焕然一新。许多烹调师在器具的变化上倾注了不少心血。无锡湖滨饭店范伯荣师傅,在生前设计"乾隆宴"菜单时,他多方采集,搜集资料,与饭店同人一起设计出了一套带有无锡地方特色又有宫廷气派的"乾隆宴"。在器具的变化上,他自行设计的"龙形拼盘"餐具,整个盘具是一条"S"形长龙,"龙盘"是由 12 件组成,龙头、龙尾各为一件,龙身 10 段实际就是 10 碟盘组成,揭开龙身 10 碟盖,下面是一白底色的圆柱形餐具,10 味冷菜拼摆其中,盖上盖俨然是一条生机盎然的长龙,揭去盖又是一组 10 味拼盘,由于独特的造型餐具,使整个"乾隆宴"气势非凡,产生了与众不同的饮宴特色。

近几年来,不少厨师刻苦钻研,在餐具的运用上动了不少脑筋。许多厨师们设计菜品时,为了营造菜品的独特气氛,经常到商场、百货公司寻找作为装饰用的玻璃器皿,许多制作精细、造型别致的玻璃器皿,借用到菜品中,可起到意想不到的效果,如天女散花、百年好合、热带鱼以及各式抽象造型等器具,透明可鉴,赏心悦目,菜品配上它,更加生机盎然,熠熠生辉。许多菜点只有在玻璃器皿中才能显现出它完美的风格与个性。

与传统中餐餐具协调美、整体美所不同的日本餐具是特别讲究"变化"的特色的,这也是日餐"目食"的主要缘由,日餐菜品不仅色彩鲜艳、美观而且所体现的是器具的变化多端,款式多变,陶瓷、玻璃、不锈钢、竹、木、篾多种并用,形态各异,这是值得我们学习和借鉴的。

如今,菜品配置的餐具就其风格来说,有古典的、现代的、传统的、乡村的、西洋的等多种,不同的特型餐具,为我国菜品的出新提供了用武的场所,未来食器的发展,还有待于广大烹调师们不断地去努力、去设计、去描绘。

知识链接

变化神奇的炊具

自古以来,人们使用的炊具便分为锅、灶两大类。即便到了科学技术发达的21世纪也不例外。人类最早使用的锅是陶锅。后来,进入了青铜器时代,锅也用上了青铜做的了,那就是鼎。春秋晚期出现了铁锅。1788年,德国科尼克斯布朗铸造厂在铜、铁等金属上涂上玻璃质的釉彩,烧制成珐琅锅,这就是搪瓷锅。后来法国的医生、物理学家和机械师丹尼斯·帕平发明了高压锅。1947年,美国雷西恩公司将磁控管用在了新型烹饪器中,制造了世界上第一只微波炉。1955年日本东芝公司发明了电饭锅。1996年市场上出现了不锈钢焖烧锅,这种锅烧米饭仅需加热2分钟,为此有人称它为"魔术锅"。

被誉为"灶具之神"的电磁灶于1972年投入市场,它是一种很特殊的新式炊具。当接通电源后,锅内的水已经沸腾了时,手帕或纸也不会烧起来,所以人们称它为"冷加热"的电热炊具。

20世纪90年代初,在我国一些大城市出现了奇妙的"炒冰锅"。这种炒冰锅实际上是一套制冷设备,锅体是这套设备中的蒸发器,电动机带动压缩机使氟利昂受压变成液体,再在蒸发器内膨胀蒸发吸收热量,锅体的温度便降至 $-29℃ \sim -24℃$ 。所以,只要将准备好的原料倒入锅里后,不到2分钟,就能炒成一盘"冰菜"了。

第三节 选器与装饰

中国菜肴的风格千变万化,争奇斗艳,各具特色的盘饰和造型百花竞放。那体现食物原料的营养价值和本来风味的"原壳原味菜"与巧配外壳、渲染气氛的"配壳增味菜"以及情趣盎然、赏心悦目的"盘边装潢"与古色古香、各具风姿的"精巧餐具"的有机结合,使得中国菜肴的造型与装盘绚丽多彩、不拘一格而十分诱人。倘若从器具和装饰手法的角度作为一个突破口去革故鼎新探讨菜肴,也不失为菜肴创新的一种良策。

一、原壳装原味

原壳装原味菜品是指一些贝壳类和甲壳类的软体动物原料,经特殊加工、烹制后,以其外壳作为造型盛器的整体而一起上桌的肴馔,如鲍鱼、鲜贝、赤贝、海螺、螃蟹等带壳菜品。此类原料营养丰富,富含蛋白质、10 余种氨基酸、多种维生素、碳水化合物和钙、磷、铁等无机盐等。这些原料易于被人体消化吸收,是食疗滋补的佳品。

原壳原味菜肴在中国烹饪历史上由来已久。在贝壳类的海鲜中,带壳烹调、随壳装盘最迟在南北朝时期就已出现了。北魏时期的农学家贾思勰所著的《齐民要术》中,就记载了三种贝壳类菜肴的制作方法,即炙蚶、炙蛎、炙车螯,这三种都是烤制的,而且都是带壳上盘的。

而今,原壳装原味的菜品品种繁多,较有代表性的首推山东名菜"扒原壳鲍鱼"。其特色即是将扒好的鲍鱼肉,又盛到鲍鱼壳中,装入盘里。由于原壳内盛鲍鱼肉,别致而味美,颇得宾客的欢迎。此制将鲍鱼壳用碱水涮洗干净,再把鲜鲍鱼切片,加高汤、精盐、冬菇、火腿、绍酒等,烧沸至熟后,捞出分别盛到壳内,再用汤汁加水淀粉勾芡,淋上鸡油后即可装入鲍鱼壳中。盘中垫上生菜丝,以稳住鲍鱼壳,食用时每人一壳,造型优雅,肉嫩、汤白、味鲜,富于营养。

根据"原壳鲍鱼"之法,江苏的厨师还创制了"老鲍怀珠"和"鹬蚌相争"等菜。"老鲍怀珠"是将鲜嫩的鹌鹑蛋嵌入鲍鱼腹内,配上菜心,并以鲍壳盛之,取法自然,色彩缤纷,不仅造型独特,而且滑嫩爽口。"鹬蚌相争"系用鲍鱼与鸭舌,将鸭舌插入鲍鱼中,制成鹬蚌相争的彩图,互不相舍,正等渔者擒而得之。渔者何在?举箸食客者也。席间自然趣味横生,赏心悦目。此菜用鲍壳盛装,象形会意,鲜嫩味美。

"原壳海螺"是选用带壳活海螺,将螺肉从壳中取出,去掉尾尖及螺肠,用精盐、米醋搓洗,除去黏液后用清水洗净,将螺肉切成薄片。螺壳用刷子刷洗干净,上笼屉蒸3分钟取出。将螺片用沸水稍烫后,捞出与冬笋、香菇同炒,烹入芡汁后,分别盛装在10个螺壳内。此菜原壳原味,螺肉脆嫩,清鲜味美。若将鲜螺肉斩成蓉,与其他缔子原料搅拌成馅,酿入螺壳内,又可制成"酿原壳海螺"。用蛤蜊肉馅加工、调味后装入蛤蜊壳中,又可制成"酿蛤蜊"。

"雪花蜗牛斗"是借鉴欧美扒蜗牛、焗蜗牛等菜而创制的。取大小整齐的蜗牛,用针挑出蜗牛肉,去除泥肠,将壳洗净,再用开水烫,肉洗净焯水。将蜗牛肉剁碎与剁碎的虾仁、熟肥膘肉加调料拌匀,分别酿入蜗牛壳中成蜗牛斗,上笼蒸熟后,在上面缀上发蛋"雪花",撒上火腿末、青椒末,上笼蒸约2分钟,最后再浇上鸡汤芡汁。

"清蒸原壳鲜贝""蒜蓉青口贝""蒜蓉蒸生蚝""豉汁蒸生蚝"等都是一胎而出的同类菜品,先将壳肉用刀刮至分离,用水冲洗,投入适当的调味料后,上笼蒸熟至鲜嫩即成。而"原壳炸生蚝"即是将蚝壳洗净、擦干,蚝肉略腌拌后,用脆皮糊炸成,盛装在蚝壳中即可。

蟹壳装蟹肉,也是原壳原味菜肴的典型品种。江苏名馔"雪花蟹斗"与"软煎蟹盒"确是菜品造型中独特的菜例。"雪花蟹斗"以洗净的蟹壳为容器(称斗),内放主料蟹粉,面上盖蛋,色白如雪,蟹油四溢,蟹粉鲜肥,再加上火腿末等配料的点缀,鲜艳悦目,色、香、味、形、器俱备。"软煎蟹盒"取大小均匀的蟹壳,放入沸水中煮沸,捞出晾干后,用油涂抹蟹内壳,将炒制的蟹粉放入蟹壳中,另将蛋黄糊均匀地涂在蟹粉上,放入浅油锅内,壳背朝上放入油锅中,中火煎炸到糊结软壳,起锅排入锅中,配上香菜、姜丝、香醋佐食。此菜色泽金黄透红,蟹肉鲜嫩香醇,别是一番风味。

二、配壳增风韵

配壳增风韵类菜肴,即是利用经加工制成的特殊外壳盛装各色炒、烧、煎、炸、煮等烹制成的菜肴。如配形的橘子、橙子的外皮壳,苦瓜、黄瓜制的外壳,菠萝外壳,椰子壳,用春卷皮、油酥皮、土豆丝、面条制成的盅、巢以及冬瓜、西瓜、南瓜等制成的盅外壳等。用这些不同风格的外壳装配和美化菜肴,可使一些普通的菜品增添新的风貌,达到出奇制胜的艺术效果。

1.橙、橘作盅

早在我国宋代就出现的菜肴"蟹酿橙",即是将蟹肉、蟹黄等酿入掏去瓤的橙子中,以橙子皮壳作为菜肴的配器,其色之雅、形之美,使人焕然一

水晶活鲍

新。此菜的制作在我国古代产生了一定的影响。近10多年来,广大厨师制作的"橘篮虾仁""橘盅鲜贝"等菜,取"蟹酿橙"之意,将炒制的虾仁、鲜贝等直接装入橘篮中,食用时每人一篮,鲜爽可口,特色、风味显然。

2.青椒作斗

苏州菜"翡翠虾斗",是将炒虾仁与碧绿的青椒一起烹制而成。选大甜青椒,去蒂挖去籽,用刀在蒂口周围雕成花瓣形,将似斗形的青椒做容器壳,其斗中盛放虾仁,故名翡翠虾斗。此菜绿白相映,青椒清香爽口,虾仁鲜嫩柔软,可分食,利卫生。

3.苦瓜、黄瓜作壳

利用苦瓜、黄瓜作为菜肴的小盛器,各人一份,既卫生、方便,又高雅、美观。如取均匀的条形苦瓜,顺长一剖为二,去掉内核,稍挖瓜肉,洗净后放入开水中稍烫,再放入凉水中激凉,其色碧绿。将各种炒制菜肴装入其中,诸如炒鱼丁、炒鲜贝、炒鸭片、炒鸽米、炒海鲜等,均可盛入苦瓜壳中,色香味形都较完美。黄瓜亦可用此法,削制成船形、长条形、圆形,装入各种炒制之肴,既可品尝嫩爽鲜滑之菜,又可食用脆嫩的瓜壳之味。

4.土豆丝、粉丝、面条作巢

用土豆丝、粉丝、面条等制成大小不同的雀巢,也是吸引宾客的盘中器,将成菜装入巢壳中,再置放于菜盘中,大巢可一盘一巢,供多人食用;小巢可每人一巢,一盘多巢。大巢可装入长条形、大片类的炒菜,如炒鳜鱼条、炒花枝片等;小巢可盛放小件炒菜,如虾仁、鲜贝等。制作大小雀巢,需运用适当的工具。小巢者,两把炒菜勺即可制成。在一把油锅烧烫的铁勺中,均匀地放上一层土豆丝或粉丝,再在丝上面放上另一把烧烫的铁勺,两勺相压后放入油锅,待丝定型后,即可脱下手勺,成雀巢形。大巢需要两只带网眼的不锈钢盆,用同样的方法制成。若用面条需煮软后,排成一定的花纹,炸制成熟后,像编制的小篮、小筐,编排整齐有序,盛装菜肴,美观至极,增进食欲。

5.春卷皮作盏

用春卷制成大小不等的容器,也是近几年来在饭店使用的一种装盛方法。春卷皮制盏方法有两种:一种是用现成铁盏、盅,将春卷皮用刀切成盏、盅大小的面积,放入两盏中间,下温油锅炸制成型后脱去盏盅;另一种用整张春卷皮,放入温油锅中,取可口可乐小瓶或250克装啤酒瓶,放入春卷皮从上向下压,当炸制成形时,脱去小瓶,捞起沥油。将面皮盏放入盘中,盛装各色炒菜,如金盏鱼米、金盏虾仁等,还可装入干性的甜品、水果、冰激凌等。

6.擘酥作皮

借鉴西餐包饼点心制作技术,运用擀、叠制成擘酥面团中的酥皮,制作成圆形、方形、菱形装的"酥盒"。在叠制好的生坯酥皮中间挖成一个空壳状,留底,烤制成熟后,可装入虾仁、虾球、鸽粒等料于酥盒内,上面再盖上酥盒盖。此乃中西合璧、菜点合一之典范。此菜的难度在于制作擘酥盒,取用油酥面(黄油制)和水油面两块,经冷冻、叠、擀等多种工序方能完成此酥层盒子。如酥盒虾花、酥盒鹌脯、酥盒海鲜等。这是各大饭店值得推广的高档次菜肴。

7.竹节(筒)、菠萝壳作器

竹节(筒)盛装菜肴,可以是炒菜,也可以是烧、烩、煮类菜,还可以装入羹类菜肴。用竹节(筒)、菠萝外壳作为食器盛装菜肴,也是饮食业许多饭店常使用的"配壳增韵"方法。大竹筒可一剖为二,亦可削成船形盛装菜肴。普通菜肴装进特殊的盛具,可使菜肴生辉添彩,如竹节云腿鸽、明炉竹节鱼、竹筒牛蛙、竹筒甲鱼等。竹节(筒)下有底座,上有盖子,整竹筒上席,外形完整,配上绿叶菜蔬点缀,确实风格独特。

将菠萝一切为二,挖去中间菠萝肉,留外壳,用微波炉或扒炉使壳内略加热后盛装各式炒、烧、炸肴,如菠萝鸭片、菠萝鱼块、咕咾肉、菠萝饭等,顶部有菠萝绿叶陪衬,若插上小伞、小旗,更具有独特的效果。

8.冬瓜、南瓜、西瓜作汤盅(盘)

取用冬瓜、南瓜、西瓜外壳作盘饰而制成的冬瓜盅、南瓜盅、西瓜盅,此名为"盅",实为装汤、羹的特色深盘。它是配壳配味佳肴的传统工艺菜品,其瓜盅只当盛器,不作菜肴,在瓜的表面可以雕刻成各种图形,或花卉,或山水,或动物,可配合宴席内容,变化多端,美不胜收。瓜盅内盛入多种原料,可汤肴,可甜羹,可整只菜,多味渗透,滑嫩清香,汁鲜味美,多为夏令时菜。

用食品外壳配装菜品,可使较普通的菜肴增加特殊的风味,它能化平庸为神奇,达到出神入化的艺术境界。诸如此类配壳增风韵的品种还有很多,如椰子壳、香瓜盅、苹果盅、雪梨盅、番茄盅等。在菜肴制作中,如能合理运用、巧妙配壳,应是菜肴创新的一个较好的思路。

案例分享

竹器主题文化宴席展示

2001年上海旅游节期间,上海南翔古猗园配合"竹文化节",迎合文化主题项目,精心设计并推出了特色氛围浓郁的"美竹宴"。在宴会的策划方面,他们使用竹制餐具,如竹碗、竹杯、竹桶、竹筒、竹节、竹船、竹片等,并刻上竹的诗文、竹画,似一幅幅艺术品,使"竹菜"具有浓浓的文化氛围,给"竹文化节"增添了光彩的一笔。

"美竹宴"菜单选:竹碟八冷鲜、竹荪冬瓜盅、竹筒美极虾、竹船粽香肉、竹笋烧鳝鱼、竹网香辣蟹、竹韵鱼米香、竹味鲜鱼翅、扁竹夜开花、笋丝绿叶蔬、笋菇草鸡汤、竹罐血糯米、南翔小笼包、如意水果盘。

第四节 盘饰巧包装

一盘货真价实、口味鲜美的菜肴,配上雅致得体的盘边装饰,可使菜肴充满生机,就像一朵朵美丽的鲜花与映衬的绿叶一样难以割舍。菜盘装饰的目的,主要是增加宾客的食趣、情趣、雅趣和乐趣,收到物质与精神双重享受的效果。

一、从"形"到盘饰

菜肴出新从"形"的角度去探究,应该是近五六十年的事情。对中国烹饪技艺的评论,开始有人提出"色、香、味",后来随着事物的发展,认为这三个字不够全面,于是增加了"形"作为形容和评论烹饪艺术的标准。尽管古代也有人制作造型菜,但却没有形成大的气候,没有提出"形"的标准要求。随着社会的发展,"形"的特色已越来越引起人们的重视。从中国烹饪的发展史来看,传统的中国烹饪只以味美为核心,其"形"和"色"向来放在次要地位。梅方先生曾对中国古典烹饪名著《随园食单》做过分析,袁枚在书里提出了20项"须知",其中13项是针对味的,其余几项是有关卫生、速度、分量的,只有一项涉及色,但对于菜点的形一条也没有,如果要说有,那也是关于器皿及其搭配的。袁枚接着提出了14项戒单,这14项绝大部分也是针对味的,对于形仍然只字未提。梅方先生分析说:"我们可以说,中国烹饪对形的重要性的认识,只是21世纪的事情,特别是本世纪50年代以后大规模出现的象形冷盘,就是这种趋势的一个有力证明。"

1.盘饰的意义

从象形冷盘到象形菜肴,随着人们的审美意识的提高,人们由菜肴本身的刀工、造型、美化进而发展到将造型、美化移植到菜体以外的盘边,同样以保持菜品的造型艺术,但更重视了菜体本身的清洁卫生。在以味为前提之下,从菜品本身的形又扩展到盘边的饰,传统的中国烹饪发生了一系列潜移默化的变化,在这些变化之中,应该说人们的思路宽了,制作技术更雅致了。纵观其发展,现代人对中国烹饪的"形"和"盘饰"加以重视的主要原因是以下几点。

(1)随着社会的发展,人们的审美意识在日益提高,对美食的追求与日俱增。人们的生活水平不断提高,对饮食的追求更上升到不仅吃饱,而更要求吃好。好看的菜品,便成为人们的无限向往。

(2)对外开放以后,中西饮食文化交流更为频繁,西方烹饪对菜点形态、盘饰的重视,都在影响着传统中华烹饪技艺。高档酒店的增多,厨师走出去、请进来的机会多,一些西方的盘饰、造型影响着各饭店的厨师。特别是港粤烹饪受西方影响而又带动了中原内地,并一步步地发展起来。

(3)当今人们生活质量的提高,对保健、方便的饮食风格更为提倡,人们逐渐认识到,对菜肴长时间地摆弄,有碍营养、卫生,而盘饰装潢既美观、保营养,又变化多端,还可满足人们求新求变的特点。

(4)饭店的菜品是商品。现代商品学告诉人们,完美的商品需要有好的包装装潢的设计,它能美化商品,又能树立商品形象,所谓"货卖一张皮"。不好的包装和没有包装装潢则使菜品显得土里土气,没有生色,而适当的包装盘饰,可起到美化菜品、宣传菜品、使菜生辉的效果。

2.盘饰的特点

盘边装饰,根据菜肴特点,给予必要和恰如其分的美化,是完善和提高菜肴外观质量的有效途径。通常这种美化措施是结合切配、烹调等工艺进行的。近年来,美化菜肴的方法突出盘饰包装,使菜品创新开发了一条新渠道,把美化的对象由菜肴扩展到盛器;把美化的幅度由菜肴延伸到菜盘周围,显示了外观质量的整体美,提高了视觉效应,起到了锦上添花的艺术效果。在菜肴盛器上装饰点缀,其美化方法从制作工艺上看具有以下特点:

(1)围边型,有平面围边和立雕围边两类。以常见的新鲜水果、蔬菜做原料,利用原料固有的色泽形状,采用切拼、搭配、雕戳、排列等技法,组成各种平面纹样图案或立雕图案围饰于菜肴周围。

(2)对称型,即利用上述原料和技法,将平面纹样图案或立雕图案,摆饰于菜肴的两边,起点缀装饰作用。

(3)中间型,即将上述原料制成的纹样图案或立雕图案,摆饰于盛器的中间起点缀作用,这类菜肴大多是干性或半干性成品,菜品围在点缀物的四周或两边。

(4)偏边型,即将蔬果原料加工成纹样图案或立雕图案后,点缀于菜盘的一角或一边,菜品放于中间和另一边。

(5)间隔型,一般是用作双味菜肴的间隔点缀,构成一个高低错落有致、色彩和谐协调的整体,从而起到烘托菜肴特色、丰富席面、渲染气氛的作用。

盘饰包装的合理配置,从而使整体菜肴出现一种新的优美式样,产生一种新的意境,使盘饰后的菜肴显得清雅优美,更加瑰丽。

我们应清楚地了解,菜肴的盘边装饰只是一种表现形式,而菜品原料和品味则是菜肴的内容。菜肴的形式是为内容服务的,而内容是形式存在的依据。如果"盘饰"的存在只单纯让人欣赏,只突出"盘饰"的雕刻的技艺,而忽视菜肴本身的价值和口味,那就失去了菜品的真正意义。

菜品盛装的基本要求

菜品是商品,因此必须注重它的卖相。菜品的价值如何在很大程度上还取决于它的出品质量,即给客人的第一印象。所以菜品在装盘时一定要关注它的"包装",菜品质量好还需包装好。因此菜品装盘要新颖别致、美观大方、出奇制胜,同时要注意下列事项。

1.选用合适盛器

菜品盛装时,要选配合适的器皿。美食佳肴要有精致的餐具烘托,才能达到完美的效果。盛器选用要根据菜肴的造型、原料、色彩、数量、风味、宴席的主题而定。

2.讲究操作卫生

菜品的盛装必须选用已消毒并烘干的盛器;不要用手或未经消毒的工具直接接触菜肴;不要将锅底靠近盛器或用手勺敲锅;菜肴应装在盘中间,不能装在盘边,也不能将卤汁溅在盘边四周。

3.盛装数量要适中

菜品盛装的数量既要与菜品的规格相适应,也要与餐具的大小相适应。菜肴盛装于盘内时,一般不超越盘子的底边线。羹汤菜一般装至占盛器容积的85%左右。如果一锅菜肴要分装数盘,每盘菜必须按要求装得均匀,特别是主辅料要按比例分装均匀,不能有多有少,而且应当一次完成。

4.突出主料和优质部位

如果菜肴中既有主料又有辅料,则主料应装得突出醒目,不可被辅料掩盖,辅料则应对主料起衬托作用。即使是单一原料的菜,也应当注意突出重点,将整齐的、个头大的装在菜肴的上面,以增加饱满丰富之感。

二、盘饰包装的价值

菜肴盘饰不断创新的目的,是为了更好地食用。有时在一些特殊场合,由于菜肴的特定位置,适当地添加一定量的既可食用、又可供欣赏的艺术装饰品,不但形美、意美,增加感染力,还可更好地刺激食者的食欲。

盘饰包装是当前世界餐饮界的一个主要趋向特征。事实上,新中国成立后我国烹饪界就对菜肴进行围边装饰,特别是一些高档宴会菜、考核菜、比赛菜品等,当今已经形成一种盘饰的流行趋势。不仅如此,普通的点菜、套餐等,也进行了适当的盘饰。

盘饰不拘一格,可为菜品出新提供一定的条件。如用生菜切成细丝,用机器绞成萝卜丝;用机器刨成萝卜片卷制成花;用雕刻的萝卜花;用番茄、黄瓜、甜橙、柠檬制成的装饰物;用紫菜头、红辣椒、白菜心等制成各式花卉;用各种立体的雕刻,等等。适当地装饰可以给单调、呆板的菜肴带来一定的生机;和谐的装饰可以使整盘菜肴变得鲜艳、活泼而诱人食欲。

创新菜可以借助于优雅、得体的装饰而给人留下深刻的印象。讲究菜肴的盘饰包装,目的不在做菜肴的"表面"文章,而在于提高菜肴质量和饭店的整体形象。

(1)使盘中菜肴活泼、生动,没有单调感,并且色彩美观。

(2)客人在品尝美味之余,可欣赏到饭店厨师的雕刻和装盘艺术,简单的片型蔬菜、水果还可用于食用和调节客人口味。

(3)每一盘边都以各色雕刻花卉镶边,使客人感觉到饭店与菜肴的档次、水平,以及对客人的重视程度。

(4)盘边留一装饰处,可使菜肴盛装得更为饱满,增强艺术效果。

通过盘饰包装,可以把一些杂乱无章的菜肴装饰得美观有序;可以把平淡的盛器映衬得高贵;可以把单调、黯淡的色彩装点得生机勃勃;可以使简单平庸的菜肴打扮得光彩艳丽。不少蔬菜、水果的装饰,还可以供人们生食并作为荤食的配料,使菜肴营养搭配适宜,不同的装饰法可使整桌菜肴变得丰富多彩。

三、盘饰包装的艺术处理

盘饰包装,在菜肴制作过程中,根据菜肴的特点,给予必要的和恰如其分的美化,是完善和提高菜肴外观质量的有效途径,它起到了提高视觉效应和锦上添花的艺术效果。

根据盘饰包装的特点,大致可将其分为平面围边、立雕造型和艺术加工三类。

1.平面围边

平面围边以常见的新鲜水果、蔬菜做原料。利用原料固有的色泽形状,采用切拼、搭配、雕戳、排列等技法,组合成各种平面纹样图案,围饰于菜肴周围,或点缀于菜肴一角,或用作双味菜肴的间隔点缀等,构成了一个高低错落有致、色彩和谐协调的整体,从而起到烘托菜肴特色、丰富席面、渲染气氛的作用。平面围边因简单而方便,故使用频率较高。

2.立雕造型

立雕即立体雕刻的简称。立雕造型即是一种立雕和围边结合的盘饰造型。这是一种品位较高的盘饰，一般配置在宴会席的主桌上和显示身价的主菜上，也可用于冷餐会及各种高档的宴请场合。选用材料，一般富含水分，质地脆嫩，个体较大，外形符合作品要求，具有一定色感的果蔬。如南瓜、北瓜、白萝卜、青萝卜、胡萝卜、红菜头、黄瓜以及柠檬、苹果、菠萝等均可选用。立雕工艺有简有繁，体积有大有小，一般都是根据命题造型，其中有些传统品种，寓有喜庆意义的吉祥图案，配置在与宴会主题相吻合的席面上，能起到加强主题、增添气氛和食趣，提高宴会规格的作用。

3.艺术拼合

艺术拼合是取用常见的果蔬、叶类以及雕刻、制作的小型物料，利用原料的自然色彩，运用一定的艺术手法，使其组装成一个完整的画面或简易的图形，将成熟的菜品装入一定的盘饰范围之内，使整个盘饰和菜品的拼合好似一幅美丽的风景图画。艺术拼合法，不在于对菜肴本身进行艺术加工，而在于整个盘饰的美化与拼合，给人以既美味又美观的雅趣效果。但必须以食用、卫生为主体。

四、盘饰包装应注意的事项

菜品盘饰包装美化有其比较重要的一面，但它毕竟是一种外在的美化手段，决定菜品真正价值的还是菜品本身。因而菜品的包装美化要遵循以食用为主、美化为辅的原则，切不可单纯为了装饰得好看而颠倒主从关系，使菜品成为中看不中吃的花架子。

在盘饰包装中，应根据菜品本身的具体情况而定。如菜品本身颜色单调，可采用个别有色蔬菜进行简单装饰，而对于色彩已经比较丰富、完美的菜品，就不应过多的装饰,否则,会有画蛇添足之感。一般情况下,菜品的表面颜色不要超过5种,否则就会有乱的感觉。具体应注意以下几个方面。

1.安全卫生

菜品的安全卫生是第一需要。所有菜品的盘饰包装都应在卫生的前提下进行,这是一项铁的纪律。盘饰包装是菜品制作的辅助手段,只是起到一个美化的效果。倘若盘饰的材料未经洗涤消毒不干净卫生、手工操作时间过长影响表面的观感等,都是得不偿失的。对于装饰的原材料一定要进行洗涤消毒处理,不要用人工合成色素制成的原料来装扮菜肴;更不要用不能食用的小物件装饰在菜肴盘边,这些都会污染菜肴,影响菜品的整体效果;也不能将手在盘边乱摸,使得盘边的手印明显,而影响菜品的观感质量。

2.食用为主

大凡是装饰在盘边的装饰物都应该是能够食用的,若把不能食用的物件放在可食用的菜品旁,那实际是污染菜品。各种消毒后的蔬菜、水果作为盘边装饰物是值得推广的,而采用雕刻制品、琼脂冻垫底、生的面塑、未消毒洗涤的蔬菜来装饰美化菜品,都会给菜品的食用价值受到影响。如有些热菜为了达到装盘的美观,过于做作,用大量的雕品来装饰、点缀,给人一种喧宾夺主、华而不实的感觉;有的热菜在盘子上用琼脂冻制成水纹样,上面摆上热的菜肴,显得不伦不类,不知道是热菜还是冷菜,很不科学;有的菜品为了造型,搞花架子,把金鱼缸、假山都搬到菜肴上,给人一种难以下咽的感觉。像这些盘饰包装在制作中必须严格制止。

3.简单快速

厨房生产操作的主要目的就是把菜品的质量保证好,至于盘饰包装只是起到一定的辅助美化作用,不需要花很多的时间去劳作。从经营的角度出发,人工是要花成本的,装饰物也是要成本的,过长的时间也不卫生,还会影响菜品的质量;从另一个角度来看,装饰物没有长期保存的必要,菜品一上桌食用后也就被破坏掉。因此,盘边装饰要考虑到制作速度,以简单为好,只要体现菜品的风格,有一定的价值就行。

本章小结

饮食器具是整体菜品的脸面,它对菜品的整体效果影响颇大,切不可在关注、创新美食的同时,低估器具的作用。本章从器具与菜品装饰手法诸方面系统分析美器的发展、美器与美食的匹配、食器的更新与改良、合理地选择食器与巧妙配器以及盘饰包装等方面的内容,特别是在菜品与器具革新方面进行了多方位的探索。

【思考与练习】

一、课后练习

（一）填空题

1.菜肴与餐具器皿在色彩_____上要相协调。

2.菜品在装饰方面通常采用的两大特色类型是_____、_____。

3.菜品盘饰美化从工艺上看具有的特点是：_____、_____、_____以及_____、_____。

4.盘饰包装的艺术处理形式有：_____、_____、_____三类。

5.在盘饰包装上需要注意的事项是：_____、_____、_____三个方面。

（二）选择题

1.在餐饮器具方面使用时间最长的锅具是（　　）。

A.砂锅　　　　　　B.铜锅　　　　　　C.铁锅　　　　　　D.铝锅

2.象形餐具器皿指的是（　　）。

A.杯、盘　　　　　B.杯形　　　　　　C.透明玻璃碗　　　D.桃形盆

3.由"大盘合餐"向"各客分餐"转化考虑的因素是（　　）。

A.餐具的变化　　　B.卫生的需要　　　C.装盘的需要　　　D.档次的需要

4.利用土豆丝制成的"雀巢"盛装菜品,它起的效果是（　　）。

A.量多实惠　　　　B.体现好客　　　　C.以少胜多　　　　D.提升档次

（三）问答题

1.我国的饮食器具是怎样发展演变的?

2.列举不同菜品在器具运用上的不同特色风格。

3.创新菜品如何选器和配器?

4.盘饰包装有哪些好处? 在盘饰时需要注意哪几个方面?

二、拓展训练

1.每小组制作两种不同的装饰菜品的器具分别盛装2款菜肴。

2.利用新鲜的水果、蔬菜,每人设计3种菜品的围边式样。

3.以小组为单位,走访餐具市场,并在课堂上对餐具的现状进行汇报讲解。

第十一章

创新菜点思路探寻

引　言

　　餐饮市场的发展与需求要求我们烹饪工作者都要有创新意识。其实每个人都有创造性思维,关键是我们如何合理利用它。本章将从市场需求入手,从不同的角度探讨菜品创新的思路和方法。通过学习,可以开启人们的创新灵感,创制出出乎我们意料的菜品来。

学习目标

- 会根据市场的变化开发菜品
- 学会从模仿中获得创新的灵感
- 把握烹饪技法的变化与出新
- 学会利用逆向思维创新菜品

　　菜点的创新是现代餐饮行业十分关注的问题。从另一个角度来说,企业的成功与否,与这个企业的创新精神有很大的关系。对于一个烹调师来说,有没有创造力? 这是一个人在技术发展上有没有后劲的问题。应该说,菜点的创新是多渠道的,一次烹饪学习与交流活动,一个偶然的制作过程,一次菜点的品尝机会等都会带来创造灵感。但不管怎么说,菜点的创新,需要具备一定的基本功,具有一定的烹饪经验;而对于创新的菜点来说,也一定要得到广大顾客的认可和社会的承认,这样才会具有一定的生命力。

　　烹调师们总不会满足已有的菜点,广大顾客也在不断地追求新式菜点,商业的竞争也迫使广大烹饪工作者不断去拓荒新菜点、创造新口味。既然如此,菜点的创造将"无穷如天地,不竭如江河,周而复始,日月是也"。

第一节　一招"先"，吃遍天

一、主动诱导造市场

有位很有才华的演员在谈到自己的演技诀窍时说："我不按观众兴趣去演，而是通过创造新的兴趣去赢得观众。"影视演员的经验之谈，对菜品的创造有何启迪呢？

先了解顾客的进食需求才去创造菜品，这是创新菜品常常谈起的成功之道。除了这种被动地适应顾客需求外，能否主动地创造新的菜品风格和提供前所未有的服务，从而开发出一些发明思路来营造新的市场呢？事实表明，这是走向成功的一条光明大道。

鲁迅先生曾经说过，第一个吃螃蟹的人是了不起的。我认为，第一个制作螃蟹菜肴的人更是了不起的。这"第一"，它主动起了一个"诱导"的作用。

昆虫食品是高蛋白的营养食品，由于昆虫的外形特点，餐饮业一般很少用于菜肴烹制。十几年前，北方有人率先制作"蝎子"菜，蝎子是有毒的食物，有人敢于超前思考，主动诱导来启用、开拓蝎子食品，一时间，餐饮界传为佳话，仿效者日见其多，后来又开发出"蝎子宴"。如今，蚂蚁、蚕蛹、蟪蚱、螳螂等一系列食品都被人们精心制作搬上餐桌，得到了不少客人的喜爱。

1996 年 10 月，全国 80 余位昆虫学家在武汉召开全国资源昆虫产业化发展研讨会上，摆出了我国第一个"昆虫宴"：蝗虫、蚂蚁、黄粉虫、红铃虫等 10 多种以前令人生畏的昆虫，在华中农业大学昆虫资源研究室策划、设计下，经过厨师的精心加工，变成美味佳肴搬上餐桌。天鸡虾排（蝗虫）、油爆金豆（蚕蛹）、力神煎蛋（黑蚂蚁）、天女散花（白蚁）、嫦娥戏水（雄蚕蛾）等 15 道菜肴以及以工程蝇为原料酿造的饮料，令这些昆虫专家们赞叹不已。

在走向市场经济的大潮中，我国菜品的创新也应从"摸着石头过河"的思维方式中解脱出来，敢于超前思考，大胆启用诱导之法创造消费兴趣的滋味。例如，中国是茶的故乡，但长期以来我们固守着传统的热饮方式。不久前，有人研制出冷饮茶，使茶叶饮料化，便是力图改变中国人传统消费习惯的一种创举。近两年，有人开发出系列"茶肴"，突破传统茶叶只炒虾仁的框框，在主动诱导消费方面迈出新路子。

上海餐饮界在开发"茶肴"方面做出了许多贡献。一些高厨名师到各地采集走访，将收集到的资料、档案、茶谱等综合潜心研究，反复实践，如今茶肴在上海遍地开花，约有 80 多家食府先后推出 100 多个茶菜和各式茶宴。如太极碧螺春

(茶)羹、紫霞映石榴、茶香鸽松、乌龙(茶)烩春白、红茶焖河鳗、观音(茶)豆腐、茶汁鹌鹑蛋、贝酥茶松、双色茶糕、旗枪(茶)琼脂、乌龙(茶)顺风等。

超前思考,主动诱导。这是创造菜品的新型消费法。这是一种"进攻性"的发明创造技法,它不拘泥于消费者现在是否有此需要,而是主动地创造某种菜品或服务,主动诱导消费。这种创新技法的基本原理在于:消费固然能引导生产,生产也能创造消费。顾客也常常教我们厨师去做他们喜欢的菜,而更重要的是我们创出新品向广大顾客去推销。

菜品制作中的主动诱导,看起来有点"闭门造车",但作为创新思路方法,其思维方式并非追求空穴来风。实施此法的要求是运用潜在的需求去超前思考,并创造条件促使潜在需求向现实需求转化(即开展美食促销活动)。

因为,对创新菜品来说,不应当总是跟在人们脚步后面爬行,去做人们已做的菜品,而应该在鉴往知来的观察与思考中超前升级。比如,当人们解决了温饱开始过上富裕的日子的时候,肥胖已成为人们健康的一大隐患,特别是妇女和儿童,如果我们开发系列的"减肥食谱""儿童健康食谱",并进行一些促销宣传,减肥菜品一定能打开消费市场。只要人们对需求变化和潜在需求能做到心中有数,对新菜品策划有方,诱导消费是能够抢占市场的。

二、抓住时机推市场

顺势开拓,即是指把握市场的契机,迎合顾客的需求,顺藤摸瓜、因势利导地抓住某个线索探究事情。作为菜品创新的思考方法,则是指顺事物相关关系之"势",抓住时机去探究新创意之"果"。

比如,报刊上刚刚披露,芦笋是一种营养健身、抗癌、味美的蔬菜原料,特别是能够增强癌症患者的抵抗力等作用,已引起世界人民的广泛注意。于是,饭店精明的厨师便在芦笋原料上动脑筋,开发芦笋菜品,并饭店率先在地方报纸上宣传新创芦笋菜品的特色与功效,以此来吸引顾客,宣传企业的形象,同时也能取得良好的效益。

每年一度的高考令许多学生和家长心理紧张,许多学生家长为了使小孩复习顺利,在高考前一两个月,就忙着准备安排小孩的饭菜食谱。南京白宫大酒店前几年就抓住这有利时机,顺势筹备了"高考健脑菜美食节",他们精心设计,取用许多补脑食品原料,用各种新鲜蔬菜与之相配,创制了一大批的健脑新菜品,使得许多高考的学生、家长有了一个新去处。对于家庭来说,他们一方面了解到健脑菜品的特色、口味,可以回家学习模仿,另一方面也使得复习紧张的学生既用餐又补脑,并使紧张的气氛稍微松弛一下。正因为补脑、轻松、学菜三得利,所以吸引了许多的家庭前往。

顺势开拓运用了引申需求的原理。所谓引申需求，是指由一种需求带动而产生的另一种需求，比如，随着工业社会的发展，也越来越带来了人类生存环境的危机，食物资源遭到了一定的破坏，整个环境污染致使食物的质量普遍下降。因此，在人们日常生活中开始追求"纯天然食品"。有鉴于此，许多酒店、餐馆纷纷推出"绿色食品周"，开发创制海洋蔬菜、森林蔬菜等，把云贵高原的天然菌类、大小兴安岭的野生植物、深海无污染的鲜活海鲜、农科基地无公害大米、瓜果等绿色食品奉献给各位顾客，向人们展示纯净、自然、健康的绿色食品世界。这种引申需求形成一种看不见的"引申需求链"，便是菜品创新用以因势利导、顺藤去摸"瓜"的方法。

运用此法，关键是学会利用事物之间的关系和连锁反应进行创造性思考。在具体运作时，不妨参考以下"顺势"方式。

顺季节变化之势。餐饮业有个很明显的特点，即季节性问题。各饭店、餐馆都有季节性菜单。我们在菜品创制中，跟随季节的变化而推出新品，一定会受顾客的欢迎的。冬去春来，我们可设计利用各种新上市的动植物原料创制新菜点、新风味、走行业超前之路。既讲时令，又有创新，肯定是能博得顾客的欢心的，如"刀鱼宴""野蔬餐"等。如夏令的"时果宴""海鲜宴"；秋天的"金秋宴""果实宴"；冬天的"冰花宴""滋补宴"等。另外，四时八节和中外节日，也是创新菜促销的大好时机，不同的节日可研制推销不同的菜品，以满足广大顾客的消费需求。

顺畅销菜品之势。某个时期都会有热门火爆的畅销菜品纵横餐饮市场，创造者以此为势顺藤去摸新菜品的创意，可有攀龙附凤的特效。比如，前几年"火锅"畅销，于是有人便炮制出"大龙虾火锅""酸菜鱼火锅""肥牛火锅""石头火锅"以及"各客火锅"等，它们均在餐饮市场上获得了成功。此外，食品业也顺这根藤、这个势，引申出"速冻食品"的新概念，于是，速冻水饺、速冻馄饨、速冻包子、速冻米饭等快餐食品进入千家万户，为快节奏的社会生活提供了良好的服务。

顺菜品系列化要求之势。对菜品品种多样化需求，常常激发人们进行系列化思考。尤其当一种新菜品在市场上叫卖以后，更要因势抓住时机去"摸"系列化产品之"瓜"。如南京双门楼宾馆前几年开发的"药膳菜品"，他们抓住药膳保健菜品这根藤，开始系列化引申裂变，研制出"太极阴阳席""松鹤延年席""美容健身席"三席计50多道菜品，在行业内外获得很好的声誉。

在顺势创新中，除上述以外，我们还可以拓展思路，紧紧抓住顾客的消费心理和市场的需求，然后采用引申需求方式去研制开发菜品，这是值得烹调师们尝试和推广的。

三、引入新法争市场

俗话说:"天上不会掉下馅饼",凡菜点创新机遇都属于有追求的人,如果你能随时留心洞察各种新奇现象,就可能有机遇女神前来敲门,那些新的菜点也就有可能在你身边出现,客源市场的大门也就会随我们打开。

世界上的万物都有其特定的、固定的功能,若将某一功能引入另一物体中,则又会产生新的发明创造。电吹风的发明,解决了人们烫头发的大问题,但是,电吹风的功能却被日本一妇女引入一个新的领域,并由此进行了发挥,产生了新的用途。妇女无意中用电吹风吹婴儿尿布,由其丈夫发现了,引入电吹风原理创制了被褥烘干机。

由电吹风到被褥烘干机,由此,我们可以根据某一特定功能的需要,从自己周围的各种物体中找到可以对这个特定功能加以引入的条件,这种思路就需要我们去洞察新奇,并善于去嫁接、去引入。

在菜品的创作中,也常常引用一些本与菜品无关的东西,但一经引入,确又产生意想不到的效果,发明出新风格的菜品或新的方法来。例如,厨师们发现小鸟做窝,在雀巢里生蛋、孵化、喂养等场景,有心人灵机一动,把它引入到菜肴制作中,由此产生了"百鸟朝凤""母子相会""雀巢虾仁""雀巢鲜贝"等,其造型风格多样,但不外乎鸟与巢。雀巢本与菜品没有什么联系,但人们利用土豆丝、粉丝、面条等制成大、小雀巢后,装入虾仁、鲜贝、鸽脯、铁雀、鱼丁等菜品以后,确又起到锦上添花之效,给人以耳目一新之感。初创后不久,并迅速在全国餐饮界流行。又如,人们在制作海产鱼类,总感到是大海赐予人类以美味,这些鱼类是通过海上的船只捕捞而来的,所以人们在制作海鲜菜品时常常引入"海船","清炒龙虾片""龙虾刺身""三文鱼刺身"以及象拔蚌、赤贝等品,习惯将"海船"引入菜品的装饰中,使得海鲜菜品高雅而华贵。

运用"引入思考"的方法或者说思考问题的原则,广大的烹调师们已做了许多创造性的工作,如把动植物形象引入到菜品制作中;把特异的象形的餐具引入到菜品的气氛营造上;把许多新的工艺和物品引入到菜品的装饰上等。将已有的物体和创造通过我们的思考,把它引入到菜品制作中,就可能有新的风格品种出现。

我国菜品的制作利用"引入思考"来推陈出新,其品种也是相当多的,"渔网"本与菜肴毫无联系,但聪明的烹调师引入渔网这物体,通过巧妙的构思和精湛的雕刻技法,取用胡萝卜来雕刻成一张渔网,或覆盖在鱼肴上,或垫入菜肴底部,似"鱼满舱"般之造型,整盘菜品的构思独具匠心。"竹筒"与菜肴也不相干,但烹调师们把它们引入到菜品中就增加了独特的风格。云南少数民族创制了"竹筒饭",烹调师们利用已有的创造,又引入其他的创造性设想。如今,竹筒菜品由云南、广西传遍了全国各地,其风格也是多种多样:有卧式(上开口与剖开式)、立式(各客装与大筒一盘装),有些做工特别精巧,使菜品起到了锦上添花之效。

近几年来,餐饮业流行着"不奇不怪,宾客不爱"的口头禅。由此,许多餐饮店家常常在新、奇、特、怪上下功夫,做文章。如前两年利用古风创制的"桑拿"系列菜,它就是引入国外的"桑拿浴"的风格特色,吸引顾客。如何营造菜品的奇特气氛,人们设想出引入"石烹"技法,用烤得发烫的鹅卵石与原料、调味汁结合产生蒸汽用以烹制菜肴,称其为"桑拿菜",如桑拿基围虾、桑拿竹蛏等。当烤烫的鹅卵石放入耐高温的玻璃器皿或木桶中,倒进活虾,浇上兑制好的卤汁,盖上盖,待汤熟打开盖子,餐桌上蒸汽弥漫,热气腾腾。这种"噱头",确实能给品尝者留下很深的印象。

如今,引入新法的思考在菜品制作中应用很广泛,如用"小篾篓"裹炸鱼肴,成菜后鱼、篓共装盘中,品尝时拉开竹篾取而食之。引入小篾篓的目的,不仅体现在装饰上,而且体现出菜品鲜活、自然之风格,其造型雅致得体,十分诱人。另外,把火焰、烟雾引入菜品的造型中,以渲染气氛,这也是一种"奇招",其目的也是取悦客人,为餐桌提供乐趣,营造一种以奇媚人的效果。

洞察新奇,引入新法。只要对菜品有利,增加菜品的特色,而不是味同嚼蜡,故弄玄虚,都可以创造出新的菜品或者新的方法,创新无处不在,如果能抓住静态的、动态的新奇现象,面对现代的餐饮市场,去深入思考,创造的机遇就已经在你眼前了。

特别提示

建立学习型厨房组织

餐饮业的发展一日千里,其经营方式也随着时代的发展变化万端。随着企业竞争的加强,餐饮业坐等顾客的时代一去不复返了,随之而来的跟着时代的变化而变化的"创新之风"正越来越强劲。餐饮营销的作用更加突出,你必须主动出击,主动研究餐饮市场,向市场问路,了解本范围、本地区、本国及其世界餐饮的流行趋势和发展潮流,开辟创新思路,其目的就是在市场大潮中,适应市场需求,强化竞争力,争得更多的市场份额。

如今的餐饮市场风起云涌,我们面临着太多的新的思潮和时尚流变,正是这些听上去就会令人热血沸腾、一尝为快的时髦花样,奠定了今天迷人的餐饮风潮。各种餐饮潮流此起彼伏,各种风味体系竞相争荣,餐饮经营者们也乐此不疲,天天都在传播着如此这般声音:"要建立起学习型组织模式,关注市场热点,任何时候都要注意贴近顾客。"

第二节　从模仿到创新

一、从模仿中获得创新灵感

中国菜点的世袭相沿莫不是从徒弟模仿师傅而开始的;世界上的烹饪教育莫不是从学生模仿、学习老师已有的经验而开始的;餐饮界惯用走出去、请进来的方式培养厨师力量,让厨师开眼界,也都是找机会让厨师们模仿学习。这其中,有会模仿和不会模仿之别,这就要求广大烹调师们学会模仿。其实,模仿本身并不能创造新的菜点,重复别人的只是学习,但模仿常常是创造的起点。人们在实际进行模仿的活动中,一部分人是全面继承下来,而一部分人在继承模仿已有的菜点中,或多或少会有局部的、细节上的讹错,有的还会作相应的改进、变动和突破,而这部分人的突破就具有一定的创造性,立志创新的人,往往总是想着新的品种的出现。

学生的学习大多是在于会模仿,但模仿的最终还在于去学会创造。模仿不"造"非新也。

应该说,中国菜点的层出不穷,实际上就是历代厨师在继承、模仿前辈师傅的基础上而进行改良和突破的。许多菜点是在模仿中而蘖生出不同品种的,如中国面点中之"花卷"制作,本来一个较普通的花卷,而在点心师傅的模仿和琢磨之下,而派生出正卷、反卷与正反卷系列,从而形成了友谊卷、蝴蝶卷、菊花卷、枕形卷、如意卷、猪爪卷、双馅卷、四喜卷等。就像四川的鱼香肉丝的"鱼香味型",后人在模仿制作中又派生出鱼香腰花、鱼香排骨、鱼香肚丝、鱼香鸡丝、鱼香大虾、鱼香茄子、鱼香花仁、鱼香菜心等。

中国菜点的发明创新,莫不是站在先人建立的知识和经验之上的,可以说,难得有真正意义上的"无中生有"者。因此,希望成为一个有能力的菜点创新者,应当学会模仿前辈的思考过程。

南京马祥兴清真菜馆的四大名菜之一的"蛋烧卖",系以虾肉作馅,用鸡蛋皮包成烧卖状。此菜的创意即是模仿传统点心"烧卖"的制作方式,此不用面皮改蛋皮,将虾仁斩成米粒状包入其中。此菜是在炒菜的铁手勺中,用汤匙舀蛋液一匙,手持勺柄晃转,摊成直径8厘米的圆蛋皮,随即在蛋皮中间放入虾粒馅,再用筷子贴着馅心稍上处夹成烧卖形,随后在蛋皮合口处放上虾蓉,缀上红椒末、青菜末,上笼蒸熟浇汁。此菜鲜嫩味美,造型别致,营养丰富,这正是模仿改良的结果。若再将小型"蛋烧卖"模仿改大,用炒菜锅摊成大蛋皮,用圆形模压成圆皮,包上虾仁馅,用葱丝扎口,又可创制出新品"石榴虾"菜肴。

模仿现有的东西,可以节省时间,减少工作量。聪明的模仿者,在模仿对象的基础上,弄懂所要模仿的对象,发挥要模仿对象的长处,消除其短处。实际上,创造过程是由两部分组成的,一是创新部分,二是继承部分。通过模仿可以获得继承部分,使创造者得以将精力集中于创新部分,所以模仿起到了创新的基础与保证的作用。

模仿出新,是许多厨师创制菜点的一条捷径之路。广东名点"虾饺"的制作,取用澄面作皮,即是模仿北方地区的"月牙饺"制作而成的,但广东点心师在模仿中做了许多改良。皮取澄面,色白而透明;馅用虾仁,质高而味鲜;形美而细巧,不和擀皮用压皮,这不能不说是在模仿中的再创造。而今广东"虾饺"玲珑剔透,人见人爱,并风靡海内外。

"富贵鸡"是流行于香港食肆餐厅的代表菜馔。究其制作,正是模仿江浙的"叫花鸡"而改变成肴的。将嫩母鸡腌渍后,加配料、调料、用猪网油紧包鸡身,外用两张鲜荷叶包裹,再用玻璃纸包裹,外面再裹两张荷叶,用细麻绳捆扎。"叫花鸡"在外层涂上酒坛泥,而"富贵鸡"改良用面粉团涂沫包裹,也同样放入烤箱烤熟。其制作工序都是一样的,唯一不同的是泥土与面粉,泥有泥香味,面有面香味,风味略有差异,但成熟后泥土敲打时较脏,会损坏餐厅环境,而面粉则无过多担忧,面粉本身就是食用品。这都是模仿走捷径成新的佳作。

流行于欧美及东南亚地区中餐馆的"拔丝苹果",其制作工艺与传统工艺基本相似,只是在熬糖以后,倒入挂糊的苹果块,颠翻后不直接装盘拉丝,而是取一大的冰块水盆,分别将裹入糖汁的苹果块用手勺揩入冰块水中,使其立即冷却凝固,成包裹苹果的糖块。上桌食用,糖决冰镇,苹果嫩滑,裹糖脆爽,又别是一番风味。

象形香菇

模仿不仅是创新的起点,也是诱发创造的钥匙。但值得提出的是,模仿虽说简单,运用也方便,但也有弊端:一是不能取得技术上的重大突破;二是容易造成机械模仿,照搬照套,导致保守,而不是以模仿为入口产生更大的创新;三是简单模仿有时"画虎不成反成猫",甚至出现失误。这应该是我们广大烹调师特别需要重视的几个方面。

二、在描摹中创造新菜品

广大烹调师们一定见过在烹饪比武的展台上,那美轮美奂的艺术菜点,那些冷菜就像大自然中的生物:熊猫戏竹、猫咪扑蝶、喜鹊登梅、翠竹报春,那热菜开屏鸽蛋、松鼠鳜鱼、八宝瓜盅、母子大会,配之那栩栩如生的雕刻花卉。还有那一款款美味点心:什锦船点、荷花莲藕酥、雪花龙须面、椰蓉南瓜脯等,其美食、美味、美妙,描摹自然,而高于自然,真让人赏心悦目,不忍动箸。

描摹自然,以自然界的万事万物为对象之源,直接从客观世界中汲取营养,获取菜点的创作灵感。当然,描摹自然并不局限于单纯地模仿自然界的生物,而应发挥自己的想象力,适当加以夸张,可从对生物结构、形态或功能特征的观察中,悟出超越生物的技术创意。国画大师齐白石为了画虾,以虾为师,每天静观缸中虾之形态,进行写生,但是白石老人画卷上的虾,虾节脱开,似虾非虾,浑身透出不似自然、胜似自然的艺术创新神韵。当今烹坛,运用描摹自然之法创制菜点比比皆是,工艺拼盘描摹自然,诸如孔雀开屏、金鸡报晓、雄鹰展翅、金鱼戏水、百花争艳、迎宾花篮等;热菜如鸟鹊归巢、鸳鸯戏水、菊花青鱼、知了白菜、蛟龙献珍等;点心如硕果粉点、朝霞映玉鹅、绿茵白兔饺、象生白玫瑰等。

采用描摹自然物之法,主要借用生物之原形制作成多姿多彩的菜点。传统的中国菜在描摹自然中比较强调逼真,要求形象生动,江南烹艺更为明显,实际上过于逼真和入微,势必要花费很多的手工时间,而从食用价值来说,必然会大打折扣,我们要求广大烹饪工作者要向齐白石老人画虾那样,"不似自然,胜似自然"的艺术创作神韵。食物毕竟是人们食用之品,要以最快的速度达到形象化,起到食用和审美的双重效果。

天地悠悠,万物悠悠。在大自然中,可供我们选择制作的东西太多太多,我们的厨师可以放眼捕捉,用食品菜点之料去描摹创意,来丰富我们的餐桌品种,就像第一个创作"龙凤呈祥"一样。创新是需要想象和技艺有机结合的。苏州松鹤楼菜馆创制的"松鼠鳜鱼",正是厨师发现鱼头似鼠头,又联系到本店店招"松"字,而灵机一动,决定把鱼烹制成松鼠形状,将其头昂尾翘,肉翻似毛而形成此菜的。南京丁山宾馆广大厨师在20世纪80年代初期认真研究菜肴中,发现当时花色冷拼菜肴品种单调,缺乏诗情画意,特一级厨师徐鹤峰设计的"荷塘蛙鸣"构思新颖,寓意不凡,整个画面只一张荷叶一只青蛙,朴实无华,用黄瓜头装饰为蛙,用荤素料摆两层刀面作荷叶,使人感到夏日田间蛙声满堂,充满生机,向人们展示了一幅充满生活气息的图画和一首富有情趣的小诗。

从大自然中来,历代厨师创造出许多耐人寻味的菜点,苏州特一级烹调师刘学家师傅,借虹桥赠珠这一美丽的神话故事,研制新菜。相传古代东海有位美丽善良的仙女,在虹桥与书生白云相遇,一见钟情,遂以镇海神珠赠予书生白云,作为定情之物,后世传为佳话。刘师傅以此神话为题,经巧妙构思,精心创制了"虹桥赠珠"一菜,取象形之意,以干贝砌成"桥墩",用黄蛋糕制成"拱桥洞",熟火腿拼排作"桥面",用发蛋制成"鸳鸯"一对,四周围成马蹄和红樱桃作"珠",此菜造型新颖,色泽和谐,食之鲜美味醇。

　　南京特一级烹调师杨继林师傅制作的"知了白菜"的创意也是十分独特的。用白菜制成自然的知了形,将菜心一剖两片,在横切面上撒上干淀粉,然后将虾蓉放在断面上,中间鼓起,边缘抹平,成"知了身",用水发香菇改刀成椭圆形片,贴在青菜心两边,成"知了翅",再装上"知了眼",成形后用温油氽熟,再加鸡汤烧沸成菜。此菜形似知了,有荤有素,清爽味美,独具匠心。

　　猪肉、鸡肉、鱼肉、虾肉的肉蓉料和豆腐泥,是描摹自然之法最好的"塑料",厨师们可利用各种肉蓉料塑造各种花鸟鱼虫和各样图案;点心中的面粉、米粉、澄粉、杂粮粉之类原料,都能够被点心师随心所欲地捏制成各式形状和图案花卉。如江苏菜系中的鸡汁石榴虾、莲蓬豆腐、鸳鸯海底松、孔雀菜心等。前辈们已为我们留下了许多宝贵的财富,只要我们多动脑筋,细心观察,发挥想象力,自然之物,都可被我们所利用。

三、发挥联想的魔力

　　"问君能有几多愁,恰似一江春水向东流"这是南唐李煜《虞美人》中千古传诵的名句。这里就用"一江春水"来联想、形容愁的"几多"。其实,中国古典诗歌中了常见的那些修辞手法"夸张""比喻"等,都是联想思维的必然结果。

　　联想思考法,也是菜品创制过程中常使用的一种方法。大凡创新之前,都必须先要思考,创造性的思考难能可贵,而由此及彼地进行联想,确是菜品创新的一条方便之路。

　　联想会将令人觉得意外的事物联系起来,从而产生奇特的设想,许多菜品就是这样产生的。如"春蚕吐丝"一菜就是运用联想法而创制的一款佳肴。人们想到春天的蚕吐丝作茧,由蚕茧、蚕丝的物体想到了食物的代替品,厨师们通过精心构思,创制出用虾丸作蚕茧,用糯米纸切成丝代表蚕丝,将虾蓉包入炸熟的腰果呈蚕茧状,滚上糯米纸丝,入温油锅炸熟,其造型优美,白色而细巧的蚕丝十分逼真,给人色、味、形俱佳的艺术效果。还有人取熬糖拔丝,用工具甩成细糖丝作蚕丝,都是较成功的范例。

　　南京中心大酒店的一位年轻的二级面点师,借"苏式汤圆"发挥联想,独创出名闻南京城的"雨花石汤圆",这种联想构思巧妙,又与南京雨花石貌合神似,放入汤碗,真可让人难辨真假而赞叹不已。

　　当然,联想不是瞎想、乱想,要使想象的过程中有逻辑的必然性。在菜品的创制中,我们可以就某一种原料进行想象的创新。如"对虾"有带壳烹制,亦可去壳取肉炮制;可炒、可烧、可焗、可扒、可炸、可煎等,方法很多。就"炒制"而言,人们从炒虾仁联想,创制出炒虾球、炒明虾片、炒虾花、炒凤尾虾等,今日人们又发挥联想,由虾仁→虾蓉→虾线→虾面→虾面片→虾条,这些都是通过联想作媒介,使它们发生联系,并一步步地开发和创制,应该说,"虾面""虾线"是在虾球、虾圆的基础上通过联想而得到的富有创见的品种。所以,联想有广泛的基础,它为我们的思维运行提供了无限广阔的天地。

广州人以善吃而著称。追溯以往,广州菜农便有把荷兰豆的豆蔓新芽采摘上市的始创,称之为豆苗。于是,人们通过联想法逐渐培育出一些蔓芽发达、专供采摘豆苗上市的品种来以供厨房烹调之需。近来,依法联想培植之风不断发展:种冬瓜、南瓜、节瓜等,都有人专门有摘瓜蔓新芽上市,称之为冬(南、节)瓜苗。这些瓜苗口感清新,风味独特,成了不少饭店、酒楼的新潮菜色。而番薯叶、芋头荽等经过精心制作端上宴席,亦令不少食客交口称赞。这是连锁的联想思维法运行的结果。

为了创造性的发挥联想,我们应当自觉地运用古希腊心理学家亚里士多德创立的联想法则:相似联想、对比联想和相关联想。

相似联想,即是由一种菜点想起与之相似的另一种菜点。如由"鱼香肉丝"想起"鱼香牛肉丝",由"菊花青鱼"想起"菊花肉",就属这种联想法则的运用。

相关联想,是建立在事物之间相关关系之上的联想规律,如由"虾圆"想到"虾线",由"苏式汤圆"想到"雨花石汤圆",都是相关联想法则的运用。

对比联想,是想起与某一菜点完全相反的另一菜点。如由现炒现吃的热菜,想到烹制后用的凉菜,如由"扒烧蹄膀"想到了"糟香蹄膀冻",由"汤团"想到了"凉团",冷热相反,便属对比联想法则的运用。

在实际的联想过程中,上述三种联想法则往往是配合应用的。例如在包捏制作"花色蒸饺"中,从"鸳鸯饺"的两个孔洞,又想到了两个孔洞的"飞轮饺";又想到捏制三个孔洞,便成"一品饺"和"三角饺";想到了四个孔洞,便制成"四喜饺";想到了五个孔洞,便制成了"梅花饺"。在这一思考过程中,显然综合了相关联想和相似联想。

运用联想法展开想象的翅膀,就可以制成一系列的菜点品种,而且可以连带出许多富有创见的联想和探新立异的品种。而今以某一原料研究成菜品的系列款式很多,如《海鲜菜谱》《猪肉菜谱》《豆腐菜500种》《巧吃大白菜》等书籍,都是以传统菜为基础而绝大多数是采用联想法而成其佳肴的。如花色包子的制作,我们可由"雪梨包"联想到"葫芦包",继而又可包捏成苹果包、桃包、柿子包等,先发挥联想,再利用现有的基本技法,最后利用创造性思维包捏制作完成。

运用联想法从事菜品创新,不管采用哪种法则,都要充分调动创造性思维。人们需要的是一种标新立异的思维结果。应该说,人人都有联想,对于想运用联想法创制新肴的人,具备一定的基本功,加之灵活思考,掌握此法创制菜肴也是不难办到的。

第三节　善于变化与出新

一、传统技法的巧妙变化

《易经》中曰："穷则变，变则通。"这就是说，当我们要解决一个问题而碰壁，没有办法可想时，就要变换一下方式方法，或者顺序、或者改变一下形状、颜色、技法等，这样可以想出连自己也感到意外的解决方法，从而收到显著的效果。

中国菜点变化万端的风格特色，吸引了世界各地的广大顾客群，在各个餐饮场所，宾客们常被千变万化的烹饪技法而拍手叫绝，那一款款、一盘盘不同技艺的菜品：爆鱿鱼卷、菊花鱼的"剞花"之法的应变；韭黄鱼面、枸杞虾线的"裱挤"技法的运用；海棠酥、佛手酥"包捏"技法的变化；拉面、刀削面，同样是一块面，运用不同的技艺即可产生不同风格的食品，真可谓"技法多变，新品不竭"。这些利用禽畜鱼虾、瓜果菜谷的可食原料，经广大厨师灵巧的双手，变化各种烹饪技法制作而成的各式菜点，正是运用"变技法"创意的结果。

纵观我国的菜点，从古到今就是在变化中而不断推陈出新的。翻开清代饮食专著《调鼎集》一书，此书共分十卷，菜品相当丰富。就"虾圆"菜肴来看，其变化技法就够广泛的，有烩虾圆、炸虾圆、烹虾圆、炸小虾圆、炸圆羹、醉虾圆、瓤虾圆等；在"虾仁、虾肉"中，有炖、烩、瓤、烧、拌、炒、炙、烤、醉、酒腌、面拖、糟、卤等烹制法，还有包虾、虾卷、虾松、虾饼、虾干、虾羹、虾糜、虾酱等。可谓洋洋洒洒，变化多端，这些不同的菜品都是历代烹调师们不断改变加工和烹制技法而形成的。

在运用变化工艺技法之时，首先要寻找所要改变的对象，通过改变要能够有所创意，而不是越改越糟，改得面目全非。经过对菜品的技术手段的改变加工，可以建立起体现新风格、新品味的技术革新和特色。因此，创造性活动不仅仅是从无到有的新，不断地改变方式方法，像玩具业中出现的魔方、变形金刚等，都体现了这种改变艺术的创意与应有成就。

世界上许多事情都在花样翻新。就以厨房中炒菜的锅为例，不沾油的锅、含铜锌微量元素的锅、电炒锅，等等。这些不同的新品锅，就是在原有的传统锅的基础上而改变材质形成的。在菜品创新中，运用变技法，可对原有的菜品进行适当的改变，这种技法的变化制作，都不乏创造性思考方案，只要改变得好，即可产生出奇制胜的新菜品。

西安"饺子宴"的成功，就是因为把普通的饺子制作成千变万化、不同风格的系列品种。一张小小的面皮，经过面点师的刻意追求，运用不同的制作技法，可以变成各不相同的饺子品种。改变技法，必须具备一定的烹饪操作基本功，基础扎实了,创新的思路也就开阔了。由"饺子宴",我们可以创制出"包子宴""馄饨宴"
"水果宴""野味宴"等,由一主题来改变不同的加工技法、烹调技法,使其产生不断
变化的菜品。这样,新款的、系列性的菜品就会不时地应运而生。

运用技法的变化创新菜点,使烹饪技艺锦上添花,变化无穷。中国传统宴席中
的"全席宴",如百鸡宴、全羊席、全牛席、全鱼席、全鸭席、蟹宴、菱席、藕席等,这些
宴席使用的主料只能是一种,一席宴,主料每菜必用,所变的仅是辅料、技法和风
味。全席中主要靠主料运用各式技法来变换品种,并且要求所有菜点烹制技法不
同,制作难度大,但特色鲜明,向称为"屠龙之技"。这种"不变中有变,变中有不
变"的全席正是"变技法"的精髓,这主要靠的是厨师们灵活运用技法的技巧。如
现代鸭宴中的糟熘鸭三白、火燎鸭心、红曲鸭膀冻、香椿拌肫花、鸭舌芙蓉皇帝蟹、
松仁鸭肝生菜包、孜然鸭心串、文武鸭、果仁鸭片烧茄子等。这些"鸭"菜肴,就是
在技法的应变中体现其风格特色的。

从改变技法入手探讨新品菜肴,需要人们去开发思路。当今流行的"明炉",
利用明火小炉与原料、半成品直接上桌边加热边供客食用。它从火锅烹制法引申
而来,却又有别于火锅。厨师们在大胆设想中,从明炉锅仔的"汤菜",又创制出不
带汤的"干锅",所用器具完全一样,只是多汤与无汤的差异,这种看似简单的技术
变法,的确变出了风格,变出了又一系列的品种——干锅菜系列。

技法常变,菜品常新。"翠珠鱼花"的创制,是扬州烹饪大师薛泉生之杰作。
据他在谈创作体会时说,此菜的产生是受苏州"松鼠鳜鱼"的启发、联想而来的。
从变技法来看,"翠珠鱼花"是改变了"松鼠鳜鱼"的造型技法。"松鼠鳜鱼"是剞
花刀制成松鼠形,而"翠珠鱼花"剞花刀后做成花形,前者是一鱼两片并列组合成,
后者是一鱼两圈上下堆砌成,其风格都别具一格。

在菜品制作中,运用变技法创作新菜的例子是很多的,只要我们去多动脑筋,
有时做一些有意义的变化,或许能产生重大突破。在市场经济条件下开发新菜品,
注意为菜品塑造鲜明的个性特色是有利于竞争的。变技法若改变得有个性、有风
格,这样的创新菜品肯定是受广大顾客欢迎的。

二、逆向思维创造新菜品

菜品的制作是按一定的规章、程序而进行的,但打破常规将某些程序、规章按
新的观点和思路进行新的剪辑,使其颠倒过来,事实上人们运用重新排列、组配的
办法,也使菜品的创新增加了不计其数的新品。

英国科学家法拉第把当时已被证明的"电流能够产生磁"的原理颠倒过来,实
现了"磁能变成电"的设想,从而诞生了世界上第一台发电机。菜品的创新,也要
敢于启动逆反思维,在思维中标新立异。在实际操作中通常从背道而驰和挑战规

则两方面去实施。

鲍鱼是我国海产的名贵烹饪原料。自古以来,我国烹鲍的方法很多,有烧、扒、烩、爆、炖、煨等多种方法,并产生出许多名品,如扒鲍鱼、红烧鲍鱼、鸽蛋鲍鱼等。近年来,厨师们打破传统的烹制方法,取鲜活鲍鱼,劈成薄片,放入包好冰块的盘中,配上一碟调味汁,另配一只烧开的上汤锅仔,供人们涮食或生食。其创意标新立异,与众不同,它颠倒了程序和规章,以新的面孔面世,取名曰"上汤涮鲍片"博得了食鲍人的高度赞扬。

我们曾看到过敦煌壁画上的艺术形象,操琵琶者一反常态,以其反弹之势和婀娜多姿之态,令人叹为观止。菜品创新与文艺创作原本同根,许多菜品"颠倒是非"一反常态,反而起到独特的效果。

冰激凌是夏季的冷饮品种,也是宴饮中之常品。聪明的烹调师敢于颠倒常规,标新立异,将冰镇的冰激凌采用挂糊高温油炸之法,制成"脆皮冰激凌"(或制成"火烧冰激凌"),夏日展之,外脆里冻、外酥里软。这是颠倒思考法的创意取胜。

世上任何完整的事物都可以分解成若干构成要素,这些要素之间的有序结合便形成某种结构,一定的结构形式体现一定的功能特性。因此,有意识地对现有菜品进行结构上的"颠倒",是有可能促使菜品的特性发生变化的,颠倒法如运用得好,就是出奇制胜的创造性表现。因为它立足于改变规则,敢于向传统规则挑战,善于根据需要另立新欢。

牛奶是营养丰富的液体食品,以其作辅料、制点心、制菜也习以为常。可是广东大良的师傅另辟蹊径,颠倒常规,将牛奶炒制成菜,这是出乎意料的反弹琵琶、改变结构。牛奶如何炒? 经烹调师们精心研究,他们用炒锅加牛奶烧沸,再倒入用牛奶调匀的干淀粉、鸡蛋清、余熟的鸡肝、过油的虾仁、蟹肉、火腿丁拌匀,锅加油烧热,再下拌有干淀粉的牛奶,炒成糊状,再加炸榄仁,淋油装盘堆成山形,即成"大良炒牛奶"。此菜技术难度大,确有独特的风味,遂成为闻名全国乃至世界的名菜。

菜点创新,若用普通办法仍无法解决问题时,不妨改变结构,颠倒常规,在思考改变现存的规则方面寻求突破。著名的物理学家、诺贝尔奖金获得者埃伯特·詹奥吉说:"看到了每一个人已经看到过的东西,并且想到了任何人都还没有想到的地方,就构成了新的发现。"

逆向思维法在菜品制作中的运用还是屡见不鲜的。色拉,是西餐中常用开胃的冷菜,用色拉酱拌制凉食风味独具。自从中国市场上出现了"卡夫奇妙酱"以后,各种色拉菜的制作也在中餐中应用起来。中餐厨师一反西餐用色拉做冷菜的常态,颠倒结构,出奇制胜地制作了"香炸海鲜卷""千岛石榴虾",即用威化纸等包海鲜色拉、虾仁色拉,挂糊拍面包粉炸至酥脆而成。食之外酥脆、内松软,口感别致。

这种逆向思维法创新的追求,并不是因为对熟悉的东西感到厌倦而去猎奇,而是有意识地改变思维定式,设法对已有的原料、加工方法、烹调技术从新的角度去考察、实践。确实,要使人们的思维跳出已有的习惯是困难的,但却是非常重要的,因为人有跳出传统的专业领域,才能获得异常的启示,得到独特新颖的设想。因此,我们不妨"倒过来想一想",积极思考能否以逆反的方法和形式促使制作过程和成品达到新奇的目的;能否使事物在相反的环境中改变原来的特性。因为这样颠倒常规,才有可能谱写出菜品创新的新篇章。

三、为菜品渲染气势

俗话说:"天上不会掉下馅饼",凡菜点创新机遇都属于有追求的人,如果你能随时留心洞察各种新奇现象,就可能有机遇女神前来敲门,那些新的菜点也就有可能在你身边出现。

打破常规,营造气氛,是以奇取胜制作新菜的重要一环。创造性的表现之一,就是立足于改变规则,敢于向传统规则挑战,善于根据需要另立新规。

近几年来,餐饮业流行着"不奇不怪,宾客不爱"的口头禅。菜肴的特色是店家的根本,店无特色不活,菜点制作"特"者胜,市场竞争"特"者富,饭店餐饮应在"新、奇、特"上下功夫、做文章。如何"特",从铁板菜到锅仔菜,从仿古菜到乡土菜,从药膳菜到中西结合菜等,一招一式、一款一味不断地推出,但始终满足不了不断发展的社会和人。出奇制胜固然可喜,但从无到有难矣!我们不妨打破常规,从菜品的气势上入手,营造一种独特的餐桌气氛,以达到出新的效果。

利用造势的思维方式,即是利用独特的烹饪技艺或借助一些奇特的效果来制造新的风格,以渲染菜品气势,迎合顾客的好感、好奇,达到调动客人就餐情趣的目的。利用造势的方法创新菜品,不仅能使顾客欢心和喜爱,而且还能使饭店赢得竞争的优势。由于此法风格独特,因而十分吸引人。

探寻祖先们的饮食生活,人类从"石烹法"开始走向烹饪的社会。所谓"石烹法",即以烧热的石块,投入有食物的水中,到水沸食物熟为止。当今陕西的"石子馍"、山西的"石头饼",都是明显的"石烹"遗风。如今聪明的烹调师借助"石烹"之气势,利用古风,推出了"石烹"系列菜。因烤得发烫的鹅卵石与水结合蒸发产生蒸汽,人们也俗称其为"桑拿"菜,类似于"桑拿浴"。如桑拿基围虾、桑拿生鱼片等。当烤烫的鹅卵石放入耐高温的玻璃器皿中,倒进活虾,浇上对好的卤汁,盖上盖,待烫熟打开盖子,餐桌上蒸汽弥漫,热气腾腾。这种以"噱头"之奇而取胜者,确实能给初尝者留下很深的印象。

用火焰加工烹制菜肴,以渲染气氛,这也是一种"奇招"。如"火焰焗螺",用炒熟的细盐,堆于盘中似火焰山或雪山,将田螺加工、调味焗熟后,带壳装入盘中,在盐山下、螺壳外、菜盘上倒些雪梨酒,点上火上桌,既保持菜肴之温度,又带来"噱头",产生了以奇媚人的效果,诸如此类,如"火焰焗鳜鱼",用锡纸包好调味的鱼后烤制,或锡纸盒中放入烧煮的鱼,再装入盘中,在锡纸外、盘子上倒上酒或酒精,点燃火上桌,也起到异曲同工之效。

　　从无到有,借鉴他山之石也可以产生新奇。引进西方的"客煎烹制"中的"燃焰表演",其目的是取悦客人,为客人提供乐趣,如苏珊特煎饼、火焰香蕉、火焰草莓等,利用燃焰手推车及一套锅、叉勺、盘碟设备,这在一些豪华饭店已采用,这也相当于现代流行的明炉、明档的客前表演。

　　我国传统菜品有许多独特的造势菜肴,其制作设计巧妙,工艺精良,特色分明,匠心独运,给人们留下的印象也是非常深刻的。

松鼠鳜鱼

　　鳜鱼去骨取肉,剞花刀,制成松鼠形,其形、声的特色,成为中国菜品中的"精品"。此菜精华在于以"声"夺人,吸引众多的品尝者,参赛时评委们常以声响的气势评判运用火候的程度。

拔丝苹果

　　一道流传海内外的甜菜,也是闻名全国的特色甜品。用糖熬制拔丝,金丝缠绕,香甜可口,外焦里嫩,特色鲜明,并富有趣味,食用时你拉我扯的金丝,丝丝分明。这种造势效果,颇得食用者的青睐。

灯笼鸡片

　　这是一款渲染气氛的菜品,用大方块玻璃纸包入与胡萝卜、香菜炒制的鸡肉片,用红绸带扎紧收口,放入较高油温的锅中炸至玻璃纸鼓起呈灯笼状,连盘上桌,气氛热烈、和融,激发了顾客的就餐热情。

　　利用烛光造势制作菜点,就是借助蜡烛点燃后发出的微微、红红的光线,用来衬托菜肴,显现菜品的独特风格。烛光菜品在成菜以后,配上细小的或短小的红烛入席,以营造餐桌浓郁的气氛,尤其是在晚上,用餐环亮度略暗,点亮蜡烛,映着烛光,装饰在菜品中间或旁边,增加用餐的情趣和亮度,显示出餐厅高雅与幽静的环境,调节愉悦的心情。在情侣之间、朋友之间、夫妻之间营造出一种温情、亲情和友情,其价值已超越菜品本身,给人以遐想、欢乐、友谊,体现了现代餐饮之典雅气派。

烟雾菜品,借助烟雾来渲染,使人如入仙境,大有排场胜于味道之趣。

利用烟雾造势创制新品,风格殊异,不仅儿童好奇,成人也颇感蹊跷。菜品运用烟雾,最初是由舞台灯光布置移植而来,最早用在食品展台展示菜上,近几年来开始应用到菜肴创制上面。既可以放在菜品左右旁边,也可以放在菜品的下面。将特色的烟雾菜品送上餐桌时,服务人员不仅仅端上了一盘菜,而是带来了梦幻般的仙境,给人出神入化之感。其实相当简单,乃是干冰加水所产生的杰作。

在菜点制作中,我们为什么很难出奇? 一个重要的原因是,我们现实中有着"遵守规则"的习惯。封闭的社会常常鼓励那些循规蹈矩的人,对企图改变现存规则的想法和行为,往往视为不守本分或"大逆不道",结果,人们觉得遵从规则比向规则挑战要安全、可靠、愉快得多。但是如果你拥有取胜心和创造力,那么,"遵守规则"不图创新的价值观,就是一种心理枷锁,或是一种创造的障碍,因为它代表的是一成不变的观念和无所作为的人生。

案例分享

菜品创新从变化入手

菜品创新可从原料的组合、烹调的变化和包装器皿中着手进行,但同时要考虑到本餐厅的地域覆盖面,在创新中需要树立有效覆盖的地域标准。因为每个餐饮店铺的有效覆盖面积和人口都是有一定的局限性。针对目标区域,进行市场调研,找到菜品在目标区域的差异性。最好是塑造唯一性。也可以用拿来主义的思路,从目标区域之外引进技术。学习别人成功的经验是自己快速成功的最佳途径。

比如,一款干锅鸭,可以加点田螺一起炒,变成田螺干锅鸭。田螺不会改变干锅鸭的味型,但给干锅鸭味道好找到一个差异化的理由。当然,前提是你的干锅鸭确实在目标区域做得最好。另外也可以把干锅换成砂锅,或者紫砂锅,甚至是石头锅,变成砂锅鸭、紫砂鸭、石锅鸭都行。

再比如豆腐菜品,本是很平常的原料,如果经过精心研究,可以做出不同风格、不同风味的豆腐菜品。如利用传统制法做成的罐焖豆腐、空心豆腐、酿馅豆腐、干锅豆腐、烤烙豆腐等,其口感达到嫩、烫、爽,既有古朴之感,凸显美味,又不失豆腐的原味和营养,真正体现了商贾菜的风范。

第四节 用心求索出奇效

一、专心探究获取新成果

中国菜点的许多创造是历代广大厨师智慧的结晶。利用现有的菜点,再进行比照探究,可给我们少走许多弯路。烹饪学是变化之学,烹饪的创造要敢于突破传统,要有锐意探究并希望超越过去的新道道,寻找新的课题去大胆"触电"却是标新立异的一条理想之路。

菜点要有新道道,这当然是相当困难的事情,但最起码在探究制作中有善动脑筋的意愿和认真制作的态度。许多新菜点的出现,确实是人们认真动脑筋研究出来的。

中国烹饪协会首届副会长、南京著名烹饪大师胡长龄老先生,几十年来,他对南京菜做出了不朽的贡献,他善于钻研探究的劲头给我们树立了很好的榜样。从20世纪50年代起,胡长龄师傅精心研究并制作出"香炸云雾""彩色鱼夹""松子熏肉""荷花白嫩鸡""扁大枯酥"等一系列的江苏名菜。他钻研创新的菜肴很多,把自己一生都献给了烹饪事业。就"香炸云雾"一菜,以蛋清、虾仁为主料,调入钟山云雾茶,入锅油炸。这菜虽然好吃,但入盘总显得有点瘪,原因何在? 70年代,他终于探究发现问题在于油温过高,于是他改用二成油温,待蛋清凝结,再加到四成,出锅以后,果然始终能保持饱满形状。

而今风靡全国餐饮业的"柱侯酱",是一种用面豉、猪油、白糖等研磨精制成的一种调味酱料,它以其色鲜味美而博得广大厨师的喜爱。实际上柱侯酱已驰誉170多年,它是170多年前佛山镇三品楼一位名叫梁柱侯的厨师创制的。柱侯酱、柱侯食品,都是以人名而命名的,这是梁柱侯师傅精心研究、创制的结果。我们应该为这一命名而称道。

广州粤菜大师黎和,他的长处是师承传统,却不囿于传统。几十年来,他潜心研究创制和改革粤菜,用他的话说,就是"菜谱要不断标新立异,才能顾客盈门"。他先后创制了满坛香、瑶玉鸡、琼山豆腐、油泡奶油、鹊燕大群翅、瓦掌花雕鸡、海棠三色鲈、荷香子母鸡,以及野味宴、鹌鹑宴等各种菜式。据人们统计,黎和大师制作的新菜式不下三百多款,这都是他锐意探究的结果。他为年轻厨师的探究起到了一个模范的作用。

素有"点心状元"之称的葛贤萼,创制了闻名全国的"葛派点心"。其实,这个荣誉也是来之不易的,是她几十年来钻研学习、刻苦探究的结果。早年她求教过上海、江苏、广州等许多名师。在制作中,吸取中华各派面点制作之精华,并趋时应时、精益求精,不断研制新的品种。尤其是对酥点和船点的制作与研究,她烤制的"XO千层酥",口味咸鲜带辣,香味浓,皮质酥脆,层次清晰;"核桃酥",形状恰如刚摘的核桃,皮酥馅韧;"菜篮子"船点,色彩逼真,形态像生,质感丰富。这些与她平时对技艺的执着追求是分不开的。

闻名全国的调味能手张云甫先生,几十年来如一日,在一直孜孜地研究,20世纪80年代初期,他就对调味品感兴趣。1986年时,他开始自费到全国各地学习,到中餐馆打工、学习,也到西餐馆学习、打工,从北方到南方,把自学来的菜品和调味方式充分地利用,创出了一系列的菜品,特别是1993年,又创出了"新潮清真菜"。十几年过去了,张云甫的笔记有三十几本,书稿堆得与大橱一样高,用他自己的话说:"前八年摸索调料,后十年坐下来验证调料,再有十年方知如何运用调料。"而今,他有了自己的实验室,可以在实验室里调味配方。张师傅对粉质香料的研究颇有成果。从台湾的"康师傅"料包,到美国的"肯德基""麦当劳"的腌料,以及"金锣火腿""德利斯""德式香肠""美式罐头"等,他都有经研究得出的记述。他著述的《中外调味大全》正是他的研究结晶。

总之,刻苦专心研究,能使人们透过司空见惯的现象,观察到新的内容,帮助自己越过现有限制条件的屏障造成的习惯意识,通过思维的自由驰骋,取得解决问题的新的设想、新的方法、新的答案。

只要锐意探究,烹饪中还有许多"荒野"值得我们去开垦,新的原料、新的味型、新的技法以及各种不同的菜点风格还等待我们去研究。只要我们立足传统、遵循规律、大胆革新,并为此做些有益的探索,新的菜点是不愁产生不了的。

二、集思广益大家齐开发

中国有句俗话:"三个臭皮匠,胜过一个诸葛亮。"它的意思是说,将三个人的智慧集中起来,就能超过被世人称为智慧的象征人物诸葛亮。

为中国的原子物理事业做出了杰出贡献的"三钱":钱学森、钱三强、钱伟长,他们的合作一直被人们传为美谈,正是由于他们的集思广益,加速了我国试制原子弹的时间。我国核事业发展速度是整个世界都为之震惊的,甚至于当时对中国物理研究能力的底细较清楚的美国也感到不可理解。而其中很重要的一点,除这三位强者每人都有自己高超的研究能力外,与他们的通力合作也是分不开的。

科学技术上的合作可以获得比原来预料中的收获更大的结果,那么其他领域是否可以呢?当然也不例外,菜品开发与创新中也是如此,饭店、酒楼中许多新菜品的诞生便是明证。

利用众人的智慧探求新菜点,目前在全国许多饭店都相继成立了"菜点研究小组",江苏金陵饭店、南京饭店、四川成都锦江宾馆等都先后成立过专职研究创新组,定期推出新款菜品。全国许多大中型饭店每年都开展创新菜评比活动,向既受宾客欢迎又有推广价值的创新菜颁发创新奖,打破了过去师傅不做、徒弟不敢做的局面。

许多酒店成立了"菜品专职创新组",由经验丰富的厨师组成,一般饭店给研究人员订立了菜品创新的指标,如每人每周推出一到两个新菜点,厨房任务多时去厨房帮忙,平时在办公室翻阅资料,每天下午2~4点厨师休息时,而研究小组人员进入厨房,将探讨出的菜肴试制、品尝,有时一个菜要反复多次,当一个菜点较为满意时,下午教给厨房的厨师们,并推销出来。饭店的研究人员经常推出一些新菜,以满足广大顾客的求新需求。

对于广大的烹调师来说,不管你天资聪慧还是平凡,如果大家做到互相合作,善于进行"思维碰撞",是定能获得智力增值的效果的。

20世纪末,南京丁山天厨美食中心,是一个只有150多张餐椅的餐馆,而他们1996年、1997年的一张餐椅的总收入是12万多元,在南京可谓是声誉卓著。他们的经营方式就是经常"求新"。他们每周一次菜点研讨会,由总经理、总厨师长挂帅,和几位骨干厨师一道探讨新菜。据总厨讲,菜点创新是要花精力、花时间的,有时一个菜肴要琢磨很多天,反复好多次,有时想得很好,但做成以后并不觉得满意,常常一个味型、一个配料、一个造型要试验多少回,才能成功。

看来,事物本身发展的趋势就是这样,学科门类的骤增,各领域知识的深化以及科学技术的复杂化,一些从事某专业的人们,按照一定的兴趣、爱好而聚集在一起,形成了技术的交流和合作的小团体,并做出了不同凡响的建树。事实引起人们反思,于是大家开始对这种新的技术研究形式产生了兴趣,因为它有利于技术成果的产生,又可以潜在地培养一些专门的研究能力。

事实上,被人们欢迎的这种集思广益法受到重视是不足为奇的。因为当一批富有个性的人走到一起的时候,由于各人的起点不同,掌握的材料不同,观察问题的角度不同,进行研究的方式不同,以及分析问题的水平不同,就必然会产生种种不同的,甚至是对立的看法。于是通过各种方式的比较、对照,甚至诘问、责难,人们就会有意无意地学习到别人思考问题的方法,从而使自己的思维能力得到潜移默化的改进。

20世纪30年代,广州的"星期美点"也是早期烹饪工作者运用"集思法"创新的一面旗帜。所谓"星期美点",就是一星期内出售的各种点心总称,广州原先点心品种单调,老板们为了多做生意,便尽力鼓励点心师多出花样,于是"星期美点"便应运而生。首创星期美点的是陆羽居名点心师郭兴。郭师傅这一创举果然有效,他使陆羽顿时生意兴隆。不久之后又轰动全市,大小茶楼都大吹大擂地"推"

出自己的"星期美点"。

按要求,每一期的"星期美点"都要包括咸甜点心约5~8款,花色品种也不能乱来,必须按当令季节制作。每期点心不但做到咸甜具备,而且务必中西并陈,还很讲究色和形。点心师们为保住自己的饭碗,彼此之间不但有竞争,各出奇招,也有相互配合,避免各店之间同期点心品种雷同和造型相似。他们当时很自然地每周聚会一次,交换情报,这样做实际上也促进了技术交流。如荔浦芋上市,大家都得供应以荔浦芋做原料的点心,于是他们便从品名和造型方面想办法,这就生出蜂巢芋角、荔浦芋角、鲜虾蓉饼、荔香鸡粒批、凤凰荔香、擘酥芋盏以及网油酥芋卷诸种名目。广州点心就在这个集思广益的潮流中,飞速地发展了。

集思广益,不仅可以用于产品革新,还可以用于军事指挥、企业管理等。例如,我党在军事上的历次重大战略决策,都是由毛泽东、周恩来、朱德、彭德怀等一批卓越的军事家们采用集思广益法而制定的。因此,如果你在菜品创作上碰到什么难题的时候,别忘了试试这种可以使自己实现"突破"的方法。

三、寓意构思名美意深长

恭喜发财(发财银鱼羹)、百年好合(莲子百合)、群龙贺岁(白果虾仁)、富贵金钱(金钱煎牛柳)、年年有余(清蒸鲈鱼)、幸福团圆(血糯八宝饭)……读罢某饭店的年夜饭菜单,既会意传神,又明白其品,既有祝词,又有解释。这是一份设计较成功的菜单,它迎合并满足了消费者求吉、求趣、求乐的心理需求。

菜品名称的确定,向来有两种思路:一种是写实性命名,即从菜品的烹调方法、原料、色彩、口味诸方面直接反映菜品的特点;另一种是寓意性命名,这类名称,从字面上看不出是什么菜品,也不知其风味特点和原料构成,但具有一定的文化内涵和形象特点,或带有某种历史和文化典故,以充分表达情趣和意味。如上面的菜单,就创新而言,这是一种寓意法创新的命名,它实际上从创作之初就突出了菜品的寓意,在构思时,厨师们就寄托和隐含着某种意趣和愿望,以此来表现菜品的意境特色。这是广大烹调师们常使用的菜品创新方法。

寓意构思,就是使菜品的名称与菜品本身具有某种意趣的联系,或体现在外表形象上,或体现在原料特色上,或体现在文化典故上,或体现在菜品的情趣上等。它要求构思独特而新颖,或形似,或神似,都意味深长。

我国宫廷菜中有许多菜品是利用寓意构思创制而成的。如"红娘自配"一菜。相传,清朝同治年间,御厨梁会亭烹调技艺高超,善于动脑。因他侄女梁红萍是慈禧太后身边的宫女,现已超龄还未出宫选配郎君。梁云亭心想,侄女这么大了,再不离宫岂不误了终身大事,苦于无法进言太后。于是,梁师傅根据《西厢记》中的一段故事情节,做了一个"红娘自配"的菜奉敬慈禧,意欲打动太后的心,慈禧明白菜中的寓意,一怒之下,推翻菜盘,但又无法定罪。超龄宫女出宫,这是宫中的规矩,只得作罢,并答应在某一时候放她们出宫。

"宫门献鱼"是清康熙皇帝南下暗访民情时,来到十分险峻的"宫门岭",在一家小酒店品尝了"腹花鱼",康熙吃了一条又点一条,觉得特别好吃,便询问"腹花鱼"的来历。康熙一听,便叫店小二拿来笔、纸、砚、墨,要改菜名,于是题写了"宫门献鱼"四个意味深长的大字。后来,此菜一直在宫中流传。

利用寓意创制菜品在于巧妙的构思,并配之饶有风趣的菜品,一些独创独有的菜肴,更是挖空心思,取名典雅。如传统名肴,寓意独特的有:"狮子头"(造型)、"全家福"(祝愿)、"鹊渡银河"(神话)、"平湖秋月"(名胜)、"鸿门宴"(历史)、"叫花鸡"(典故)等。这些寓意于盘中的构思与设计,其内涵并不只是在烹饪技术本身。要构思得好,就得多学习文学艺术方面的知识,使自己有较深的艺术修养。如果光靠自己一味地苦思冥想恐怕是不行的。倘若我们具有一定的艺术造诣,有一定的文学、美术功底,具备相当的艺术修养,自然就可以创制出较好的、寓意深刻的菜品。

"莼羹鲈烩"是一款富有感染力的寓意菜品。构思者选用太湖流域出产的莼菜和江浙一带名贵的鲈鱼制作成鲜羹。据《晋书》载,晋张翰在洛阳做官,每当秋风起,就思念家乡的莼菜和鲈鱼,后即辞官归隐。"莼羹鲈烩"寓意思乡,情真意切。

把美味佳肴同诗词典故结合起来,在创制时,赋予菜品以诗情画意,能使食客在品尝美味的乐趣中领略诗的意境,得到文化的熏陶。

当香港回归之际,全国各地纷纷以各种方法迎接香港回归,某饭店一厨师制作了一款"越鸟巢南枝"菜品:用土豆丝做鸟巢,用滑炒什锦做巢中白鸽,用火腿、冬菇做树枝,这是汉代古诗"胡马依北风,越鸟巢南枝"的生动写照。它借用了北方马依恋北风,南方鸟筑巢南枝,表达了游子眷恋故土的深情。

某一婚宴的菜单上,设计的一款汤菜"鸳鸯浴红衣",在火腿、干贝、木耳、冬笋等料的透明的汤中,游戏着一对用"发蛋"制成的鸳鸯,仿佛相对而浴的一对鸳鸯,传神地体现了唐代诗人杜牧"尽日无人看微雨,鸳鸯相对浴红衣"的情趣,是新婚夫妇"好鸟双栖""琴瑟永谐"的一种美好祝愿。

寓意构思创制的菜品,大多都取吉祥富丽、美好意境的名称,古代宫廷菜、官府菜、商贾菜以福禄寿喜之意命名者居多,许多菜品的创意都有一些背景和历史条件,像"龙凤呈祥""麒麟送子""白云流水""玉石青松""雪月桃花""玉鸟传信"等,都是立意新颖、风趣盎然的寓意菜。而今,寓意菜品创作亦层出不穷,如喜迎奥运、圣火香笼、原笼玉簪、翡翠太极、一帆风顺等。

在寓意创新中,我们切不能穿凿附会,名不副实,或过分讲究形式、排场。有些餐厅为了吸引顾客的注意,在创新寓意中故弄玄虚,哗众取宠。如有一道叫"粉碎四人帮"的菜,取油酥花生仁、桃仁、核桃仁、瓜子仁,如此"四仁"而已;把海带、粉条、肉片、洋芋等五种东西一锅煮,便冠之"五湖四海";"青龙过海",原来是大葱漂浮在汤汁上。以上种种由于缺乏深厚的文化底蕴,就显得牵强附会,因而,容易造成广大顾客的反感。寓意创新,讲究的是:构思巧妙的意味,色味形意的协调,盘中寓情的境界,吉祥美好的祝愿。

本章小结

本章主要探讨了菜品开发的制作过程,从市场需求入手,注意模仿学习、描摹物体到运用联想思维、逆向思维等方面进行分析和产生创作灵感,并从锐意探究、集思广益、寓意构思诸方面加以探索。通过本章的学习,可使人们从多方面、多角度研究和了解菜品开发与创新的思路和方法。

【思考与练习】

一、课后练习

(一)填空题

1.要敢于人先占有市场,就需要:超前思考,_____,顺势开拓,_____,洞察新奇,_____。

2.从"菊花鱼"到"菊花豆腐"是_____联想法的运用。

3.从冰激凌到"火烧冰激凌"的创制是运用_____的创新法。

4."拔丝苹果"中的拔丝,其主要目的是想_____,博得客人的喜欢。

5.俗话说"三个臭皮匠,胜过一个诸葛亮",采用的创新法是_____,思维碰撞。

(二)选择题

1.所谓顺势开拓,就是( )。

A.顺别人之势 B.顺市场之势 C.顺大局之势 D.顺个人之势

2.所谓创新,就是( )。

A.不断模仿着 B.不断探索着 C.突破传统 D.适应市场

3.联想法则,不包括( )。

A.创造联想　　　B.相似联想　　　　C.对比联想　　　D.相关联想

4."饺子宴"的创制,体现的是(　　)。

A.技法的变化　　B.运用逆向思维　C.营造气氛　　　D.描摹创新

5.成立菜品创新小组,采用的创新方法是(　　)。

A.逆向思维　　　B.引领市场　　　　C.发挥联想　　　D.集思广益

6.在原有品种的基础上,开发出富有一定新意的菜点,这种方式称(　　)。

A.菜点翻新　　　B.菜点创新　　　　C.菜点发明　　　D.模仿出新

（三）判断题

1."年年有余"菜的命名是为了满足消费者求吉、求趣的心理。　　　　（　　）

2.借鉴他山之石是可以不费力气而创新的。　　　　　　　　　　　（　　）

3.模仿学习是不会创出新菜来的。　　　　　　　　　　　　　　　（　　）

4.从古典书籍中也可以获得创作的灵感。　　　　　　　　　　　　（　　）

5.只要肯钻研、多思考,创新菜也是不难的。　　　　　　　　　　　（　　）

6."干锅菜品"是在"火锅菜品"的基础上而开发的。　　　　　　　　（　　）

（四）问答题

1.模仿与创新之间的关系怎样? 如何通过模仿达到创新的灵感?

2.联想思维创新法可从哪几个方面去考虑? 试列举之。

3.根据所学知识,谈谈我国菜品在技法变化中的创新成果。

4.在菜品造势创新中需要注意哪些方面的问题?

5.通过自己的专心研究,制作1~2个创新菜品。

二、拓展练习

1.模仿制作前辈师傅的一二道创新菜品,并分析其中创新的价值。

2.描摹某一物品,并制作一款创新菜品。

3.利用联想法或变技法创制一款菜肴或点心,并进行点评。

4.开设一份具有寓意的"婚宴"或"寿宴"菜单。

主要参考书目

［1］［美］詹姆斯·亚当斯.思维革新——创造的实践.臧英年,李昆峰,译.北京:中国社会科学出版社,1998.

［2］杨名声,刘奎林.创新与思维.北京:教育科学出版社,1999.

［3］梁良良.创新思维训练.北京:中央编译出版社,2000.

［4］邵万宽.菜点开发与创新.沈阳:辽宁科学技术出版社,1999.

［5］邵万宽.菜点创新30法.南京:江苏科学技术出版社,2002.

［6］邵万宽.餐饮时尚与流行菜式.沈阳:辽宁科学技术出版社,2001.

［7］吴涌根.新潮苏式菜点三百例.香港:香港亚洲企业家出版社,1992.

［8］熊四智,侯汉初,等.川菜烹调技术.成都:四川科学技术出版社,1987.

［9］施继章,邵万宽.中国烹饪纵横.北京:中国食品出版社,1989.

［10］邵万宽.中国面点.北京:中国商业出版社,1995.

［11］邵万宽,周妙林.食味鲜系列.南京:江苏科学技术出版社,2001.

［12］胡永辉.金陵饭店食谱88.南京:译林出版社,1995.

［13］郑友军,单国生,等.调味品加工与配方.北京:金盾出版社,1993.

［14］梁昌,廖锡祥.时尚广东菜.广州:广东科技出版社,2001.

［15］邵万宽.时尚菜品风格探讨.中国烹饪研究,2000(2).

［16］邵万宽.乡村食文化述论.扬州大学烹饪学报,2002(1).

［17］邵万宽.试论地区性美食产品的开发与利用.饮食文化研究,2004(1).

［18］邵万宽.餐饮市场的攻略、突围、坚守与发展.江苏商论,2011(6).

［19］《餐饮世界》杂志社2002—2010年。

［20］《食在中国》杂志社2007—2010年。